U0298061

水电工程扰动区植被
生态修复技术研究

许文年　夏　栋　赵冰琴
夏振尧　刘大翔　周明涛　著

科 学 出 版 社

北 京

内 容 简 介

本书介绍水电工程扰动区植被生态修复技术,主要阐述了水电工程施工对区域环境的影响及植被生态修复理论、植被生态修复技术研究进展等。本书以向家坝水电工程为研究对象,全面系统地介绍了水电工程扰动区植被生态修复的程序:立地条件调查、生态修复规划、物种筛选与配置、生境构筑模式及生态修复植被群落与土壤化学生物特征监测与评价。在此基础上,提出了植被生态修复效益评价方法,对典型样地的植被生态修复效果进行了评价、调控和再评价。

本书可供从事边坡生态防护、生态修复工程及水电工程设计、规划、管理相关科研人员使用,也可供高等院校相关专业师生参考。

图书在版编目(CIP)数据

水电工程扰动区植被生态修复技术研究/许文年等著.—北京:科学出版社,2017.6

ISBN 978-7-03-053681-5

Ⅰ.①水… Ⅱ.①许… Ⅲ.①水利水电工程–扰动–植被–生态恢复–研究 Ⅳ.①TV②X171.4

中国版本图书馆CIP数据核字(2017)第129992号

责任编辑:范运年 / 责任校对:桂伟利
责任印制:徐晓晨 / 封面设计:铭轩堂

科 学 出 版 社 出版

北京东黄城根北街 16 号
邮政编码:100717
http://www.sciencep.com

北京建宏印刷有限公司 印刷
科学出版社发行 各地新华书店经销

*

2017 年 6 月第 一 版 开本:720 × 1000 1/16
2018 年 1 月第二次印刷 印张:16 1/4
字数:325 000

定价:88.00 元
(如有印装质量问题,我社负责调换)

前　言

我国水电工程建设具有广阔的发展前景，尤其是一些大型水电站的兴建，保证了区域能源可持续发展，促进了地区社会经济全面发展。但在工程建设过程中，工程施工、工程建库蓄水和移民安置活动等不可避免地改变地表结构、破坏植被，使一些原有动植物栖息地消失，在一定程度上导致了工程扰动区内出现植物群落结构破坏、生物多样性降低、水土保持功能丧失等一系列的生态环境问题，严重影响工程所在地及周边的环境、景观及可持续发展，成为制约水电工程建设的重要因素。如何在保护生态环境的基础上实现水电工程的有序开发，将是未来较长一段时间水电工程相关领域关注的重点课题。

20 世纪 80 年代以来，党和国家就把"保护环境"作为基本国策，大力推进生态环境保护。特别是党的十八大以来，党中央高度重视生态文明建设，把生态文明建设放在突出地位，融入经济建设、政治建设、文化建设、社会建设各方面和全过程，努力建设美丽中国。2016 年 1 月，习近平总书记提出，长江经济带发展必须坚持生态优先、绿色发展，把生态环境保护放在优先地位，共抓大保护，不搞大开发。作为清洁能源的重要组成部分，水电的持续开发利用已成全球共识。2016 年 2 月，陈雷部长在水利部国家能源局协同推进水利和能源发展重点工作座谈会提出，坚持绿色发展，加快水能资源开发利用是我国推进水利和能源发展重点工作之一。

水利水电工程施工扰动中形成的开挖边坡较难恢复，施工过程对区域内生态环境产生的扰动和破坏也是后期扰动的起因，对施工扰动中开挖边坡的生态修复是水电工程扰动区生态修复的核心所在，大量的研究也集中在这一部分。基于这些原因，"开发建设严重扰动区植被快速营造模式与技术"和"不同类型区生态自我恢复的生物学基础与促进恢复技术"被列为全国水土保持科技发展规划中的关键技术。"水利水电工程岩质陡边坡生境构筑与植被恢复技术"正是根据全国水土保持科技发展规划，针对水利水电能源资源开发过程中形成的岩质陡边坡这类开发建设严重扰动区而研发形成的技术成果，也是本书中所要重点阐述的内容。

2005 年以来，本研究团队以植被混凝土生态防护技术为基础，依托"十一五"、"十二五"国家科技支撑计划和国家自然科学基金等项目，结合在向家坝等 38 座大中型水电工程的生态修复应用，多学科交叉融合，系统研究水电工程扰动陡边坡生境构筑与基材活化、物种筛选与群落构建、生态评价与调控，创立了陡边坡生态修复技术体系，实现了陡边坡工程加固与生态防护的一体化。面对当前水电工程扰动区生态修复的重要挑战，我们凝练前期技术研究当中的科学问题，明确后期的发展目标和发展方向，总结编著了本书。书中所述也是一家之言，以期抛砖引玉，激发更多的本领域科学家的科研创造能力，带来更多更好的新型水电工程扰动区生态修复技术。

本书共 9 章：第 1 章总结了水电工程施工对区域环境的影响以及开展水电工程扰动区植被生态修复的意义，重点介绍了向家坝水电工程概况；第 2 章从物种选配原理、肥料学理论及植被群落调控原理等方面阐述了植被生态修复的理论基础；第 3 章总结了植被生态修复技术发展历程；第 4 章对向家坝水电工程扰动区进行了植被生态修复规划；第 5 章从植被生态修复物种筛选与配置出发，介绍了先锋物种筛选方法和物种配置模式；第 6 章针对水电工程扰动区不同生境条件，提出了相应生境构筑技术和生境构筑模式；第 7 章至第 9 章重点关注水电工程扰动区生态修复后植被群落和土壤化学生物特征监测与评价，提出了植被生态修复效益评价方法，建立了植被生态修复工程评价指标体系，并以向家坝水电工程扰动区典型样地为例，对其进行了植被生态修复效益评价、调控和再评价。

本书中的研究工作和实验得到了陈芳清教授、王建柱教授、马树清教高、丁瑜教授、刘刚教授、贾国梅教授和孙超、曾旭、侯燕梅、许阳、赵娟、祝顺波、熊诗源、牛海波、赵自超、陈静、吴彬等硕士研究生的大力支持；杨悦舒、杨森、杜祥运、李铭怡、刘黎明、薛海龙、高家祯、张伦、姚小月、李博、张琳瑶、夏露、张恒、李纪滕、熊峰、童标、秦建坤、刘琦、潘婵娟、程虎等硕士研究生也做了大量工作，在此一并表示衷心感谢。

本书的出版得到了三峡大学土木与建筑学院土木工程学科的大力支持，同时得到了国家自然科学重点基金项目"复杂条件下库岸边坡变形破坏机理及防护（51439003）"、国家自然科学基金"植被混凝土生态防护工程岩面—基材—植被养分循环研究（51678348）"及湖北省科技计划重点项目"边坡生态防护持续性限制克服的关键技术研究（2016CFA085）"等项目的共同资助。

水电工程扰动区植被生态修复技术涉及恢复生态学、岩土力学、水土保持学、基础生态学、生态工程学、土壤学、植物学和数理统计学等多学科领域。由于作者知识水平和研究时间的限制，书中疏漏和不足之处在所难免，敬请各位专家、学者、同行及对本书感兴趣的读者批评指正。

作　者

2016 年 12 月于宜昌

目　　录

第1章 绪 论

随着社会的发展和生活水平的不断提高，人类对能源的需求也持续增长，能源短缺成为大部分国家社会和经济发展的瓶颈，而水电能源作为清洁和可再生的能源，是煤炭、石油等矿物质能源较好的替代品。

"十一五"以来，越来越多的水电站建成投产，尤其是一些大型水电站的兴建，保证了区域能源可持续发展，促进了地区社会经济全面发展。但随时间的推移，水电工程对生态环境的负面影响逐渐暴露。水电工程的主要生态环境问题有：工程施工、移民安置期间因平整、占压、开挖、新开耕地和改田改土等活动对地表植被造成破坏和引起新的水土流失；工程建库蓄水淹没一定数量的原有植被，使一些动植物栖息地消失；一些工程还可能会涉及自然保护区、风景名胜区和水源保护区等生态敏感区等。我国水电工程建设具有广阔的发展前景，但水电工程对生态环境的影响亦将成为制约水电工程建设的重要因素。如何在保护生态环境的基础上实现水电工程的有序开发，将是未来较长一段时间内水电工程相关领域关注的重点课题。

水电工程建设过程中，大规模的工程活动破坏地表结构和生态系统的空间连续性，对周围的环境产生干扰与影响，使植被大量破坏，次生裸地伴随出现，导致生物多样性降低、水源涵养能力下降、水土保持功能降低、水质恶化、气候改变和地质灾害频发等一系列问题，生态系统的生态功能发生根本性改变，产生这类问题的区域被称为水电工程扰动区。水电工程施工阶段和使用阶段对生态环境造成的影响不同，这种不同不仅体现在扰动时效上，也体现在扰动范围上。

水电工程施工阶段大量的工程作业及伴随产生的噪声、扬尘、废水及施工垃圾等，会对施工场地及附近区域造成影响，称为施工扰动。施工扰动具有短时性，一旦工程竣工，这种扰动就会停止，故又称为暂时性扰动。水电工程建成后对坝区所在地的水文、地质、气候、水体和生物带来影响，称为后期扰动。后期扰动的扰动范围往往会涉及坝区所在的整个地区，这种扰动具有长期性和持续性，故又称为持续性扰动。噪声、扬尘等施工扰动随工程竣工而停止，施工过程中采取相应的施工现场环境保护措施。施工扰动中形成的开挖边坡较难恢复，施工过程对区域内生态环境产生的扰动和破坏也是后期扰动的起因，对施工扰动中开挖边坡的生态修复是水电工程扰动区生态修复的核心所在，大量的研究也集中在这一部分的生态修复上。

本书所述水电工程扰动区植被生态修复技术研究也是针对施工扰动中开挖边坡。以向家坝水电工程扰动区为研究对象，以恢复生态学原理与技术为指导，采用岩土力学、水土保持学、基础生态学、生态工程学、土壤学、植物学和数理统计学等多学科交叉的研究方法，通过实地调查与资料分析，我们对向家坝水电工程扰动区进行植被生态修复规划，筛选出植被生态修复适宜物种及其配置模式；针对不同工程扰动区特点，因地制宜选择合适的植被生态修复技术；通过长期的植被群落和土壤化学生物特征监测，对植被生态修复工程群落稳定性和土壤肥力进行评价；利用植被修复工程评价指标体系，对植被修复效益开展定量化评价，继而开展有针对性的人工调控，以实现植被生态修复可持续发展。

1.1 水电工程施工对区域环境的影响

水电工程施工对工程区域环境影响和破坏不可避免。水电工程扰动区陆生生态所受到的主要负面影响体现在以下几方面(曹永强等，2005)：施工、移民安置期间道路开通、大坝修建的基底清理和土石方采掘、新开耕地、改田改土等人为活动占用和损毁自然植被及土地碾压占用引起水土流失；清除植被、工程建库蓄水造成生物资源和生物群落的淹没损失，库岸浸没区由原来的陆生生态环境向水生生态环境的转变；工程的建设及运营破坏草地、林地，使植物资源量减少；同时，工程建设不仅破坏原有边坡植被，还会改变坡地的地形与结构，形成大量新的边坡，使得坡地稳定性下降，水土流失加剧。根据《环境影响评价技术导则水利水电工程》(HJ/T88-2003)，水电工程对区域环境的影响一般从气候气象、环境地质、土壤环境、土地利用方式、陆生动物和陆生植被等方面进行评价。

1.1.1 气候气象

一般情况下，地区性气候状况受大气环流所控制，但水电工程的修建使原先的陆地变成了水体或湿地，局部地表空气变得较湿润，对局部小气候会产生一定影响，主要表现在对气温、降雨、风和雾等气象因子的影响。

1. 气温和湿度

水库对库区气温有一定影响，但影响范围不大。当水库建成后，库区水面面积明显扩大，与大气间的能量交换方式和强度均发生变化，库区年平均气温略有升高，逆温天气将减少。同时库区建成蓄水后，由于水面面积扩大，附近地区空气的湿度也随之有所增加，水体对附近陆地湿度的影响随离水体距离的增大而减小。

2. 蒸发和降水量

水库建成蓄水后，太阳的照射使蒸发量有所增加，相应的降雨量也有所增加。对于半干旱地区，水汽是降水的主要因子，而水库水体能为空气提供大量的水汽因子，因而水库有增加降水的效应。由于水库建造方式的不同，对该地区的降雨分布的影响有很大不同；一般来说，地势高的迎风面降雨增加，而背风面降雨则减少。降雨时间的分布也会改变；对于南方大型水库，夏季水面温度低于气温，气层稳定，大气对流减弱，降雨量减少；但冬季水面较暖，大气对流作用增强，降雨量增加。一般来说，水库库容越大，对区域小气候的影响越大。

3. 风速

水库建成蓄水后，由水库建成前的地面障碍物变成平滑的水面，当风吹过时，所受摩擦减小，相应的风速增加。对于建在河谷处的水库来说，水库蓄水后水位升高，使河底变宽，河谷宽深比增大。当风向与河谷走向接近平行时，风速比建库前有所减弱；当风向与河谷交角较大时，风速比建库前增加。这对改善农作物生长和居民的通风条件是有利的，但风速过大时，通航和周围建筑物会受到不利影响。

4. 降雾天数和无霜期

水库建成后，水库的热效应使气温的日较差变小，极端高温和极端低温减少，年无霜期变长，霜冻减少，强度减弱。在大面积水库水体附近，地面和水面上空的水汽丰富，相对湿度大，易造成雾的生成。但如果水面风速加大，没有冷却过程出现，气温达不到冷却温度，也不易成雾。

1.1.2 环境地质

大型水电工程建设过程中，若规划不当可能破坏当地地质条件的稳定性，库区蓄水后可能会有发生一系列地质灾害的风险，包括地震、坍塌、滑坡等（曹永强等，2005）。产生这些地质灾害的主要原因在于水库蓄水后增加了地壳应力，水逐渐渗入地底断层中，导致断层之间的润滑程度增加，其中空隙水压力也随之增加；空隙水压力的增加又会促进断层裂隙的增加，破坏岩体的整体性和稳定性；而水库蓄水后水位逐渐升高，岸坡岩层、土体的抗剪强度降低，导致不稳定岩体容易剥落，造成塌方、滑坡等灾害；同时，水库建成后随着使用时间的增加，底部和四周可能会逐渐产生渗漏，造成周围的水文条件发生改变；若水库为污水库或尾水库，则渗漏易造成周围地区和地下水体的污染。

水电工程规划实施后，水位涨落频繁使河岸带土地受到频繁干扰。尤其河岸边稀树灌木草丛植被较多，这种植被类型本身处于不稳定的演替状态，易产生生态脆弱带，可能诱发或加剧重力侵蚀，并进一步诱发地质灾害。

1.1.3 土壤环境

土壤是植物生长的基础。他提供了植物生长所必需的水分和营养，是生态系统中物质与能量交换的重要场所。在水电工程施工期间，可能引起土壤结构、性质以及土壤中水、气、热、生物种群与活动的变化。水电工程对土壤影响可分为有利和不利两个方面。

有利的方面是通过筑坝建库、疏通水道等措施,可以保护农田免受淹没、冲刷等灾害,也可利用水库对农田进行适量灌溉,补充土壤水分和改善土壤养分,使农作物获得良好的生长环境。另一方面,水库也可以改善当地的小气候和水文条件,改变区域水循环,防止土壤遭到侵蚀和不良冲刷。建库筑坝过程中,通过等高截流、控制内外河水位和地下水位、明沟和暗管排水、抽排、井排以及控制灌溉引水等措施使水循环功能增强,可以排除土壤中对植物生长发育有害的多余水分,使植物根系生长环境更为健康,更能广泛地吸收土壤中的养分;同时促进土壤养分分解,改良土壤结构和肥力等特征,促进植被更好生长,使植被的固土护坡效能增强,减少表土冲蚀。

但是在工程建设过程中,运输车辆等大型机械对地表的碾压、施工开挖、地表清理及施工占地等活动,使土壤的自然富集过程受阻,对土壤的结构、肥力及物理性质等将产生一定的影响。大范围的开挖将使植被等自然生态系统遭到破坏,水土保持能力降低,地表土壤和岩体结构疏松,地表径流形态发生改变,土地可蚀性增强,引起水土流失;弃土弃渣场若不合理安置也将引起新的水土流失。工程运行期对土壤环境的影响主要为工程永久占地对土壤的占压。

水库淹没使淹没区域土壤水分条件变化,从而影响土壤的演化过程,对土壤环境造成影响(熊芸,2005)。水库蓄水后会造成库区土地浸没、沼泽化和盐碱化。在浸没区,土壤中的通气条件差,造成土壤中的微生物活动减少,肥力下降,影响作物的生长。地表水位上升引起地下水位上升,过分湿润致使植物根系衰败,呼吸困难。库岸渗漏补给地下水经毛细管作用升至地表,在强烈蒸发作用下使水中盐分浓集于地表,造成盐碱化,土壤溶液渗透压过高,可引起植物生理干旱。

1.1.4　土地利用方式

水电工程的施工过程中,工程占地、淹没和移民安置等工程活动必然对土地利用方式、格局和性质产生影响,其中影响最大的为工程占地。一般将水电工程占地分为永久性占地和临时性占地两种类型。永久占地包括枢纽区、上水库淹没区和施工道路占地,临时占地主要有石料场、施工道路、施工生产生活区和弃渣场占地。水电工程施工占用耕地、林地、草地及未利用地,使工程区原有土地利用结构发生变化,生态系统服务功能损失,如多样性、保持水土、为其他野生动植物提供栖息环境,以及为当地居民提供林副产品等功能(陈晓年等,2010)。

1.1.5　陆生动物

对陆生动物而言,水库建成后蓄水会淹没其原有的生活环境栖息地,施工活动如表土开挖、施工占地等也会直接破坏动物的栖息地，导致动物取食环境恶化，生存空间减小。同时施工期间的机械、爆破等噪声会惊扰动物，水库的大面积水域也会导致周边湿度升高，破坏了栖息于此区域的鸟、兽等动物的生活环境(王英，2007)。扰动区内动物将被迫外迁，寻找新的栖息场所，使动物群落的结构发生变化，对区内动物生存、繁衍产生负面影响，进而有可能导致某些动物的灭绝。

但是对于部分水电工程来说，由于其环境的特殊性，水电工程对陆生部分动物的影响可能并不大，开发后形成的人工水面和丰富的水生饵料反而会吸引更多的水禽来此栖息越冬。虽然施工期噪声可能对一些动物活动产生轻微影响，但不影响它们的栖息地，建设结束后，这些影响也随之消失。所以水电工程施工前，充分了解区域内动物的种类、分布、习性等，进行合理施工布置和强度控制，可有效减轻水电工程施工对区域内陆生动物的扰动。

1.1.6　陆生植被

水电工程建设过程中，运输车辆对地表的碾压、施工开挖、地表清理及施工占地等活动对植被的影响主要体现在植被类型、植被数量、生物量、植被的可恢复性及生态系统等方面。工程的建设会占用周边的林地、草地或耕地，砍伐树木或淹没植被，使扰动区植被类型和数量大幅降低。水库蓄水直接淹没陆地，产生长期不可逆影响，陆生植被生长环境消失，物种数量锐减，植物的群落结构必将改变(黄海涛，2014)。同时，水库蓄水导致水体面积增加，会改变库区气候、土壤环境等，会使区域内植被类型、分布范围发生变化，有可能导致某些植物的消失或增加，特别是，库岸的增加会使耐短期渍水特性的物种在数量上有所增加。

1.2　水电工程扰动区植被生态修复意义

水电工程扰动区的植被重建是对水电工程扰动区生态的有效补偿手段。植被作为生态系统的重要组成部分，是水电工程扰动区生态系统中物质循环与能量流动的中枢，其好坏直接影响区域生态系统的稳定程度和发展方向。通过对水电工程扰动区进行植被生态修复，在工程扰动区构建出一个具有自生长能力的功能系统具有重要意义，可达到改善扰动区水文环境和土壤性质、维持生物多样性和稳固边坡的目的。

1.2.1　改善扰动区水文环境

植被水文效益是植被生态系统的重要功能。由于植被的截留、拦蓄作用，植被不仅可以涵养水源、保持水土，而且还可以减少地表径流、变地表水为地下水，也可以消洪补枯，使降雨在土壤中以潜流的形式汇入河道，形成稳定而平缓的水资源，满足工农业生产的需要(温仲明等，2005)。植被通过根系吸水和气孔蒸腾对水文过程直接作用，同时也通过其垂直方向的冠层结构和水平方向的群落分布对降雨、下渗、坡面产汇流以及蒸发过程产生间接影响，形成了植被对水文过程的复杂作用(杨大文等，2010)。根系的存在使土壤中大孔隙增多，土壤渗透量增大，有效吸持雨水；枯落物层的覆盖可以减少林地土壤水分蒸发，从而增加土壤水分贮存量；有林地的产流量、径流深和径流系数都低于无林地，产沙量也明显低于无林地(杨新兵等，2007)。对于高寒草地植被覆盖变化对土壤水分循环的影响研究表明，植被覆盖度与土壤水分之间具有显著的相关关系，草地的水源涵养功能明显。植被能够通过根系的水力重分布机制传输土壤水，从而改变表层土壤水分和深层土壤水分的分布，并影响水文过程(王根绪等，2003)。林草植被也能显著减少流域内洪水量、径流和输沙量(冉大川等，2014)。

1.2.2 改善扰动区土壤性质

土壤是生态系统的重要组成要素，是动植物生长和生存的载体和物质基础。在水电工程扰动区植被生态修复的整个植被群落演替过程中，土壤的发展是随植被演替发展的一个连续过程，趋向于与顶极群落相适应的平衡。植被生态修复对水电工程扰动区的土壤性质的影响主要体现在土壤物理性质、化学性质和生物性质三个方面，植被生态修复可有效改善扰动区土壤环境，促进扰动区土壤生态系统的恢复。大量的研究表明(张全发等，1990；谢宝平等，2000；张俊华等，2003；余海龙等，2007)，坡面植被经过一定时期的演替，表层土壤容重减小、孔隙度增加，土壤内水稳定团聚体总量增加，土壤养分含量提高，土壤微生物增加、酶活性提高。具体表现为在植被群落演替的前期阶段，以土壤性质的内因动态演替为主，土壤的性质对植被变化产生影响，同时也因植被的变化而发生改变。植物群落与土壤间的彼此影响具有相互促进的作用，是植被群落演替的动力。这种作用发展到一定程度时，土壤与植物群落都受气候的限制，即达到顶级群落阶段，而顶级群落则是生态平衡的标志。由此可见，植被生态修复可有效改善扰动区土壤环境，促进扰动区土壤生态系统的恢复。

1.2.3 增加扰动区生物多样性

植被生态修复是水电工程扰动区生态系统修复的第一步，而生态系统修复的目的就在于恢复或重建某个区域的植物和动物群落，从而保持生态系统的持续性功能，所以植被生态修复对于扰动区生物多样性的恢复具有重要作用。

植被生态修复过程中物种多样性的动态特征变化反映了植被的恢复程度，是生态系统中生物多样性的基础，原因就在于物种多样性可以为其他的生物提供多样化食物来源和时空上异质的生态位等。群落物种多样性水平可由多样性指数、丰富度指数、均匀度指数及优势度指数反映出来(王占军等，2005)。植被修复群落动态与多样性关系密切，随植被演替进展，群落物种组成与物种多样性总体增加，群落生态优势度下降，而均匀度增加，群落渐趋稳定(阳小成，2008；魏黎，2010)。不同植被恢复模式，群落物种多样性存在差异(张健，2010)。人工建植群落的物种多样性好于自然恢复，且人工灌丛植被恢复模式要优于人工乔木林植被恢复模式。这可能与人工植被对生态环境的改造有关，他提高了群落生境质量，对群落多样性的丰富起到了促进作用。

植被生态修复对扰动区生物多样性的影响还表现在对土壤微生物多样性的促进上。土壤微生物在植物凋落物的降解、养分循环与平衡、土壤理化性质的改善中起着重要作用；同时，土壤微生物群落对环境变化极为敏感，在土壤质量演变过程中可以作为灵敏的反映指标，较早地预测土壤有机物的变化。土壤微生物多样性主要包括物种多样性、基因多样性和功能多样性。随退化植被的恢复，土壤细菌、真菌、放线菌数量及微生物总数均呈上升趋势，植被恢复有利于土壤生物循环和生物富集作用，对微生物物种多样性有重要作用(魏媛等，2010)。植被恢复大大改变了土壤微生物功能群的组成，增加了微生物群落功能多样性(夏北成，1998；李伟华等，2007)。Grayston(2001)的研究发现，植物群落可以显著地改善土壤中微生物群落的分解能力。

1.2.4 提高扰动区边坡稳定性

边坡上没有植被存在时，抗滑力主要由土壤黏结力和滑动时产生的摩擦力组成；但是有植被存在时，除以上抗滑力以外，根系的存在使土壤抗剪力增加，同时由于根系本身抗拉力的存在，增加了坡体的稳定系数。随着根系数量的增加，边坡稳定系数提高(封金财，2005；周群华 2007)。植物根系提高扰动区边坡稳定性主要表现为如下三种方式：①网络作用：根系交织穿插形成根系网络，较小结构的土块连接成较大土块，在水流作用下，土块不易解体分散；②护挡作用：部分外露根系，对上面冲来的土块起一定的阻挡缓冲作用；③牵引作用：根系四周紧密附着一些土粒，即使根系在水体中飘动，土粒在根系的牵引作用也不易被带走。

植物根系根据形态不同，分为侧根、垂直根和须根，木本植物通过侧根和须根缠绕加固土壤形成紧密层，垂直根锚固土壤增加抗滑阻力(Fransesco et al.，1999)。乔灌植物侧根和须根以及草本植物根系的固土机理与加筋土的作用机理有相似之处(孙立达等，1995)。植物根系可视为柔性加筋材料，与土体共同受力、协调变形。根系在土体中的存在，能大幅提高土体黏聚力，内摩擦角也相应有一定的提高，土体的力学性质在根系加筋作用下得到改良。大量的研究证明根系与土壤的相互作用对于提高坡面土体的抗剪强度具有重要意义(Kassiff，1968；Waldron，1977，1981；解明曙，1990；王可均等，1998；Ekanayake，1999；赵志明等，2006；李绍才等，2006b；肖盛燮等，2006；李国荣等，2007）。

由于植物根系的长度限制，其对边坡稳定性的提高存在局限性，只限于根系分布界限以内。虽然某些植被的根系可深达几米甚至几十米，但绝大多数植物根系的分布深度为 1~3m，而对土体固持作用的最大密集分布层在 60cm 以内，一些浅层根系分布土层为 40cm 以内（王礼先，1990）。徐则民等（2005）认为由于大多数植物根系都分布在地表 1.5m 深度以内，其对土体的加固深度有限，远小于深层滑坡的滑面埋深，因此植被在深层滑坡防治方面的作用是有限的，仅限于浅层边坡的防护。鉴于深层滑坡预测的难度及工程措施的可靠性，经济环保的植被生态修复仍不失为边坡防护的最佳选择之一。

1.3　向家坝水电工程概况

向家坝水电站坝址右岸位于云南省水富县，左岸位于四川省宜宾县境内，库区涉及云南省水富、绥江、永善和四川省宜宾、屏山、雷波共 6 个县。坝址下距宜宾市区 33km，下离水富县 2.5km，与宜昌、武汉的直线距离分别为 700km 和 980km。向家坝水电站坝址控制流域面积 45.88 万 km²，占金沙江流域面积的 97%，水库正常蓄水位 380m，相应库容 49.77 亿 m³，为季调节水库。

向家坝水电站与溪洛渡、白鹤滩和乌东德一起，自下而上构成金沙江下游江段梯级开发，是实施国家"西电东送"战略的骨干电源点。向家坝水电站为特大型水电工程，装机容量 6000MW，在考虑上游有锦屏Ⅰ级、二滩、溪洛渡水电站调节作用时，保证出力 2009MW，多年平均年发电量 307.47 亿 kW·h。随着上游干支流梯级水电站水库的相继开发，保证出力和年发电量将进一步增加，其发电效益巨大，可有效缓解华中、华东地区能源短缺的局面，大大减轻煤炭运输压力和环境保护治理的压力。同时，向家坝水电站还具有显著的航运、拦沙、灌溉、防洪和梯级反调节等综合效益，符合国家实施西部大开发战略和东西部共同发展方针。本节将从向家坝工程所在地土壤、气候、水分、生物和地质等方面，对向家坝水电工程概况进行介绍（中国水电顾问集团中南勘测设计研究院，2005；2006）。

1.3.1　土壤

向家坝水电站工程所在区土壤共有 6 个土类、14 个亚类、34 个土属。6 个土类为黄壤、红壤、紫色土、潮土、水稻土、石灰土。土壤的垂直地带性分布特点明显，海拔由低至高，大致分为红壤—黄壤—黄棕壤—棕壤，紫色土、水稻土在不同高程镶嵌分布。各类土壤土层普遍较薄，一般厚度在 30cm 内，且土壤的质地粗糙，石碴子或石骨子土的面积大、分布广，土壤的有机质含量普遍偏低。

工程所在地水土流失较为严重，是长江上游水土流失重点防治区。据 1999 年土壤侵蚀遥感调查报告，工程涉及的 6 县水土流失面积共计 4660.49km²，占 6 县土地总面积的 29.08%~55.50%，平均占比为 42.56%。

从土壤侵蚀强度分析，工程涉及的 6 县土壤年侵蚀总量为 2148.26 万 t，各县平均土壤侵蚀模数为 1021~2797 t/(km²·a)，6 县平均侵蚀模数为 1962 t/(km²·a)；6 县轻度以上侵蚀区即水土流失面积上的侵蚀量为 1991 万 t，侵蚀区各县平均侵蚀模数在 2901~4840 t/(km²·a)，6 县侵蚀区平均侵蚀模数为 4272 t/(km²·a)，其中轻度、中度侵蚀面积较大，占全部水土流失面积的 80%。

水土流失的类型主要为水力侵蚀、重力侵蚀两大类型。水力侵蚀以面蚀和沟蚀为主，其中面蚀最多、分布最广，约占流失面积的 80%，面蚀主要发生在裸露荒坡以及坡耕地和疏幼林中；沟蚀约占流失面积的 12%，沟蚀在面蚀基础上发生，主要发生在河谷开阔段两岸裸露荒坡以及顺坡种植的坡耕地。重力侵蚀约占流失面积的 8%，主要发生在河谷深切地区基岩裸露的斜坡和陡坡上。6 县具体水土流失情况见表 1.1。

表 1.1 工程区 6 县水土流失基本情况汇总表

项目		水富	绥江	永善	宜宾	屏山	雷波	合计
土地总面积/km²		439.97	746.33	2777.92	3026.30	1442.40	2517.50	10950.42
水土流失	面积/km²	135.23	217.05	1009.62	1594.31	800.48	903.80	4660.49
	占土地总面积/%	30.74	29.08	36.34	52.70	55.50	35.90	42.56
土壤侵蚀强度分级	轻度 面积/km²	71.33	138.14	428.43	483.24	170.08	—	—
	占土地总面积/%	52.75	63.64	42.43	30.30	21.25	—	—
	中度 面积/km²	46.66	75.01	448.61	670.42	230.49	—	—
	占土地总面积/%	34.50	34.56	44.43	42.10	28.79	—	—
	强度 面积/km²	17.24	3.90	132.58	346.60	356.89	—	—
	占土地总面积/%	12.75	1.80	13.13	21.70	44.58	—	—
	极强度、剧烈 面积/km²	0	0	0	94.05	43.02	—	—
	占土地总面积/%	0	0	0	5.90	5.38	—	—
侵蚀区土壤流失量/t		465418	629683	3885924	6759874	3874323	4294858	19910081
侵蚀区土壤侵蚀模数/[t/(km²·a)]		3442	2901	3849	4240	4840	4752	4272
土壤流失总量/t		541603	762003	4327999	7117872	4034803	4698283	21482563
平均土壤侵蚀模数/[t/(km²·a)]		1231	1021	1558	2352	2797	1866	1962

1.3.2 气候

向家坝水电站工程所在地属亚热带季风气候区，同时具有云南高原气候向四川盆地气候过渡的气候特点。由于地形高差悬殊，气候的水平地带性和垂直分带性较明显。在低海拔的金沙江河谷地区，为干热河谷气候，热量资源丰富，降水条件差，年降水量偏少，年蒸发量偏大，空气干燥；但随着海拔升高，气温降低，降雨量增加，蒸发量和降水量趋于平衡，呈现山区凉寒气候特点。此外，河谷区气温高于周围山地，降水则少于周围山地，温度直减率为−0.6℃/100m 左右，降水量垂直变化一般在 40~100m，在当地有"一山分四季，十里不同天"之说。

库区及周边县城的无霜期最大为 320d，最小为 266d，相对湿度在 74%~83%之间。灾害性天气有：干旱、倒春寒、洪涝、冰雹、大风等，以春季和秋季的低温阴雨、春旱、伏旱和洪涝等灾害较为严重。代表性各县气候要素统计见表 1.2。

由于工程项目区水土流失类型主要为水力侵蚀，与水土流失密切相关的气候因子为降水与暴雨特性。

表 1.2　向家坝水电站各气象站气象要素统计表

项目	单位	永善县	雷波县	绥江县	屏山县	水富县	宜宾县
海拔高度	m	877.0	1474.0	427.0	825.9	290.0	320.0
日照时数	h	1248.8	1211.2	998.1	950.7	774.36	1139.2
多年平均气温	℃	16.5	12.0	17.8	14.9	18.3	17.7
极端最高气温	℃	38.8	34.3	38.8	35.4	38.3	39.5
极端最低气温	℃	−3.6	−8.9	−1.7	−4.8	−1.0	−3.0
多年平均降水量	mm	646.2	850.6	956	1066.1	896.2	1164.8
历年最大 1d 降水量	mm	78.9	—	122.3	187.1	200.0	235.2
多年平均蒸发量	mm	1309.4	949.7	1201.8	548.4	1150.3	851.8
多年平均相对湿度	%	71	83	85	83	81	83
多年平均风速	m/s	—	—	—	—	1.5	—
历年最大风速/风向	m/s	—	—	—	—	15.0	—

1.3.3 水分

向家坝水电站工程所在地处于东南季风气候区，水汽来源较复杂，加之地形高差大，致使本区降水与暴雨特性明显，以下对库区和坝址降水与暴雨特性进行介绍。

1. 库区降水与暴雨特性

1) 降水较丰沛，但地域分布不均

库区各地降水量差异较大，有下游小于上游，干流河谷小于周边的趋势。区间多年平均降雨情况见表 1.3。

表 1.3　库区及库区周围各站年、月多年平均降水量统计表

测站位置	高程/m	年平均降水量/mm	5~10 月降水量/mm	占年的比例/%
烂坝子	—	1329.4	1072.3	80.7
马湖	—	1089.8	907.3	83.3
西宁	780	1298.4	1090.4	84
中都	500	829	729.5	88
屏山水文站	325	954.2	822.5	86.2
屏山气象站	825.9	1085.4	904.2	83.3
新市	450	909.1	799.7	89.0
新华	380	931.9	790	84.8
罗汉坪	1290	1365.4	1068	78.2
木杆河	-	892.4	724.3	81.2
水富	320	908.1	781.8	86.1
永善	878	666.1	575.9	86.5
雷波	1452	832.7	698.1	83.8
绥江	427	959.3	824.0	85.9

各地的降水量有随地势升高而增加的趋势。例如，永善县降水量的低值区分布在金沙江河谷一带，黄华、井底坝的多年平均降水量仅 600~670mm，而与绥江交界的莲花山至五莲峰一带的山脉脊部，年降水量可达 1100~1400mm。屏山县中部河谷地带(高程约 500m)年平均降水量 802.8mm，该地少于 800mm 的年份占 50%，最少的 1981 年仅 472mm；而县城气象站(高程约 825.9m)年平均降水量在 1000mm 以上，最多的 1959 年达 1617.5mm。

区间各站年降水日数也有一定差别，下游屏山气象站为 167d，水富气象站为 163d；上游的雷波气象站为 200d，永善气象站为 128d。

根据区间各雨量站资料分析，区间左岸西宁河中上游地区及右岸大汶溪上游地区降水量相对较大，区间中下游降水量较小。

2) 降水量年内分布不均

从表 1.3 中降水量分析可知，区内各站年降水量分配极不平衡，降水主要集

中在 5~10 月份。除罗汉坪站外，5~10 月份降水量占全年降水量的比例均在 80%以上。

3) 各站降水量年际变化明显

据不完全统计，区间内各站最大降水量与最小降水量之比为 1.66~2.4，可见该区间各站降水量年际变化比较大，见表 1.4。

表 1.4　区间各站最大年降水量与最小年降水量比较表　　　　（单位：mm）

项目	屏山	水富	新华	罗汉坪	中都	西宁	马湖	烂坝子	雷波
最大年降水量	1617.5	1348.2	1315.1	1879.4	1102.6	1611.4	1503	1703.1	1092.5
最小年降水量	827.5	562.3	736.6	905	473.9	969.1	700.9	898.1	622.7
比值	1.95	2.40	1.79	2.08	2.33	1.66	2.14	1.90	1.75

4) 多暴雨或特大暴雨

区内不仅降水充沛、集中，而且还多暴雨和特大暴雨。根据资料统计，最大一日降水量一般在 100mm 以上，下游河段的屏山站、水富站则超过 200mm，见表 1.5。区内 1h 的降水量可达 20~130mm，10min 的降水量可达 6.4~18.2mm。

表 1.5　库区及库区周围各站最大一日降水量统计表　　　　（单位：mm）

测站	屏山	水富	绥江	雷波	永善	新市	中都	西宁	烂坝子	罗汉坪
一日降水量	214.5	204.1	188.4	130.4	108.9	187.1	197.0	135.8	143.9	173.0

2. 坝址区降水与暴雨特性

1) 各月降水量

坝址附近 4~10 月份多年平均降水量占全年降水量的 91.8%，其中，6~8 月份占 61.86%，而 1~3 月份和 11~12 月份 5 个月仅占全年的 8.2%。最大月降水量为 396.9mm（1988 年 8 月），最小月降水量为 1.1mm（1986 年 12 月）。最大年降水量为 1348.2mm（1988 年），是最小年降水量 562.3mm（1993 年）的 1.4 倍，降水量年际间变化较大。坝址附近多年平均年降水量为 908.1mm，各月多年平均降水量成果见表 1.6。

表 1.6　坝址附近各月多年平均降水量统计表　　　　（单位：mm）

月份	1	2	3	4	5	6	7	8	9	10	11	12	全年
平均	9.9	14.3	22.7	51.8	79.9	163.4	204.5	193.9	90.8	49.3	18.2	9.4	908.1
占比/%	1.09	1.57	2.50	5.70	8.80	17.99	22.52	21.35	10.00	5.43	2.00	1.04	100

2)时段降水量

坝址附近最大 1d、3d、7d 降水量和最大 1h、3h、6h、12h、24h 降水量,成果见表 1.7。

表 1.7 坝址附近时段最大降水量统计表 (单位:mm)

时段	1h	3h	6h	12h	24h	1d	3d	7d
降水量	76.5	100.6	115.7	204.1	221.4	204.1	278.5	280.6

3)降水日数

根据统计,坝址附近大于等于 0.1mm 降水日数,历年月最多为 26d(1991 年 10 月),最少为 1d(1999 年 2 月)。最多年降水日数为 190d(1988 年),最少为 145d(2001 年),平均为 164d,见表 1.8。

表 1.8 坝址附近各月多年平均降水日数统计表 (单位:d)

月份	1	2	3	4	5	6	7	8	9	10	11	12	年值
平均	9	11	13	14	15	18	16	16	16	17	10	9	164
最多	17	21	22	19	23	21	22	22	24	26	18	15	190
最少	3	1	6	7	7	8	10	10	8	8	2	3	145

注:年值一列最多、最少数值为具体某一年降水日数。

历年年内最长连续降水日数为 17d(1997 年 2 月 1 日~17 日),最长连续无降水日数为 41d(1992 年 11 月 3 日~12 月 13 日)。历年各月月内最长连续降水日数和最长连续无降水日数统计成果见表 1.9。

表 1.9 坝址附近各月月内最长连续(无)降水日数统计表 (单位:d)

月份	1	2	3	4	5	6	7	8	9	10	11	12	年值
最长无降水	16	17	15	11	7	9	13	8	13	8	28	15	28
最长降水	7	17	11	10	10	13	12	9	9	11	7	5	17

4)大雨、暴雨次数

根据 1986~2001 年日降水量资料统计,坝址附近发生日降水量超过 50mm 的暴雨共 41 次,其中,特大暴雨 1 次(1988 年 6 月)、大暴雨 4 次(1990 年 7 月、1995 年 5 月、1997 年 8 月、1998 年 7 月)。7 月份发生的暴雨及大暴雨的次数最多,8 月份发生的大雨次数最多。发生暴雨次数最多的年份为 1988 年(8 次),发生大雨次数最多的年份为 1990 年(11 次)。统计结果见表 1.10。

表 1.10 坝址附近各级降水累计日数统计表　　　　　　　　（单位：d）

降水量级	1月	2月	3月	4月	5月	6月	7月	8月	9月	10月	11月	12月	年累计
≥10mm	1	0	5	21	33	70	86	94	46	20	2	0	378
≥25mm	0	0	0	5	8	30	38	43	11	0	0	0	135
≥50mm	0	0	0	0	1	8	18	12	2	0	0	0	41
≥100mm	0	0	0	0	1	1	2	1	0	0	0	0	5
≥200mm	0	0	0	0	0	1	0	0	0	0	0	0	1

1.3.4　植被

向家坝水电站工程所在区处于我国亚热带西部半湿润常绿阔叶林与亚热带东部湿润常绿阔叶林过渡地带，具有植物种类区系成分混杂、较多的古老成分和次生性质明显的特点。植被的垂直地带性分布是：海拔 1200m 以下山地为湿热常绿阔叶林和干热稀树落叶阔叶林，常见树种有黄葛树（*Ficus virens Aiton var. sublanceolata*）、灰毛浆果楝（*Cipadessa cinerascens*）、八角枫（*Alangium chinense*）、川楝（*Melia toosendan*）、栾树（*Koelreuteria paniculata*）、麻栎（*Quercus acutissima*）、合欢（*Albizia julibrissin*）、乌桕（*Sapium sebiferum*）、马尾松（*Pinus massoniana*）、桤木（*Alnus cremastogyne*）、檫木（*Sassafras tzumu*）、水竹（*Phyllostachys heteroclada*）、车筒竹（*Bambusa sinospinosa*）、攀枝花（*Bombax malabaricum*）、山麻黄（*Psilopeganum sinense*）和重阳木（*Bischofia polycarpa*）等；海拔 1200m 以上山地为暖湿、温凉湿润常绿阔叶林针叶林，常见树种有峨眉栲（*Castanopsis platyacantha*）、包石栎（*Lithocarpus cleistocarpu*）、云南松（*Pinus yunnanensis*）、筇竹（*Qiongzhuea tumidinoda*）、木荷（*Schima superba*）、楠木（*Phoebe zhennan*）、青冈（*Cyclobalanopsis glauca*）和胡枝子（*Lespedeza bicolor*）等。但由于人为活动破坏严重，植被类型中原生植被大多破坏殆尽，现存植被主要以次生林为主。植被大致可分为五个类型：阔叶林及阔叶疏林、针叶林、灌丛、灌草丛和农田植被。

向家坝水电站工程涉及的 6 个县历史上曾经是森林资源较丰富的地区，但由于连年过伐，毁林开荒，森林资源逐年减少。近十年来，随着人工造林、天然林保护工程、长江防护林工程和退耕还林工程等的大力实施，森林面积减少、森林覆盖率下降的趋势已得到控制，各县的平均森林覆盖率普遍上升。据 1998~1999年森林资源调查资料统计，云南省水富县为 21.6%、绥江县为 48.2%、永善县为 20.8%，四川省屏山县为 42.0%、雷波县为 29.2%、宜宾县为 35.8%。但目前的森林资源中，存在林分以中幼林为主，林分质量不高和偏远高山区和低山河谷区森林资源分布不均等问题。

植被类型主要以灌木林、草丛为主，覆盖度高的森林植被较少。在左岸莲花池区和凉水井区施工占地除有稀疏森林植被、灌木、草丛外，同时还有较多的农田植被类型，主要为旱地农作物；在右岸水富县城周边，存在较多的人工植被，栽植了较多的以绿化、美化为主的观赏植物；马延坡区地势平缓，场地开阔，以农作物植被类型为主，同时在坡度较陡的地方以及居民的房前屋后种植有柑橘 (Citrus reticulata)、桃 (Amygdalus persica)、李 (Prunus salicina)、核桃 (Juglans regia)、板栗 (Castanea mollissima) 等经济果木，亦有楠竹 (Phyllostachys heterocycla)、松 (Pinus massoniana)、杉 (Cunninghamia lanceolata) 等用材林木，在田边、道旁分布较多是灌木、草丛植被类型。

1.3.5　地质

向家坝水电站所在区域位于川西—滇北高原向四川盆地的过渡区域，区域地貌呈现由山区向丘陵地带过渡的特征，流域地势总体由西北逐渐向东南降低。由于受金沙江河流强烈深切作用影响，区域地形具有陡峻、沟谷狭窄、悬崖峭壁多见的特点。库区河谷除绥江、屏山等地局部河段较开阔外，其余均为狭窄的"U"型或"V"型河谷，两岸坡度 30°～60°，最大坡高超过 600m，坝址处常年河水位 266.5m，水面宽 160~220m。

工程区域地层出露比较齐全，自震旦系起，各系地层均有分布。坝址地层以中生界为主，主要出露三迭系须家河组河湖相沉积的砂岩、泥岩、粉砂质泥岩和泥质粉砂岩。坝址区位于四川内陆盆地盖层褶皱滑脱构造区，断裂构造不甚发育，从向家坝水电站所处的构造部位和构造形迹分析，坝址区无活动断层通过，属于构造稳定区。

坝址区无发生中强地震的地质地震背景，历史外围地震对坝区影响地震烈度 5~6 度，经国家地震局地震烈度评定委员会审定，本工程坝区地震基本烈度定为 7 度。根据地震地质调查和工程类比分析，本工程水库诱发地震的可能性不大，即使诱发地震，震级不会超过 5 级。

向家坝水库为山区河道型水库，水库周边地形和分水岭的高程已远超过设计正常蓄水位，库区两岸分水岭山体高大浑厚，水库自然封闭条件好，不存在水库渗漏问题。

水库岸坡绝大部分由基岩构成，库岸稳定性总体状况较好。据统计，库区共有大小滑坡、崩坡堆积体 84 处，总体积 4.83 亿 m³，但大多数崩、滑体均为稳定或基本稳定，稳定性较差的崩、滑体仅占总数量的 10%，占总体积的 10.6%，且主要分布在距坝址上游 20km 以外的地段，对水库有效库容和工程的安全影响均较小。

在对水库影响区进行全面地质调查勘测基础上，对库区(特别是近坝库区规模较大或有变形迹象的重点滑坡、崩塌堆积体和基岩变形体)稳定性定性分析和部分重点岸坡的稳定性计算,向家坝水库岸坡中共有稳定性差或较差的变形破坏体30个,总方量10102.43万 m³,其中:滑坡17个,总方量7247万 m³;崩塌堆积体5个,总方量2540万 m³;基岩变形体8个,总方量315.43万 m³。具体见表1.11。其中,近坝库段稳定性较差的滑坡1个(210万 m³)、变形体1个(27.6万 m³)。评价区稳定性差或较差的变形破坏体不仅规模小,且绝大多数远离坝区,不对枢纽工程构成威胁,但在进行水库移民安置时须引起注意。

表1.11 评价区稳定性差或较差的变形破坏体汇总表

序号	名称	类型	距坝里程/km	体积/万 m³	后缘/前缘高程/m	稳定性综合评价	可能失稳方式
1	黑山包	滑坡	9.4	210	380/270	稳定性较差	部分坍滑
2	东岳庙哈老窝沟		23.2	880	495/270	稳定性较差	局部坍滑、坍岸
3	东岳庙烂围墙		23.6	57	430/340	稳定性较差	局部坍滑
4	东岳庙烂围墙上游		23.9	124	410/310	稳定性较差	局部坍滑
5	雅砻江水运局		34.8	500	380/275	稳定性较差	部分坍滑
6	盐井窝		35.3	100	340/275	稳定性差	整体下滑
7	马三湾		37.9	345	410/280	稳定性较差	局部坍滑
8	瓦厂沟		53.3	340	440/280	稳定性差	整体下滑
9	长美号		56.7	150	490/340	稳定性较差	局部坍滑
10	绥江港		57.2	33	375/290	稳定性差	整体下滑
11	赵家湾		60.2	580	520/340	稳定性差	整体下滑
12	老房子		63.6	132	460/302	稳定性差	整体下滑
13	后窝子		63.7	156	530/325	稳定性较差	局部坍滑
14	土地凹		70.4	300	460/315	稳定性差	整体下滑
15	林家坝		78.9	775	730/360	稳定性差	整体下滑
16	大毛滩		124.3	945	700/350	稳定性差	逐级坍滑
17	吴家湾		127.0	1620	800/350	稳定性较差	部分坍滑
合计	—		—	7247	—	—	—
18	青岗坡	崩塌堆积体	15.4	128	375/270	稳定性较差	部分坍滑
19	石柱埂上游		50.4	72	410/300	稳定性差	部分坍滑
20	礁石窝		74.6	80	480/340	稳定性较差	部分坍滑
21	小毛滩		120.0	100	450/350	稳定性较差	部分坍滑
22	腾岩		126.6	2160	670/350	稳定性较差	部分坍滑
合计				2540			

续表

序号	名称	类型	距坝里程/km	体积/万 m³	后缘/前缘高程/m	稳定性综合评价	可能失稳方式
23	石马坪		4.3	27.6	710/440	稳定性较差	崩塌
24	青岗坡		15.2	2.45	400/365	稳定性较差	崩塌
25	九步岩		39.0	1.13	400/300	稳定性差	整体下滑
26	新滩溪	变形体	39.4	70	400/300	稳定性差	部分坍滑
27	秦家坪		72.8	180	680/530	稳定性较差	崩塌
28	三道拐		78.2	18	500/430	稳定性较差	崩塌
29	金刚背		96.7	1.25	430/380	稳定性较差	崩塌
30	黄龙滩		132.2	15	440/410	稳定性差	崩塌

第 2 章　植被生态修复理论

植被生态修复是指在遵循自然规律的基础上，根据技术上适当、经济上可行和社会能够接受的原则，通过人为的作用，使遭到破坏的生态系统获得重构或再生，从而变成有益于人类生存与生活的稳定生态系统。植被自然恢复的过程通常是：适应性物种的进入、土壤肥力的缓慢积累、结构的缓慢改善、毒性缓慢下降、新的适应性物种的进入、新的环境条件的变化、群落的进入。植被生态修复简单归结为要解决四个方面：物理条件，营养条件，土壤的毒素，合适的物种。在进行植被恢复时，应遵循植被自然恢复的规律，在选择物种时，既要考虑植物对土壤条件的适应，也要强调植物对土壤的改良作用，还要考虑物种之间的生态关系。本章将对植被生态修复所涉及的主要理论进行阐述，包括植被生态修复基本原理、物种选配原理、肥料学理论和植被群落调控原理。

2.1　植被生态修复基本原理

生态修复基本原理(图 2.1)包括自然法则、社会经济技术原理、美学原理 3 个方面。

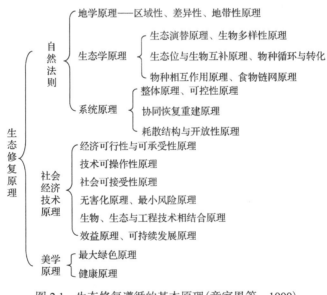

图 2.1　生态修复遵循的基本原理(章家恩等，1999)

生态系统是生态学研究的主要对象，他是由众多的组分以一定的方式相互联系、相互作用构成的一个复杂的有机整体。因此，对一个生态系统的理解要以整体的观念来把握，在系统水平上充分揭示其性质和功能。任何一个生态系统都是由生物系统和环境系统共同组成的。生物系统包括生产者、消费者和分解者，环境系统包括太阳辐射以及各种有机质和无机成分。各成分正是依附于系统才得到存在，系统各成分之间或子系统之间，通过能流、物质流、信息流而有机地联系起来，相互制约和相互作用，形成一个统一的、有机的整体，并形成特定的功能。

自然界没有一种生物能离开其他生物而单独生存和繁衍。物种混居，必然会出现以食物、空间等资源为核心的中间关系，长期进化后又使各种各样的种间关系得以发展和固定。从他的性质上来说，生物之间的关系可归纳为两类(云正明等，1999)：一种是互利的，即一种生物对另一种生物有利；另一种是对抗的，即一种生物对另一种生物有害。在一个完整的生态系统中，生物之间本身也存在着这种相互关系。因此如何选择、匹配好这种关系，趋利避害，发挥生物种群间的互利机制，使生物复合群体"共存共荣"，促进生态系统健康发展和提高系统生产力，是人工生态系统建造成功的一个关键因素。

同时，生物的生长发育离不开环境，也需要适应环境的变化，但生态环境中的生态因子如果接近或者超过生物的适应范围，对生物就有一定的限制作用，成为这种生物的限制因子；只有当生物与其居住环境条件高度适应时，生物才能最大限度地利用环境方面的优越条件，并表现出最大的增产潜力。因此，生态修复过程中，找出系统的限制因子至关重要。

在自然条件下，如果群落或生态系统遭到干扰和破坏，他是能够恢复的。恢复过程首先是先锋物种的定居，改变退化生境的自然环境，使得更适宜的物种生存生长并取代先锋物种，如此渐进到群落或生态系统恢复到原来的外貌和物种成分为止。因此，在自然演替的作用下，只要克服或消除自然的或人为的(特别是后者)干扰压力，并且在人类的参与下，创造积极有序的管理方式和措施，受损害的生态系统基本能够得以恢复和重建(许木启，1998)。高效率的生态工程措施具有较高自净效力及环境容量，能通过充分发挥各种物质的生产潜力来增产节约，促进物能的良性循环与再生利用。但是群落演替是循序渐进的，在进行植被生态修复的过程中要循序渐进，依据退化阶段，按照生态演替规律分阶段、分步骤地促进顺行演替。生态修复工程的目的就是通过人工参与，建造一个有序的生态系统结构，通过系统的自组织和抗干扰能力变化实现其有序性(钦佩，1998a；1998b)。

作为植被生态修复基础理论，生态修复基本原理主要应用于生态系统功能的恢复，贯穿于整个植被生态修复过程当中，最终达到生态系统的自我维持，具有高度的实践价值。同时因为植被生态修复是指帮助那些退化、受损或毁坏的生态系统恢复的过程，恢复和重建在相当程度上是以人工参与的方式进行的。不同工艺方式赋予了以上基本理论丰富的应用性，同一理论在不同工艺特点下侧重点也有所不同并对理论有所发展。

2.2　物种选配原理

水电工程扰动区植被修复物种筛选应充分考虑扰动区立地条件和植物生物生态特性，将两者有机结合起来。依循植被生态修复基本理论，我们提出包括地带性原则、适地适树原则、抗逆性原则和经济性原则在内的物种筛选原则。对筛选出的适宜物种进行合理配置，有利于工程完工后促进植物群落的演替和改善生态结构与生态功能。在合理的物种筛选和配置的前提下，基于自然性、安全性和景观性等原则，针对不同目标植被群落开展相应的植被群落设计，可构建长期稳定有效的植被群落边坡，乃至发展生态景观的功能。本节将从物种筛选原则、物种配置原则和植被群落设计原则三方面对物种选配相关原理进行阐述。

2.2.1　物种筛选原则

1. 地带性原则

不同气候的地理区域影响着植物的分布与生存，而在特定区域内的植物对当地气候环境都具有较强的适应能力。这些经过长期的自然选择存活下来的植物就是地带性植物，也称乡土植物。与外来植物相比，这些植物由于在当地长期生长，经历过自然选择和植物群落演替，已具有应对当地自然环境的生存对策，对当地环境具有较强的适应性和抗逆性，是自然界自然选择的结果。优先选用乡土植物对植物群落的快速建植、群落健康稳定以及加快生态系统的恢复有着重要的意义，同时可以避免由于引进外来物种而带来的一系列问题，这类问题包括产生外来物种大量入侵的生态灾难。因此，选用乡土植物营造本土化的生态系统应是物种筛选的基础。这样选择出来的植物具有高成活率、护坡见效快、营造植物群落健康稳定、与周边景观高度一致等特点，有助于提高绿化效果，改善小气候，提高绿化质量和绿化指标。当然，也可以适当引进一些外来植物，但引用外来物种应确保其原产地与本地区的气候相似，要有利于引进植物的健康生长，更重要的是对当地植物群落不具有入侵性。切不可片面追求植物短期内绿化护坡效果，而破坏当地已有生态系统。外来植物只是对生态修复物种进行有益的补充，不可盲目大量引种不适合本地区生长条件的外来植物。

2. 适地适树原则

植物的生长受土壤、温度、水分和光照等环境因子的影响，如果地带性原则是针对大环境而言，那么适地适树原则是针对植物配置场所的环境因子的。在和环境协同进化的过程中，植物的生长发育对其所处的生态环境产生了依赖作用。每种植物也有自身的生长习性，有的喜疏松肥沃的土壤，有的耐脊薄；有的适宜弱碱性，有的适宜弱酸性；有的喜湿润，有的耐干旱；有的对特定环境具有指示作用，有的则在特定环境死亡；有的喜光，有的喜阴；有的适宜在坡地生长，有的则适合平地(陶菊，2002)。对于水电工程扰动区生态系统来说，在进行生态修复植物筛选时，应充分考虑植物的适应性，选择适宜工程所在区域的物种，使得扰动区边坡在实施生态修复时能达到较为理想的效果。

3. 抗逆性原则

水电工程扰动区往往立地条件较差，因施工造成植被和土壤破坏，开挖的边坡、土石方堆填的渣场及周边区域表土层受到破坏，基质稀缺和植物繁殖体缺乏。扰动区存在坡高面陡、土壤固持能力和保水性差的特点，植物生长受限，须在土壤贫瘠、干旱的环境中繁殖、扩散。抗逆性决定了所选物种对环境的适应能力及生态系统的可持续性，有助于成功恢复被破坏的生态系统，防止生态系统植被初期的急剧退化，为研判先锋群落的稳定性和演替提供有益的信息。所以在植被生态修复物种筛选时，应结合扰动区环境条件，优选抗旱性能好、耐贫瘠等具有较强抗逆性的植物种类，提高植物存活率，从而成功恢复破坏的生态系统，防止生态系统的退化。

4. 经济性原则

由于生态系统的复杂性以及某些环境要素的突变性，加之人们对生态过程及其内在运行机制认识的局限性，往往不可能对生态修复与重建的后果以及生态最终演替方向进行准确的估计和把握。因此，在某种意义上，植被生态修复具有一定的风险性。这就要求我们要认真透彻地研究被修复对象，通过综合地分析、评价及论证，将其风险降到最低限度(章家恩，1999)。同时，生态修复往往又是一个高成本投入工程，在考虑当前经济的承受能力的同时，必须要考虑生态修复的经济效益和收益周期，保持最小风险并获得最大效益，这是生态效益、经济效益和社会效益完美统一的必然要求。物种选择具有多样性，要在科学选种的同时，遵循经济性、可行性的原则。选用当地常见的乡土物种，以降低植被修复成本；选用抗逆性强的植物种类，以降低养护费用；选用具有一定经济效益的植物种类，以增加工程收益。坚持只用对的，不用贵的；多用成本低、适应性强、本地特色明显的乡土树种。用最少的钱，建更多的绿。

2.2.2　物种配置原则

1. 功能性原则

植被生态修复的目的是通过人工手段，来恢复原有的植物类型，从而起到稳固边坡和防治水土流失等作用。因而应根据生境类型不同，结合不同生态修复目的，发挥植物各种生态功能和特性来进行物种配置。如周围为草坪、缓坡或陡峭岩石坡面的生态修复宜采用草本植物群落，平缓坡面、都市近郊、采石场迹地、公路边坡、近水岸坡等的生态修复宜采用灌草型植物群落，周围为森林、平缓坡面、填土坡面、弃土弃渣等的生态修复宜采用乔灌型植物群落。一些对景观要求较高的地段，如公园、高速公路入口处等，在进行植被生态修复时，除了要满足防护边坡稳定和防治水土流失的要求外，还要根据周围的环境要求配置植物群落类型，即主要考虑景观效果好、观赏价值高的花卉、灌木，注意在整体意境、颜色和绿化效果上的搭配(李少丽等，2007)。

2. 物种多样性原则

在一个植物群落中，物种多样性指生物中的多样化和变异性以及生境的生态复杂性，它不仅反映了植物种类的丰富度，也反映了植物群落的稳定水平以及不同环境条件与植物群落的相互关系(杨清等，2004)。物种多样性决定着景观的丰富度、均匀度和绿地生态效益的大小，拥有多种植物的生态系统的抗干扰能力远比仅拥有单种或几种植物的生态系统的抗干扰能力强。天然形成的植物群落一般物种组成多样且稳定性高，一个种群的加入或灭亡对整个群落结构影响不大，其他种群可以及时抑制、补偿，从而保证系统具有很强的自我组织稳定能力，与单一物种的植物群落相比具有更大的稳定性，能更有效的利用环境资源。

所以，为了保证人工生态系统的稳定和提高系统的效益，在适地适树原则的基础上进行植物配置时，必须充分考虑人工植被群落的生物多样性问题，避免出现单个物种的植物群落形式。多种物种在垂直结构、水平结构和时间尺度上进行合理搭配，构建具有丰富物种和景观的植被群落。丰富的群落类型能提高群落的空间异质性，提高植物对环境空间的利用程度，大大增强群落的抗干扰性和稳定性。水电工程扰动区植被生态修复物种配置时，应注意将乔、灌、草、藤等按照不同生态型群多层配置结合起来进行生态系统的恢复，做到立体多位配置。

3. 群落动态稳定原则

现代生态学认为生态系统是不断变化、非线性、非平衡态的，具有多稳定状态，且不同稳定态之间有阈值存在(任海等，2014)。在物种的相互关系中，群落稳定性是生态系统稳定的基础，在一定尺度范围内维持群落状态的平衡和物种的多样性，并可长期保持物种构成成分。群落稳定性主要包括群落忍受或抵制变化能力的抵抗力稳定性和受干扰群落发生变化后重新回到原来状态能力的恢复力稳定性。在大尺度下，边坡生态系统的恢复应建立一个多元管理目标，维持生态系统的空间异质性，在减小对大尺度群落稳定性干扰的前提下进行植物配置。小尺度群落内不同植物的多种配置，可以提高植物对环境空间的利用程度，增强群落的抗干扰性，保持稳定性。

4. 生态位与种间竞争原则

生态位是生态学研究中广泛使用的名词，又称生态龛或小生境。种群在一个生态系统中都有自己的生态位，反映了种群对资源的占有程度以及种群的生态适应特征。自然群落一般由多个种群组成，他们的生态位是不同的，但也有重叠，这有利于相互补偿，充分利用各种资源，以达到最大的群落生产力(张金屯，2000)。在特定生态区域内，自然资源是相对恒定的，植物受到资源因子供应和限制，对应一定的适合度阈值，各种植物并不是单独生长，而总是以与其他个体影响的方式生存、生长。如何通过生物种群匹配，利用其对环境的影响，使有限资源合理利用，增加转化固定效率，减少资源浪费，是提高人工生态系统效益的关键。

在恶劣的环境中，由于生存空间和营养元素的缺乏，植物间竞争激烈，往往导致某些个体或植物生长衰退甚至死亡，从而使整个群落丧失稳定性(徐永荣，1997)。因此，在人工植被群落的配置过程中，除了注意生存性、物种多样性和群落稳定性外，还应根据植物个体生长以及植物群落演替的规律，充分考虑各种群的生态位和群落的物种组成，根据当地土壤、气候等环境选配实际生态位重叠较少的物种，减弱物种间竞争作用，并利用不同生态位植物对环境资源需求的差异，确定合理的种植结构。如"乔、灌、草"结合，就是按照不同植物种群地上地下部分的分层布局，充分利用多层次的空间生态位，使有限的光、气、热、水、肥等资源得到合理利用；同时又可形成适宜动物、低等生物生存和生活的生态位，最大限度减少资源浪费，增加生物产量，从而形成一个完整稳定的复合生态系统。此外不同建植密度影响着植物种内、种间竞争，适宜的建植密度也是保持群落稳定性的重要方面。

5. 顶级群落模拟

经过自然条件选择下的当地顶极群落，已然具备良好的植被地带性、生物多样性和群落稳定性，顶级群落是生态平衡的标志。所以，在进行植被恢复植物配置时，可在场地调查与分析的基础上以及立地条件允许的情况下，参照模拟当地的顶级群落进行植物选择与配置，以获得较稳定的植物群落(徐永荣，1997)。

2.2.3 植被群落设计原理

1. 植被群落设计原则

植被群落设计的总原则是建立符合当地立地条件、形成适宜立地要求和协调周围环境的植被群落。根据植被生态修复基本原理，设计合理的植被群落类型除了满足上述物种筛选与配置原则之外，还应考虑以下几个原则。

1）自然性原则

植被生态恢复的群落类型要符合当地的自然环境，尽量做到恢复植被与当地原有植被相协调。因此就要求在植被群落类型确定前，先对当地的植被情况与气候等做详细调查，从而根据当地实际情况确定适合的物种，并进行合理的组合。

2）安全性原则

植被群落设计应与边坡类型相结合，所选物种不会对边坡稳定和周边环境构成威胁。在物种选择上要尽量选择当地的乡土物种，避免大量引进外来物种，尤其是入侵性强的植物物种，以免将来产生物种入侵。

3）景观性原则

植被群落设计时除了考虑以上原则外，还应考虑植物的景观效果。在满足护坡功能要求的基础上尽量选择具有较高景观价值的物种，并力求形成与周围环境协调一致的景观效果。

2. 目标植被群落类型

目标植被群落设计应依据地区的地带性植被和潜在自然植被来确定目标类型、选择植物种类并进行相应的物种配置，营造"近自然植被群落"，即以后期自然生长为主，应用"模拟自然"的手法，营造出结构完整、物种多样性丰富、生物量高、趋于稳定状态、后期完全遵循自然循环规律的"少人工管理型"人工植被群落，在种类和群落上与区域自然环境接近。目标植被群落类型可分为草本型植被群落、草灌型植被群落、灌草型植被群落、乔灌型植被群落和特殊型植被群落。

1）草本型植被群落

草本型植被群落是以草本植物为主体的植被群落，也是目前植被生态修复中应用最多的群落类型。草本植物由于其前期生长快，易成活等特点，近年来在植被生态修复中被广泛采用。常用冷季型草种有白三叶、多年生黑麦草、高羊茅和草地早熟禾等，暖季型草种有狗牙根、假俭草、结缕草和百喜草等。在植被生态修复中可根据立地条件选择冷季型和暖季型草种混播。草本型植被群落适用于周围为草原、农地或陡峭岩石坡面的生态修复。

2) 草灌型植被群落

草灌型植被群落是以草本植物为建群种、灌木为伴生种的群落类型。该群落类型避免了单一应用草本植物。常用的灌木有胡枝子、紫穗槐、沙棘、锦鸡儿、夹竹桃、柠条、沙柳、黄荆和刺槐等。植被生态修复中可先喷播一定量的草种作为先锋物种。因草灌混播时，灌木难以成活，所以灌木宜选择栽植的方式。草灌型植被群落适用于周围为杂木林、陡峻坡面、采石场迹地或石质山地的生态修复。

3) 灌草型植被群落

灌草型植被群落和草灌型植被群落相反，是以灌木为建群种、草本植物为伴生种的群落类型。灌木与草本植物相比，根系长且发达，对坡面有很好的加筋和加固作用，能加强土壤结构的稳定性，护坡效果明显，且灌木比乔木矮小，对坡面的负荷小。灌草型植被群落适用于周围为平缓坡面、都市近郊、采石场迹地、公路边坡或近水岸坡等的生态修复。

4) 乔灌型植被群落

乔灌型植被群落是以乔木为主要建群种，辅以草灌的群落类型。常用的乔木有小叶杨、毛赤杨、日本桤木、日本白桦、法桐、小叶丁香、银杏、马尾松、日本白栎、赤松和垂柳等。乔灌型植被群落适用于周围为森林、平缓坡面、填土坡面或弃土(弃渣)堆等地的生态修复，但不适用于公路边坡及高陡边坡。

5) 特殊型植被群落

在一些特殊场所，如公园、高速公路入口处等对景观性要求较高的地段，除了考虑边坡防护的要求外，还要根据周围环境建立合理美观的植被群落类型。在选择物种时要着重考虑景观效果好、观赏价值高的花卉以及一些有特殊寓意的植物，注意在形状、颜色、造型上的搭配。

2.3　肥料学理论

肥料是指直接或间接供给作物生长所需要的养分，以改良土壤性状，提高作物的产量和品质的物质。对肥料的选择并非简单的与基材拌和，而是需要考虑植物需求、来源、成本等因素，开展定量化研究，才能制定出合理的前期生态基材配置和后期的管护方案，从而达到提高植被品质、改善土壤结构、提高土壤肥力等目的。

2.3.1　植物所需的基本营养元素

植物生长过程所需的必需元素有 16 种，即碳、氢、氧、氮、磷、钾、钙、镁、硫、铁、锰、锌、铜、钼、硼和氯。矿质元素要具备下列三个条件，才能认为是植物所必需的：

①由于该元素的缺乏，植物生长发育过程发生障碍，不能完成生活史。

②除去该元素，则表现专一的缺乏症，而且这种缺乏症是可以预防和恢复的。

③该元素在植物营养生理上应表现直接的效果，而不是因为土壤或培养基的物理、化学或微生物条件的改变而产生的间接的效果。

碳、氢、氧是植物体的基本组织元素，通常不会缺乏。

1. 大量元素

氮：氮素是蛋白质的基本成分，高等植物组织平均含有氮素2%~4%。土壤中氮素以无机态氮和有机态氮两种形式存在。有机态氮通过矿质化过程转化为铵态氮，再通过硝化过程转化为硝态氮。水解性氮素包括铵态氮、硝态氮、氨基酸、酰胺和易水解的蛋白质，是易淋失和被植物吸收利用的。氮素供应水平的数量指标是：供应较高为大于100mg/kg，供应中等为50~100mg/kg，供应较低为小于50mg/kg。当植物缺氮时，植物碳素同化能力降低，植物生长明显受到抑制，叶色呈灰绿色、黄色或红色；同时叶子与树皮提早衰老；根系发育不良。当氮素过多时，则会出现植物茎叶徒长，抗性减弱的情况。

磷：磷是植物细胞核的重要成分，他对细胞分裂和植物各器官组织的分化发育特别是开花结实具有重要作用。高等植物组织平均含磷0.2%，磷是植物体内生理代谢活动不可少的一种元素。土壤中含磷量高，不但提高了林木的种子产量，而且也提高了种子中的磷素贮量，种子中磷素有利于幼苗初期的健康生长。磷可以提高植物的抗病性、抗旱性和抗寒性，促进根系发育，特别是促进侧根、细根的发育。当缺乏磷时，林木树冠发育停滞，叶片呈古铜色，叶背的叶脉呈紫色，侧根呈棕黄色，树皮粗糙且发育不良。

钾：高等植物组织含钾量约0.5%~5%，钾能加速植物对CO_2的同化过程，促进碳水化合物转移、蛋白质的合成和细胞的分裂。钾素能增强植物抗病能力，并缓和由于氮素过多所引起的有害作用。当植物缺钾时，根系生长受阻，叶片的发育也遭到抑制，叶尖或叶缘渐渐发黄、枯萎变褐，进而干枯呈烧焦状态。

钙：钙是果胶质和细胞壁的组成成分，也参与组成果胶酸钙。钙含量的高低，可以影响植物根系、根毛的发育，当土壤中有过量的钠、钾、锰等其他对植物有害的成分时，钙能缓解这些有害物质的不良影响。

镁：镁是植物体内叶绿素的组成成分，参与蛋白质的合成，还是多种酶的活化剂，并且参与体内多种代谢，是植物生长所不可或缺的重要元素之一。

硫：硫是蛋白质的成分，在植物呼吸中起重要作用；硫对植物的生根和根瘤的发育有重要的影响。植物缺硫与缺氮具有同样的症状。

2. 微量元素

土壤中的铁、锰、锌、铜、硼、钼、镍、钴和氯为 9 种微量元素。植物对他们的需要量很少，他们在土壤中的含量也极其少，但对植物的健康生长起着极其重要的作用，有时甚至超过大量元素的作用。植物缺乏微量元素时，可造成植株矮小、低产、早衰或死亡等(蒋先军，2000)。微量元素在植物中的作用分别如下。

铁：铁参与叶绿素合成，是某些酶和蛋白质的成分。

锰：参与蛋白质与无机酸的代谢、光合作用中二氧化碳的同化和碳水化合物的分解等。

锌：参与生长素的形成，对蛋白质的合成起催化作用，促进种子成熟。

铜：是酶的成分，为呼吸作用的触媒，参与叶绿素的合成以及糖类与蛋白质的代谢。

硼：参与蛋白质的合成、氮素与糖类的代谢，并对根系的发育及果实种子形成有影响。

钼：参与植物硝酸还原过程。

镍：镍是脲酶的金属成分，催化尿素水解成二氧化碳和胺根离子。镍也是氢化酶的成分之一。

钴：是维生素 B_{12} 的成分，是固氮根瘤菌组织中形成血红朊的必要成分。

氯：参于植物渗透压与阳离子平衡器调节。

2.3.2   土壤微生物

土壤中的微生物含量极其巨大，通常 1g 土壤中有 $10^6 \sim 10^9$ 个，其种类和数量随成土环境和土层深度的不同而变化。微生物个体微小，一般以微米或毫微米计算，但其总的生物量是不可忽视的，巨大的微生物生物量对于增加土壤有机质、改善土壤肥力起着重要的作用。土壤微生物还能产生一些次生代谢产物，对植物的生长发育有刺激作用。一些土壤微生物在进入自身生命周期的后期时，能分泌出一些微量的次生代谢产物，其中就有一些是植物激素，可以刺激植物根系的发育，提高植物对营养元素的吸收(鲁如坤，1998)。

土壤微生物参与有机质的分解、腐殖质的形成、土壤养分的转化循环等各个生化过程，是土壤有机质和养分等转化循环的动力，可以加快土壤团粒结构的形成，改善土壤健康状况。在分解有机物质的同时，土壤微生物同化土壤碳素和固定无机营养形成微生物量。微生物量自身含有一定量的 C、N、P 和 S，是植物生长所需养分的一个重要来源，因此微生物被看成是土壤有效养分的储备库。土壤微生物对于植物生长有明显的促进作用，能提高植物的抗逆性和竞争能力。

微生物在其生命活动期间还能分解土壤中难溶性的矿物，并把他们转化成易溶性的矿质化合物，从而帮助植物吸收各种矿质元素。如土壤中含量较高的钾细菌，又称硅酸盐细菌，他能对土壤中云母、长石等含钾的铝硅酸盐进行分解，将土壤矿物无效态的钾释放出来，供植物生长发育用。

相较于挖沟填埋、机械捕捉、喷洒杀虫剂等植物病虫害防治方法，采用微生物进行植物病虫害的防治更经济环保，符合当今低碳经济、环保节约型社会的发展需求。微生物防治主要是利用有益的微生物，通过生物间的竞争作用、抗生作用、寄生作用、溶菌作用及诱导抗性等，抑制某些病原物的存活和活动(张丽等，2010)。

总之，土壤微生物作为土壤生态系统中最活跃和具有决定性影响的组分之一，积极参与生态系统的物质和能量循环，是土壤生态系统中物质循环和能量交换的动力和承担者，在养分持续供给、肥料管理措施及有害生物综合防治中起着举足轻重的作用，与土壤肥力的形成和演化，乃至整个土壤生态系统的稳定和健康都息息相关。

2.3.3　肥料使用的基本原理

1. 养分归还学说

植物在生长过程中要从土壤中吸收养分，使土壤中养分减少，如果不正确的归还养分给土壤，会使得土壤贫化。为了恢复土壤中营养物质和保证植物正常生长需求，必须以施肥方式补充植物从土壤中取走的养分(陈隆隆等，2008)。不同于自然状况下营养物质以枯落物的形式返回土层，人工修复植被群落在建成初期还未形成足够枯落物，植物所需要的几乎所有养分均源于基材本身，因此初期充足的有效养分格外重要。工程扰动区不适合对基材进行追肥，一般采用基肥方式。微生物菌肥的加入，可以有效活化基材，为植被生长营造健康适宜的生长环境。扰动区植被生态修复工程中，为了达到培肥和改良基材的目的，应以有机肥为主，结合缓效性和速效性肥料，做到统筹兼顾，保证在植被生态修复各个时期都能有效地提供营养物质。

2. 同等重要律与不可替代律

植物生长所需的16种必需元素在植物体内含量差别很大，但每种元素都有自己的生理功能，对植物的生长发育都是同等重要的。任何一种元素缺乏都会影响植物生长发育，甚至使其不能完成生命周期。植物缺少其中的任何一种都只能通过补充该元素来纠正植物的缺素症状，其他任何元素都不能代替该元素在植物体内的特定作用。在植被生态修复基材配比时，除了添加已知成分的速效肥，还需配合诸如腐殖质、酒糟、鸡粪等成分复杂的有机物质作为对微量元素的补充。

3. 最小养分律

植物为了生长发育需吸收各种养分，但是决定和限制作物产量的，却是土壤中那个相对含量最小的营养元素，在一定限度内，产量随着这个元素含量的增减而相应的变化。最小养分不是固定不变的，而是随着条件而改变的，继续增加最小养分以外的其他养分，不但难以提高产量，还会降低施肥的经济效益。因此，为了保证工程效果和经济效益，前期需要对当地土壤中的营养元素变化进行跟踪分析，确定最小含量的元素类别，并进行对应的肥料配制。

4. 报酬递减律

在其他技术条件相对稳定的前提条件下，随着施肥量的逐渐增加，植物产量会随着增加，但增加并不完全是直线的，产量的增加率随着施肥量的不断增加而逐渐下降，在达到最高产量后，产量不再增加。配方施肥就是根据植物对肥料的效应曲线，并根据测土结果，改变基材中肥料配方以及肥料添加量，确定获得最大经济效益的施肥量，达到经济合理施肥的目的。

5. 因子综合作用律

植物生长受光照、水分、温度以及土壤等因子综合影响，其中必然有一个起主导作用的限制因子，产量也在一定程度上受该限制因子的制约。为了充分发挥肥料的增产作用和提高肥料的经济效益，施肥措施必须与其他技术措施密切配合；同时，为使各养分元素之间比例协调，以维持植物体内的营养平衡，各种养分要配合施用。

6. 基材保肥性和供肥性

质地黏重的基材，吸附和保存养分的能力强，保肥性能好，但供肥性能差；砂质基材质地粗，黏粒矿物含量少，本身所含养分少，加水容易漏水漏肥，保肥、供肥性均差。只有控制植被生态修复基材中黏粒含量适中，保肥性和供肥性较好，才能协调供给植物营养成分。

7. 基材养分有效性

基材养分有效性主要受到酸碱度和通气性的影响。基材酸碱度一方面可以直接影响植物的生长及其对养分的吸收。在酸性条件下，植物吸收阴离子多于阳离子；在碱性条件下，植物吸收阳离子多于阴离子；过酸或过碱的基材都不利于植物生长。另一方面，基材的酸碱度会影响微生物活动和养分的溶解和沉淀作用，进而影响养分有效性。植被生态修复基材中的氮一般是有机态氮，需要经过微生物的分解作用才能被植物吸收利用，微生物活动受到影响则氮的利用也会受到影响。基材的通气性直接影响植物根系和微生物的呼吸作用，也影响各种物质的存在形态。通气状况良好的土壤，其有效养分较多；土壤通气不良，易导致有些养分被还原或使有机物分解产生有毒物质，影响植物生长。因此，在配制肥料时应注意酸碱度的控制和通气性的加强。

8. 植物养分需求的阶段性

植物对养分的需求是随着生长阶段而变化的，最重要的两个时期是养分临界期和养分最大效率期。植物在养分临界期表现出对某种养分需求十分迫切，养分元素缺乏、过多或者养分元素间比例失调对植物生长发育会产生严重影响。在此期间，植物对养分要求的数量并不多，但如果在养分临界期发生养分障碍，即使以后恢复正常营养，也难以挽回损失。一般来说，植物在生长初期对外界环境比较敏感，所以养分临界期多出现在植物生长前期。养分最大效率期是指某种养分对植物能发挥最大增产效率的时期，一般在植物生长旺盛的时期，植物对养分的需求量和吸收量都很多，施肥的增产效果也最为显著。

2.3.4　肥力评价

土壤肥力是判定土壤生态功能的重要指标，施肥是改善土壤肥力的重要措施，对土壤肥力的正确认识和科学评价是准确了解土壤本质及更好利用土壤资源的保障。何同康(1983)提出利用评分法来衡量土壤肥力高低，其准确性很大程度上依赖于评价者的专业水平。近年越来越多的学者将一些数学方法应用于土壤肥力综合评价，通过数学方法对大量数据进行处理，得出反映土壤肥力高低的综合性指标，使得土壤肥力的综合评价趋于标准化和定量化(骆伯胜等，2004)，为直观了解土壤肥力状况、进行合理土壤培肥和建立科学的施肥制度提供科学依据(温延臣等，2015)。曹承绵等(1983)首先提出土壤肥力的数值化综合评价方法，之后许多学者对土壤数值化综合评价进行了探讨(严昶升，1988；沈汉，1990；王克孟等，1992；张兴昌，1993；阚文杰等，1994；吕晓男等，1999)，并将标准综合级别法、指数和法、灰色关联分析法、因子分析法、聚类分析法、判别分析法、主分量分析法、因子加权综合法、模糊综合评价法和投影寻踪模型法等应用于土壤肥力综合评价(骆东奇等，2002；吕新等，2004；王子龙等，2007)。

2.4　植被群落调控原理

植被生态修复工程调控的目的，是通过各种手段实现良好的生态、经济、社会综合效益。通常是通过对现有生态系统中的某个或某几个环节进行扩大、缩小、置换、添加或功能变换，以及对其所处的生态经济环境进行适当的改变，不断地提高植被生态修复工程的整体效益。由于生态系统的协调稳定同时受自然规律和社会经济规律的调节，所以植被生态修复工程调控应以自然调控和人工调控相结合的方式进行。

2.4.1　自然调控

生态系统在自然发展过程中有趋于稳定的性能，即受到干扰后能维持稳定并恢复到原态的能力，被称为稳态调控。这种稳态调控受到多种机制的作用，而且在基因、酶、细胞、组织、个体、种群甚至群落都有丰富的表现形式。稳态调控中最主要的环节是内部的反馈机制，即系统的输出成分被回送，重新成为同一系统的输入成分，成为同一系统输入的控制信息(盛连喜等，2005)。

正反馈使系统输出的变动在原变化方向上被加速，如种群的增长在正反馈机制作用下使种群数量迅速增加，远离原来的水平。负反馈使系统输出的变动在原变化方向上减速或逆转，如种群的数量在负反馈机制的作用下加快减速，并使种群数量稳定在平衡点水平(K)(杨京平，2005)。但现实系统中，种群数量的动态变化往往是由正反馈与负反馈共同作用调节的，其示意图如图 2.2 所示。

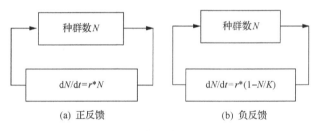

(a) 正反馈　　　　　　　　　　　(b) 负反馈

图 2.2　正反馈与负反馈示意图

上述所涉及的反馈理论是基于自生原理运行的，他包括自我组织、自我优化、自我调节、自我再生、自我设计、自我繁殖部分。这种生态系统的自生、自我设计作用对维护系统的相对稳定和工程的可持续性具有重要意义，是目前国内外生态工程设计应用的主要依据。其中自我组织和自我设计是生态工程设计技术调控中的主要原理，是指依照最小能耗原理建立内部结构和生态工程的行为。自我优化是指具有自组织能力的生态系统在发育过程中自行分配最佳方向的行为。

2.4.2　人工调控

人工调控是指按人的需求目的，在系统内同自然调节产生互补作用的调控措施。通过对被破坏的生态系统实施人工设计，在人与自然共同创造原则的指导下，以人为主导，对结构进行修补和完善，以达到修复生态系统的目的，如灌溉是对降水的补充；抗病育种是对品种抗逆性的增强；作物间套种、天敌引进和食物链加环是对种间关系的调整。

人工调控以对自然调控的补充、调整和增强作用而存在，目的是求得系统结构和功能的最优化。因此在生态工程的设计建设与技术调控中必须以自然生态系统的稳定性调节机制为基础，人工调节必须与系统内部的自然调控相互结合。

人工调控技术按其对象分为生境调控、生物调控、系统结构调控、输入与输出调控和复合调控等(杨京平，2005)。

2.4.2.1　生境调控技术

在若干不利因素中，外因性部分主要是由非生物的环境因子引起的。运行不良的水分、养分过程会限制植被的生长，进而抑制系统的自我修复过程。要想为自我修复机制创造有利的条件，需要改善地表条件，减弱非生物环境因子的影响。

有针对性地处理生物环境是影响修复方向的一项有效措施，通过生境条件的改变达到影响修复方向的目的，如精心设计的整地措施可以增加一定数量的物种。而在某些情况下由于不能大规模的改变地形状况，小范围的物理改造成为最行之有效的生态工程调控方法。如合理选择表层土壤改良措施能够启动和调控自发修复过程，继而使更大范围内的土壤得到改善，最终通过加强土壤对养分的保持能力来阻止养分循环损失(Steven，2008)。为满足生物生长发育的需要，可采取植树造林、改善农田小气候、地膜覆盖、增加土壤肥力与改善土壤结构等方法对生物环境进行调控。

2.4.2.2　生物调控技术

由于稳定的自然生境依赖于稳定的土壤、功能良好而完善的水文循环过程以及完整的物质循环和能量流动过程，所以如果其中任一方面遭到破坏，都应成为修复的主要对象。

长远来看，这些过程的良好运行依赖于植物生长引起的自发调节作用。这种调节作用正是通过改善植被来引起环境条件改善、土壤有机质累积和地表覆盖增加等连续变化。尽管最初的一系列方法能够启动修复，但还是需要一些适宜的植物来维持这一不断改进的过程。因此生境所需的物种不仅要能够在现有条件下生长，还要能够启动自我的修复过程来持续提高生态系统功能。

通过植被来改善环境条件是生境修复的关键技术。引入的植物不仅要能充分利用当地的资源条件，而且要对改善微观生境条件、提高资源利用效率也有一定的促进作用。植被主要通过以下途径改善土壤对养分的保持能力：①增加土壤有机质含量；②增加土壤对水和养分的吸收能力；③改善土壤结构。通过启动一个自主修复的正反馈系统，能够持续提高土壤对养分的保持能力，最终达到植物提高资源保持力的目的。而资源保持力的提高又能促使更多植物生长，这些植物又能固定更多的资源，从而启动了一个自我修复的良性循环。

诸多事实证明，经过修复的生态系统对能量流动有更强的生物调控能力。因为植物能够向土壤表层添加有机物，根系分泌物和老根分解也能增加土壤的有机物含量。通过提高植物生产能力并将多余的产能转化到土壤中，植被覆盖率和枯叶覆盖率自然也能得到提高。所以如果不是单纯依靠自然恢复，而要借助修复植物的引入来实现生态系统的修复，那么必须从以下两个方面入手：①通过改善生境条件来满足目标植物生长发育的基本要求；②筛选能适应当地生境条件的植物。

值得注意的是，引进的修复植物应尽量避免外来种。不正确地引进外来种可能造成种群的改变、群落和生态系统结构的破坏以及功能的丧失，导致乡土物种数量减少甚至灭绝，威胁景观的自然性和完整性，进而威胁人类健康。引入外来种之前，应分析研究外来种定居方面的特性和传播特性，掌握控制外来种的技术，防止其过度扩散。

生物调控技术是通过良种选育、杂交良种，应用遗传与基因工程等技术，创造出转化效率高、能适应外界环境的优良物种，达到对资源的充分利用。其步骤为：种子处理与贮藏；育苗；栽植与管理；培养种源。在种源选择和选种育种过程中，应对不同种源做对比试验以获取最佳种源，防止可能造成的严重生态问题。应找到最适宜的人工培育措施以保证引种的最终成功。将资料长期积累，建立引种技术档案，以作为分析引种成败和推广成果的科学依据。

2.4.2.3　系统结构调控技术

1. 结构失稳

当外界干扰（自然或人为）所施加的压力超过生态系统自身调节能力和补偿能力时，将造成生态系统结构破坏、功能受阻以及反馈自控能力下降，这种状态被称为结构失稳。结构失稳包括垂直结构失稳、水平结构失稳和营养结构失稳。

1）垂直结构失稳

生态系统的垂直结构包括两个层次：第一，系统内部不同组成要素垂直方向上的构型；第二，不同物种的垂直分层。生态系统在垂直方向上组成物质形态不同、性质不同但又互相联系的"千层饼"构型即垂直结构。

生态系统垂直结构失稳主要表现在物种的缺失和组成成分的不完善。如森林生态系统群落垂直结构，若乔、灌、草三层中的乔木层遭到破坏，将必然引起灌、草及枯枝落叶的物种组成和形态的变化，从而导致系统垂直结构失稳。在一定区域内，水平方向上垂直结构是异质的，包括森林、草地、农田、湿地等多种类型。

水平方向上异质的垂直结构有利于区域的稳定，若人为破坏这种组合，会造成不利的影响如流域内陡坡毁林开荒造成的水土流失、土壤肥力下降等问题。

2）水平结构失稳

生态系统的水平结构是指在一定生态区域内生物类群、景观单元在水平方向上的组合与构型。受地形、水文、土壤、气候等地理环境因子的综合影响，植物种类在地表的分布是非均质。植物分布的变化必然引起动物分布的变化，生物分布的水平差异必然引起景观类型在水平方向上景观格局的差异，即不同地段的水平结构是不同的。而水平结构失稳的主要表现就是水平方向上植被群落和景观单元的均质化。

3）营养结构失稳

生态系统各组分间以食物链为纽带，把生产者、消费者和分解者联系起来。营养结构的失稳主要表现在整个系统内个别物种的灭绝和食物链的断裂。营养结构主要是通过生产者、消费者和分解者的能量转化和物质循环实现的，如果其中某个环节断裂或缺失就会影响到整个系统的正常运转。

2. 结构调控

为避免结构失稳，保证生态系统的稳定性，应采取相应的结构调控手段。通过调整生态系统结构，可以改善系统中能量与物质的流动与分配，增强系统的机能。其调控原则为：必须尊重自然生态系统的自组织原则；模仿自然生态系统的演替系列和原生结构进行调控。具体实施如下。

1）垂直结构调控

利用综合技术与管理措施协调生态系统内部各要素之间的比例关系。将不同种群合理组装，建立新的复合群体，使系统各组成成分间的结构与机能更加协调，系统的能量流动、物质循环更趋合理。在充分利用和积极保护资源的基础上，获得最高的系统生产力，发挥最大的综合效益。

2）水平结构调控

通过建立合理的群落结构和景观单元的镶嵌关系，形成种群与种群、种群与环境之间的协调关系，以实现资源的合理利用和种群的持续发展。

3）营养结构调控

食物链加环，是指在食物链中增加新的成分或环节，扩大和改善食物链结构，充分利用包括废物、污染物在内的各种物质和能量，提高物流和能流效率，以扩大生态系统生产力和经济效益，具体可分为：生产环、增益环、减耗环和复合环（曹凑贵，2006）。

食物网设计。在原有食物链（网）基础上增加或引入新的环节是调节食物链网常用的一种方法。要遵循的原则为：填补空白生态位，增加产品产出；废弃物资源化，提高其利用效率；减少养分的丢失、浪费和能量的无效损耗。

3. 生态演替促进法

1) 原理

在未被干扰的自然景观中，植物群落总会向该地带稳定性大的方向发展，即从结构简单向结构复杂的方向发展，这就是进展演替或正向演替。反之，受到干扰后，原来稳定性较大、结构较复杂的植物群落消失，取而代之的是结构简单、稳定性较小的植物群落或失去植被保护的裸地，这就是逆向演替。无论是正向演替还是逆向演替，演替过程中状态的依次变化称为演替序列。

生态演替是一个非常广泛的概念，他不仅包括物种的更替，还包括动物、植物和微生物数量及质量的变化，也包括土壤和周围环境的一系列改变。一般认为"演替是植物群落受到干扰后的恢复过程或原生裸地植被形成和发展的过程"（盛连喜等，2005）。演替研究与农、林、牧和人类经济活动密切相关，是合理经营和利用一切自然资源的理论基础。演替的研究有利于对自然生态系统和人工生态系统进行有效的控制和管理，有助于对退化生态系统的恢复和重建。一般称演替初期为先锋期，演替中期为发展期，最后的稳定状态为平衡期即顶级群落。处于顶级群落的生态系统结构最复杂，抗干扰能力最强，具有相对多的物种和相对较高的生产力，是人类可仿效的生态系统。

2) 过程

生态演替的主要过程是生物之间及生物与环境之间关系的变化，要促进正向的生态演替，就必须改变植物的种类和数量、水分条件、土壤状况及人类活动的强度。在森林、草原、湿地以及农田等生态系统中，起主导作用的因素不尽相同，因而需要根据具体情况实施人工调控。

(1) 处于逆向演替阶段生态系统的恢复。

生态系统发生逆向演替一是由于自然因素的负面干扰，二是由于人为因素的负面干扰，或是二者的共同负面干扰。在多数情况下，以人为干扰引发的逆向演替居多。因此，调整人类的行为，停止负面干扰，促进生态系统向正向演替发展刻不容缓。

对于处于逆向演替阶段的生态系统的恢复应根据地带性规律、生态演替及生态位原理选择适宜的先锋植物，构建种群和生态系统，实施生物与生境同步恢复的策略，逐步将生态系统恢复到与大气候和地貌条件相协调的水平。

(2) 促进正向演替过程的基本步骤如下：

①调整社会经济结构，减少人为负面干扰。可采取以下方法：a 严格控制区

域内的人口总量；b 依据生态系统的资源类型、质量、数量特征估算生态系统的生态承载力和资源承载力，为调整人口政策、消费水平和产业结构等提供理论依据。控制对生态系统的过度开发利用，促进生态系统的正向演替。

②协调生态系统和周围环境的关系，促进正向演替。演替是一个漫长的过程，即使能够完全消除人为干扰，生态系统恢复到平衡状态也需要较长的时间。因此为加快生态系统的恢复与重建就必须采取生态工程措施，如对水文条件、土壤状况、地形和地貌等条件进行改造或改良，减少相应不利因素对系统的影响。通过人工调控，充分发挥生态系统的自我调节和自我组织能力，加快生态系统的正向演替。

③引进物种，建立稳定的生态系统。选择适宜植物物种，通过补播、补植增加地表生物的多样性。通过外来种的定植在增大植被地表盖度的同时增加地面及地下的生物量，以利于生产者固定能量并以此带动营养物质的循环。在物质循环正常的状态下，生产者、消费者和分解者之间若比例协调，群落系统会自发地由层次单调、结构简单状态向层次复杂、结构完善状态演替，最终发育成一个结构合理、功能高效的生态系统。

(3)处于正向演替阶段的生态环境保护。

①划分生态功能区。根据生态系统结构和生态过程的特点、人类活动对生态服务功能的影响及可能产生的生态风险，科学合理地划分生态功能区，实施突出重点、分区保护的措施。每一生态功能区存在的生态问题不同，主要保护的对象也不同。以主导生态功能为目标进行保护措施的制定，同时兼顾其他辅助功能，可促进生态功能区的建设。

②调整系统结构，在生态保护系统安全的条件下发展生产。

a.设计生态廊道，构筑合理的生态结构。

b.保护生态系统的生物多样性，形成物质良性循环的食物链，促进生物种群之间的动态平衡。

c.利用天敌抑制有害昆虫，减少虫灾发生的几率，提高生态系统的自控能力，在保证生态系统安全的条件下发展生产。

③建立生态系统检测体系，监测生态系统变化及其演替趋势，及时掌握系统动态以采取相应的措施。

2.4.2.4 输入与输出调控技术

生态系统工程中输入的光、热、水、气等因子非人工所能控制，但输入的肥料、水源、土壤、种子等在其质与量上可以部分地受人为调控。如果输入符合系统的内部运行机制与规律，其输出则有利于环境质量的改善和系统功能的增强；但若输入不符合系统的运行规律，输出会使环境质量降低，系统功能削弱。例如，对于破坏轻微的生境,改进关于生态系统支出部分的管理(如放牧、木材收获和饲料等)常常是最好的策略。通过制定具体的经营管理对策,使植被向以下好的方向持续发展:保持土壤、养分和有机资源;恢复有效的水文、养分循环和能量摄取过程;创建能够向生态和社会经济可持续发展提供物资和服务的、可以自我修复的景观。这些管理措施既包括具有短期效益的措施(如杂草控制、植物清除或种植地准备),又包括具有长远效益的措施(如在退化生境中营造灌木,拦截风中携带的种子和吸引鸟类引入种子)。

1. 功能完善的方法

生态系统是通过各种生态机制的有机组合来实现其正常功能的。其中,有限资源的保护和主要生态机制中的功能正常化应该置于优先地位。有充分的证据表明,受损的生态机制尚未修复时,系统的物种迁移或物质消耗都对生态系统的健康程度和自我调节能力有着重要影响。强调系统功能的重要性,可以使人们将注意力集中在有限资源的流动上(土壤、水分、养分和有机质),而不是只关心其数量的多少。而且强调有效资源的流动是有其理论依据的,符合生态工程学的基本原理——外部输入(引入其他的功能)可直接导致生态系统的变化,改变外力也可导致生态系统结构和功能发生明显的变化,因为生态系统的可塑性、稳定性是随着系统中能量流动的增强而增强的。因此,生态系统修复就应将重点放在对受损能量获取、养分循环和水文过程的修复上,而不仅仅是去恢复已经流失的资源,这一点非常重要。

生态的系统功能具体包括基本功能和服务功能,这些功能为人类提供必要的能量和物质,同时也可以消除由于人类干扰而产生的熵增。其中基本功能为供给、处置、抵制和保存,四者协调运转是保证生态系统功能正常的前提,而正常功能的发挥是系统稳定的重要保证。

功能缺损的类型不同,补救的方法各异:

(1)供给功能完善的方法。包括增加直接供给和间接供给。直接供给就是按系统的供给需求差额,及时地向系统输入缺损的能量、物质、物种和信息。间接供给是通过"二传手"的方式向系统补充其所缺失的物质、能量、信息和物种。

(2)保存功能完善的方法。增强保存能力。如通过人工种草等增加物质投入手段达到加大"库存量"目的;禁牧、禁垦以减少物质和能量的输出,控制"出库量"。通过以上措施来完善系统的保存功能。

(3)处置功能完善的方法。增强系统的疏导能力。在系统中增加新的疏通渠道,加快流通速度,排除堵塞;同时,增加系统中新的组成成分,替代原来处置失灵的组分。

(4)抵制功能完善的方法。增强系统的抵抗力。提高系统自身抗干扰的能力，为系统设置屏障，减少干扰入侵的几率。如设置农田防护林是减少干扰，提高系统抵制功能的典范。

功能的完善中存在一种功能缺损使其他功能也受牵连的情况，必须以系统整体功能的完善为立足点考虑补救的措施，绝不能"头痛医头，脚痛医脚"。

2. 物质循环与能量转化的调整方法

在生态系统中，能量以辐射能、化学能、机械能、电能和生物能通过食物链和食物网渠道流动，转化过程中遵循着热力学第一定律(能量守恒定律)和热力学第二定律(能量散逸定律)。同时生态系统中存在着若干重要的物质循环，如水、碳、氮、磷和硫循环。

实践中可通过状态反馈实施调控。系统的状态是系统输入变量和输出变量及系统内部运行正常与否的综合反应。若系统的输出大于输入，系统必然表现为"萎缩"甚至"衰退"的"饥饿"状态。若输入大于输出，则系统可能出现"臃肿"或"膨胀"的"超饱和"状态。无论哪种状态出现，都是系统物流和能流流通不畅的反馈。对系统状态进行监测，及时进行输入和输出变量的调控，是物流和能流调控的有效方法。利用系统的正反馈，促进系统的有序化，提高系统的生产力，保持物质可持续的高输出；利用系统的负反馈，提高系统的稳定性，保持系统资源的可持续利用。

2.4.2.5 复合调控技术

复合调控是自然调控和社会调控两者的整合。不仅要考虑系统的自然环境还要考虑各种社会条件，如政策和法律、市场交易、交通运输等影响系统运行规律及机制的因素。可分为两个层次：

(1)以自然调控为主，社会调控为辅。通过自然机制实现对生态系统物质和能量流动的控制，使各种流的流通畅通；充分发挥物种结构优势，使系统具有较高的生产力。

(2)以社会调控为主，自然调控为辅。通过仿自然原型，人工建造符合自然规律、按自然过程运行的仿自然生态系统，使各种流的流通渠道畅通，系统可持续发展。

以上无论哪种调控措施，都应从系统的整体性出发，以有利于系统结构有序，物流、能流畅通，状态良好，功能完善为前提。

第3章 植被生态修复技术发展历程

水电工程扰动区的一系列生态环境问题，如水土流失、浅表层滑动、生物链丧失或景观破坏等，仅靠植被的自身恢复能力是难以解决的。不进行植被生态修复，将导致生态破坏程度进一步加剧，最终难以实现经济和环境的可持续发展。传统的扰动边坡治理方法，如挡土墙护坡、干砌块石封闭护坡等都难以恢复自然植被，不利于环境保护和生态平衡。植被生态修复技术除了护坡功能外，还具有美化与改善环境的功能，是集岩土工程、恢复生态学、植物学和土壤肥料学等多学科于一体的综合工程技术，近几十年越来越为人们所倡导和应用。本章将对植被生态修复技术在国内外的发展历程和基材特性、水保效应、护坡效应、生态效应等几方面的研究现状进行总结。在此基础上，对植被生态修复技术发展趋势加以阐述。

3.1 植被生态修复技术

植被生态修复可定义为：用活的植物，单独用植物或者植物与土木工程和非生命的植物材料相结合，以减轻坡面的不稳定性和侵蚀的技术。植被生态修复的雏形是植被护坡，就是利用植被涵水固土的原理来进行边坡加固及坡面防护。英文有称 Biotechnique、Soilbioengineering、Slope Eco-engineering、Vegetation 或 Revegetation 等，国内也有边坡生态防护、植被固坡、生态修复、坡面生态工程等名称。植被生态修复技术利用植物对边坡进行植被重建，并建立新的植被群落，以达到修复生态环境、治理水土流失的目的。从恢复生态学来看，植被重建是生态修复的第一步，能否成功地重建坡面植被是坡面生态系统成功与否的关键。

3.1.1 国外研究进展

1633 年日本学者采用铺草皮、栽树苗的方法治理荒坡，成为日本植被护坡的起源。至 20 世纪 30 年代，这门生物护坡技术首次被引入中欧，并得到迅速发展（周德培等，2003）。1936 年北美开始应用植被护坡技术，并借鉴中欧的经验，致力于与农林业和道路建设相关的土壤侵蚀控制。20 世纪 50 年代美国 Finn 公司开发出喷播机，实现了边坡植被恢复与重建的机械化，随后，英国发明了用乳化沥青作为黏结剂的液压喷播技术，自此边坡植被与重建的技术飞速发展。

日本是一个地震、火山、台风、暴雨等自然灾害多发的岛国，开发建设通常需要在恶劣条件下进行，形成了系统先进的防灾和绿化理论，植被护坡技术在日本得到大规模推广应用。随着喷射乳化沥青和植物种子喷播技术从欧美传入日本，日本技术人员开发出了喷射绿化技术——沥青乳剂覆盖膜养生绿化技术，并用于名古屋—神户的高速公路生态修复工程中。1965 年，日本实现了喷射纤维国产化。1973 年，日本开发出了纤维土绿化方法，标志着岩体绿化工程的开始，这也是日本最早开发的厚层基材喷射法（仓田益二郎，1979）。但此法存在较大缺陷，主要是初期 pH 过高，易受侵蚀，喷层保水、保肥性能差。1983 年，日本在纤维土绿化方法的基础上，开发出高次团粒 SF 绿化方法，此法的主要特征是使用了纤维、壤土和特殊的乳化沥青黏结剂，基材的 pH 呈中性，抗侵蚀性更强。1987 年，日本从法国引进连续纤维加筋土方法，与高次团粒 SF 绿化方法结合在一起，开发出连续纤维绿化方法，此方法使用了连续纤维和砂纸土，连续纤维的使用使基材的抗侵蚀性更高。该方法获得加拿大、日本等国发明专利，并推广到中国香港和台湾，之后日本进一步开发出表土培养绿化工法和覆盖绿化工法。表土培养绿化工法是指在连续纤维绿化方法的基材搅拌时，加入经过培养的当地表土，使基基材活性增强，有利于早期自然土壤生态系统的恢复。覆盖绿化工法是在高次团粒 SF 绿化方法的基材中加入覆盖材和高级吸水树脂等，经喷枪喷射到坡面形成覆盖层，相当于林地枯枝落叶层，具有良好蓄水保墒性。上世纪末，在已有技术基础上，日本开发出土壤菌永久绿化法，用有效土壤菌加速岩石的土壤化进程，快速形成适应草木生存所需的土壤，人为制造出一个生态循环系统，以促进植物生长（姚正学等，2005）。迄今为止，日本在岩石边坡植被生态修复领域已形成一整套技术系统，即"从种子到树林的再生技术"。除上述基于喷播的技术外，还有框架护坡绿化技术、植生袋绿化技术、开沟钻孔客土绿化技术等（山寺喜成等，1997）。

欧美实行严格的资源保护制度，基础建设对植被等自然资源的破坏较小，其边坡生态防护和工程防护研究是同步进行的，从喷播基质配比、物种选择、施工工艺到养护管理均已较为成熟。欧美国家在边坡生态治理方面没有对边坡进行明确研究，一般采用的方法是先进行削坡，然后铺上厚度 10cm 左右的客土，再采用液压喷播、活枝捆垛、表面覆盖秸秆和干草、植物枝条插种、树桩插种、石堆种植、绿化墙、框格绿化、土工网（一维或三维）绿化、阶梯墙绿化、带孔砖（或砌块）等方法进行坡面的植被重建。液压喷播技术是一种成本相对较低，对环境适应能力强，适于大面积建设开发的高效植被生态修复技术。活枝捆垛能起到减缓坡面水土流失、加速沉淀功能，且随着植物根深入到斜坡中，能起到防止浅层滑坡的作用。土工网绿化法主要构件是通过特殊工艺生产出的立体网，该方法施工简单，能使种植的植物具备良好的整体性，起到加固边坡、防止冲刷、保持土壤的作用。各植被生态修复技术在植被选配上一般采取乔灌草相结合的方式。欧美国家对植被生态修复技术的研究主要围绕防止坡地受雨水侵蚀。通过对坡面的有效覆盖和及时保护表土，使其免受表面侵蚀和土壤退化；通过植物根系固持土壤，降低土壤孔隙水压，来加固土层和提高抗滑力；通过植物与石块、水泥、钢筋、塑料和木材等相互搭配，稳固和加强海岸、河岸、地基、边坡，提高他们的防护年限，并形成土壤保持技术、地表加固技术、生物—工程综合保护技术等主要技术措施。

3.1.2　国内研究进展

中国植被护坡的实践历史较为久远，最初用于河堤护岸以及荒山的治理。1591年中国最早将柳树等应用于河岸边坡的加固与保护，17 世纪利用植被护坡技术保护黄河河岸。植被护坡技术在现代中国始于 20 世纪 50 年代，主要用于水土保持和防风固沙。20 世纪 70 年代开始，人们对环境的要求越来越高，植被护坡从单纯的水土保持转向水土保持与景观改善的结合。最初一般采用撒草种、穴播或沟播、铺草皮、片石骨架植草等护坡方法。1989 年，广东省水利水电科学研究所从香港引进 1 台喷播机，在华南地区进行液压喷播试验，开始了机械化手段的喷播植草技术在坡面植被重建方面的应用(尹淑霞等，2001)。自此，在借鉴国外相似技术的基础上，我国边坡植被重建机械喷播的技术开发与应用飞速发展。1991 年，北京林业大学在黄土高原首次进行了喷涂绿化(即液压喷播)试验研究。之后几年我国开发研制出了各式各样的土工材料产品，如三维植被网、土工格栅、土工网、土工格室等，结合植草技术在铁路、公路、水利等工程边坡中陆续获得应用。

1997 年以后，针对岩石边坡的植被防护开始进行较为广泛的应用研究，形成多种多样的技术。国内可查的技术名称就有液压喷播(朱能维等，1998)、水力喷播(李和平等，1999)、客土喷播(杜娟，2000)、混喷快速绿化技术(章恒江，2000)、厚层基材喷射护坡技术(张俊云，2000)、喷播绿化技术(肖飙等，2001)、混喷植生技术(周颖等，2001)、喷砼植草(金钟，2001)、植被混凝土(许文年等，2001)、三维植被网喷播植草(顾晶，2003)、乳液喷播建植(匡旭华，2003)、边坡植生基质生态防护(申新山，2003)、有机基材喷播绿化(汪东等，2003)、植生基材喷射技术(王琼等，2009)等。其中通过技术鉴定并获得科学进步奖项的为厚层基材护坡技术、植被混凝土护坡技术、植生基材喷射技术等，国内的应用也以这几种为主。虽然这些技术有多种不同名称，但其实质均为以客土(种植土)为主要材料，辅以不同黏结材料和添加剂材料的喷播技术。

植被护坡技术在国内经过二十多年的发展和不断完善，目前总体上看，对劣质土坡及岩石边坡的植被防护研究还处于起步阶段，而近年园林、林业、水土保持等行业专家学者的积极关注和参与，开始将生态学、恢复生态学、高分子新材料、肥料学等新技术引进该领域，初步形成了我国的植被护坡思想及技术体系。

3.2　基材特性

植被生态修复技术的核心是由种植土、有机质、水泥和各种改良剂等按一定比例拌合所形成的基材混合物，各种材料的添加和不同材料配比都会对基材的性质产生影响。目前国内各种植被生态修复技术所采用的基材存在较大差异，许多学者对基材的基本性质和物理力学性能进行了研究，但没有统一规范可供参考。由于各类基材的独特性，对某一种的研究结果也并不完全适用于所有基材。

自然土壤的合理三相分布为固体部分约占土壤总体积的 1/2，水和空气各占 1/4 左右。张俊云等(2001)对不同配比基材的基本性质研究发现，大部分喷射的基材三相分布并不满足此条件，但是植物生长仍良好，自然土壤的合理三相分布并不完全适用于基材。研究还发现，种植土采用植壤土比采用砂质土的基材具有更高的团粒化度；因酸碱调节剂和有机质中大量腐殖质的共同作用，基材的 pH 变化很小；坡面在形成稳定的植被群落后，不借助人工的持续管理，完全可以实现平衡养分的需要，在植被群落未完全稳定以前，依靠基材中所含养分，一般可以提供给植物不少于 10 年的养分。胡在良(2005)利用分形理论对基材的微观孔隙结构特性进行研究，发现基材具备良好的水保和渗流条件，其中富含的微孔或小孔隙为结合水的存在提供了条件。

基材中所添加的各种材料必须兼顾提高基材力学性能和保证植物正常生长的功能。周中等人(2005)在种子能够发芽的前提下，对不同龄期基材无侧限抗压强度的正交试验发现，龄期为 3d 和 7d 时，对基材无侧限抗压强度影响顺序从大到小的因素依次为：水泥、土、腐殖质、水；龄期为 14d 和 28d 时，影响顺序从大到小的因素依次为：水泥、腐殖质、土、水和水泥、腐殖质、水、土。胡双双(2006)通过对工程实例及前人成果的分析，提出了考察基材配制是否合理的指标，包括植物发芽率、植物生长状况、基材收缩性、基材抗旱性、基材强度五项指标，并筛选出基材中黏合剂、有机肥、改良剂和保水剂四个组分指标的可能影响因素。为得到最优配比方案，还需开展各种添加材料对基材合理指标影响顺序和影响程度的研究。马强等(2015)分析了一种新型干喷基材对狗牙根发芽率、覆盖率及生长速度的影响规律，发现影响植物生长和出芽的因素按重要性从大到小依次为：水泥、保水剂、聚丙烯酰胺、纤维、泥炭。基材 pH 与时间呈较好线性关系，植物本身具有调节 pH 的能力。

许多学者开展了针对高寒高海拔地区的护坡基材研究。李云峰等(2004)发现，掺入一定量的纤维材料可明显改进基材力学性能，其作用类似于混凝土中的钢筋，使得基材在承受冻融时，能将内部产生的张拉破坏力有效地传递到纤维上。王文军等(2004；2005)则发现，超细矿粉的加入不仅可以使基材孔隙细化，还能中和水泥水化反应过程中产生的碱性，起到提高基材抗冻性能的作用。李天斌等(2008)研发了一种掺入高分子材料和磁性肥料的新型 JYC 生态基材，结合锚杆、铁丝网等工程方法，解决了高寒高海拔地区高陡岩质陡边坡生态护坡的难题。

3.3　水　保　效　应

　　边坡植被水保功能的实现主要通过植被的冠层、地被层对降水进行截持和根系土壤层对降雨进行吸收，这可以减少降雨对土壤的溅蚀和冲刷。早在 1877 年至 1895 年间完成的第一个侵蚀科学实验研究中，德国土壤学家 Wollny 就通过建立试验小区观测到了植被和地面覆盖物对防止降雨侵蚀和土壤结构恶化的影响，科学家们开始认识到植被对降雨侵蚀的重要作用。降雨是侵蚀发生的动力来源，降雨侵蚀是降雨与土壤之间的直接作用，由于植被的存在，使降雨在到达地面前后都受到了植被的影响，从而使降雨与土壤之间的作用加入了间接的过程，改变了裸地的降雨、水文过程(张清春等，2002)。植被在水土流失过程中对土壤可蚀性的影响是多环节多层次的，包括以下几个方面：①植被截留降雨；②植被减少击溅；③植被拦滤径流、泥沙；④植被根系增强土壤抗蚀性；⑤植被枯枝落叶层对土壤的保护作用。

　　植被像屏障一样过滤大量泥沙，同时，通过减缓径流速度加快泥沙沉积，减小地表径流对泥沙的转移能力(蔡强国等，1998)。植被冠茎一般可以截留全年降雨的 15%~30%。地表枯落物尤其是草本植物具有很强的吸水性，可有效地截留降雨和蓄水减沙，其最大截持量是自身重量的 1.7~3.5 倍(张洪江等，1994；吴钦孝等，1998)。草本植物根系发挥水保功能的机理是土粒在沿坡面根茎连接处沉积构成微型滤水土体，对径流产生阻截与过滤作用(杨亚川等，1996)。植被强大的根系分布改善土壤团聚结构和孔隙状况，增强了土壤的入渗性能(Morgan and McIntyre，1997；李勇等，1998)。

　　坡面的植被覆盖度是研究植被水保功能中最常用的一个参数。Hussein(1982)的研究认为，植被覆盖度的作用在不同坡长上差异不大，但对不同的土壤和坡度来说变化明显。植被覆盖度与坡面侵蚀量存在显著的相关性，张华篪在 1989 年论证了植物措施与水土保持的关系，植被的覆盖度与实施植物水土保持措施的年限成正比关系，与土壤侵蚀量成反比的关系。植被覆盖度小于 60%时，土壤侵蚀量随覆盖度的减小而急剧上升，植被覆盖度增长到 60%以上时，土壤侵蚀量明显减少，植被覆盖度增长到 90%以上时，土壤侵蚀基本停止。张锐等(2007)的研究表明，在 0.4~17.8mm/d 雨量范围内，边坡上植被平均覆盖度为 67%时，边坡土壤侵蚀消减率平均为 54.1%，而弃土(渣)场植被覆盖度为 75%时，土壤侵蚀消减率达到 64.3%。张红丽等(2008)研究发现，植物覆盖度在 70%以上的公路边坡，基本上无鳞片状面蚀发生。

国外学者对植被对降雨截留的估算做了大量的工作(Shuttleworth，1983；Mintz，et al.，1993；Manzi A O and Planto S,1994)，但这些估算方法多是唯象的，其中存在着相当的不确定性。国内从 20 世纪 80 年代开始，对建立植被截留降雨量公式进行开创性的研究。仪垂祥等(1996)以植被类型、植被覆盖度和叶面积指数为参数，建立了能较精确计算植被截留降雨量的公式，并导出了截留系数与降雨量的关系。公式表明植被截留降雨量与植被类型、叶面积指数和植被覆盖度成正相关关系。何东进等(1999)认为通过现代科学技术手段可以对植被类型、植被覆盖度和叶面积指数等参数进行精确测量，可消除仪垂祥提出的公式中人为估算或参数化关系中的不确定性，给出明确的物理意义。植被对降雨的再分配可减少溅蚀地面的雨量，但增加了雨滴直径(游珍等，2003)，其中与溅蚀能量有关的植被因子为枯落物覆盖度、郁闭度和植被高度。

植被在坡面的不同位置，对坡面保持水土的作用也不同。游珍等认为，植被在坡面上不同位置的水土保持能力表现为：坡下植被>坡中植被>坡上植被，而且这种差异在小雨强下更加明显。植被的水土保持功能还随植被年龄而发生变化。王迪海等(1999)将防护林水土保持功能的发展过程分为成长期、成熟期和减退期 3 个阶段。吴钦孝等(2000a；2000b)将沙棘林的水土保持功能分为四个阶段：功能低下阶段、稳定增长阶段、功能显著阶段和功能下降阶段。总体来说，植被水土保持功能在初期较低下，随着植被逐渐生长，郁闭度提高，枯落物积累，水土保持功能快速发展并达到最大值，之后逐渐衰败。

3.4 护 坡 效 应

1931 年 Holch 首次提出不同森林植被根系对坡面稳定的影响。Croft 和 Adams(1950)认为砍伐森林使林木根系固土能力减小，从而导致山崩频率的增加。而 20 世纪 60~70 年代的许多研究也表明林木砍伐后，植被根系防止山体崩塌的能力也会衰退(Gray，1973；Swanston,1969；1976)。Bishop 等(1964)发现，由于森林的砍伐，阿拉斯加山崩的数量在 10 年内增加了 4.5 倍。塚本良则(1987)认为，森林采伐后 20 年之内，显现出最大的滑坡发生几率。森林植被固土护坡的机械效应主要源于树干和根系与斜坡土壤间的机械作用，具体包括土壤加强作用、斜向支撑作用、锚固作用和坡面负荷作用等(周跃等，1999a；1999b；2000；2002)。1988 年 Wu 等首先提出根系与土壤的胶结关系，根系固土力学机制的研究上了一个新的高度。谢春华等(2002)利用分形维数揭示根系结构及发育动态，发现根系分形维数与根系抗拉阻力的对数呈指数函数关系，根系结构与其固土能力明显相关。

程洪等(2006)认为植物根系固土机制模式具有 4 个层次,即根系材料力学、根系网络串联作用、根系—土壤有机复合体的勃结作用及根系—土壤间生物化学作用。

植物根系与土体共同组成的有机复合体称为"根土复合体"(杨亚川等,1996)。目前,三种原理可以揭示根土复合体力学特性的变化机理(Gray,1986;杨果林等,1999;吴景海等,2000):摩擦加筋原理、准黏聚力原理和等效围压原理。当根土复合体受到外荷载作用时,土体和根系同时发生变形,但由于土体和根系的变形模量存在巨大的差异,土体和根系之间将会产生相互错动或有相互错动的趋势。当土层与根系之间相对运动时,接触面的摩擦力将阻止这种运动;根系受拉力作用时,接触面上的摩擦力阻止根系被拔出。根系的作用给土体增加了一个类似黏聚力的虚力,使根土复合体的强度明显提高。在给定侧限力条件下,根土复合单元破坏时的轴向应力大于无根土单元的轴向应力,根系的内力发挥产生一个对土体的围压增量。

目前国内外大多采用制取扰动试样对根土复合体进行试验研究,近年来一些更能模拟实际的试验方法开始出现。大量的试验研究证明根系存在增加了土体的剪切强度,根系与土壤的相互作用对于提高坡面土体的抗剪强度具有重要的意义。解明曙(1990a;1990b)通过全根系拉拔试验法发现,含根土的抗剪强度远高于无根土,变形后的残余强度也高于无根土,含根土含水饱和后,也能够保持土体不崩塌。杨亚川等(1996)认为草本植物根土复合体抗剪强度与含根量成正相关,与含水量成负相关;土壤黏聚力与含根量成正相关,内摩擦角与含根量的关系不大。郝彤琦等(2000)认为土壤中根系的作用与钢筋混凝土结构中的钢筋类似,根土复合体抗剪强度随含根量增加而提高。不少根土复合体力学效应的试验表明(陈昌富等,2006;邓卫东等,2007;赵丽兵等,2008),用库仑公式拟合根土复合体的莫尔强度包线效果良好,根土复合体服从莫尔-库仑强度准则;根系对于含根土黏聚力的增加幅度较大,对于内摩擦角的增长不明显。赵丽兵等(2008)采用剪切箱原位剪切法对含根土和无根土进行剪切测定,并与 Wu 等(1979)建立的根系增大土壤抗剪切强度的力学模型相比较,认为根系增大土壤抗剪强度的真实值应介于实测值和预测值之间。胡夏嵩等(2009)将 4 种护坡灌木植物种植在 PVC 管内一并进行直剪试验,发现未扰动根—土复合体抗剪强度与剪切面上的法向压力成正比。杨璞等(2009)发现根土复合体在承受了更高的轴压后,主要表现为根土的界面被破坏。

土壤内根密度和根横截面积对根土复合体的剪切强度产生重要影响。Waldron(1981)和 Baker(1986)认为随着单位土体中根土面积比的增加,土体的抗剪强度提高。Ziemer(1981)通过实验得到了关于抗剪强度和根密度的线性预测方程。张飞等(2005)发现根密度与根土复合体的抗剪强度正相关。杨永红等(2007)认为,植物根系具有提高非饱和土抗剪强度的作用,含根量沿垂直方向呈指数函数规律分布,黏聚力和内摩擦角沿垂直方向的增加值均与含根量成正相关关系。

江锋等(2008)对根系受力过程进行了分析，推导出根系提高土体抗剪强度的增加值方程式。陈昌富等(2007)则认为，在加根层数一定的情况下，随着加筋量的增加，含根土的主应力差值、抗剪强度值以及黏聚力值呈现先增加后降低的趋势，亦即加根层数相同时存在最佳含根量。

草本植物浅根对边坡岩土体有加筋作用，木本植物深根对边坡岩土体有锚固作用。浅细根错综盘结，可视为带预应力的三维加筋材料，更有利于加固土壤和提高土体抗剪强度，浅层护坡能力更强；深粗根具备强度和刚度的特性，可穿过边坡的可能滑动面，使坡体浅层松散风化带与深层坚硬土体连接，起到锚固的作用(姜志强等，2004；郑文宁，2005)。但植被根系作用力及作用范围有限，要求边坡处于相对稳定状态。在植被生态修复初期，根系作用力较弱，随着植物生长，作用力逐渐加强。与工程护坡相比，植被生态修复技术具有自我修复、低能耗低物耗、环境兼容性和可持续性等特点。

3.5　生态效应

生态效应可定义为：生物因子或非生物因子，在其存在或活动过程中，对其所在生态系统中的结构、功能所产生的影响。对植被生态修复而言，生态效应研究的侧重点在工程完建后植被群落演替特征研究和土壤养分变化规律研究两方面。

3.5.1　植被群落演替特征

1806 年 John Adlum 首次使用演替(Succession)一词(任海等，2001)。演替是指一个植被群落被另一个植被群落所代替的动态现象，是植被群落动态最重要的特征，其过程大多由植被群落的季节变化和逐年变化组成，是地表同一地段顺序地分布着各种不同植被群落的时间过程(王伯荪，1987)。工程扰动区人工建植的植被，其群落特征及演替过程往往对其效益的发挥有着直接的影响，因此在植被生态修复工程中，最为重要的是关于群落稳定性与演替的研究。

从研究尺度上看，1968 年 Margalef 提出演替过程要从景观水平探讨，而 Drury 和 Nisbet(1973)则认为从个体水平上去探讨演替的发展过程对各种人工生态系统的研究更具指导意义。20 世纪初期，定性描述仍为植被演替研究的主要手段。50 年代以后，群落演替研究中动态的观点以及定量研究在北美生态学界得到发展。1957 年 Whittaker 强调观察种群在时间变化上的比率及类型是在演替中发现序列的唯一手段，开启了植被演替的定量研究。1963 年 Margalef 采用了多样性指标，研究认为演替的顶极群落物种多样性最大；在群落演替的兴盛阶段，物种多样性随演替而增加，但在随后的演替阶段物种多样性又有降低的趋势。1972 年 Auclair 和 Goff 在研究北美西大湖区的高地森林时也认为，顶极群落的物种多样性指数介于群落演替初期和中期阶段之间。随着多学科的渗入和计算机的普及应用，定量研究成为一种必不可少的手段，并向演替机理的研究推进，从单元的气候顶级学说过渡到由气候、土壤、地形及其他环境因子影响的多元顶级学说。1981 年McIntosh 从营养动力学角度重新定义了演替的概念，提出了生态系统进化的观点，丰富和发展了现代演替理论。

Bradshaw(1993)在其著名的"Restoration ecology as science"中提出"研究群落的密度、盖度、高度以及生物量等特征可以反映恢复群落的恢复效果和生产能力"，而随着对边坡植被的建植和植被重建后其生长演替的关注，研究边坡植被群落特征也成为重要课题。2000 年美国对弗吉尼亚主要高速公路边坡现存植物中未来入侵种的蔓延、分布进行了研究。Rentch 等(2005)研究发现，公路边坡不同位置的土壤养分之间差异极小，植被群落组成没有明显差异，且植被群落不因公路建设的类型和地型而变化，但不同公路的植被有明显差异，并提出了对竞争力强于本地植物的未来入侵种的着生、生长的限制措施。李新荣等(2000)认为，一般情况下，边坡植被 1 年生的先锋植物首先入侵；随时间序列的延长，群落经历由简单到复杂的过程；选择合适的草种配比和合理的播种密度，既可节约成本，又可实现最佳的边坡恢复效果。余海龙等(2007)提出种源聚集、保育效应、肥岛效应是草本植物侵入和发育的机制。江源等(2007)认为群落盖度能有效反映植被重建效果，禾草与豆科植物比例能反映植物根系固土能力和护坡植被长期稳定的可能性，是两个较好的评价指标。张相锋等(2009)发现群落的物种丰富度、多样性指数和均匀度指数都随着播种密度的增加呈单峰形变化，随着播种密度增加，不同样地与自然恢复样地的相似性指数呈先下降后增加的趋势，决定群落差异的因素是人工播种组成成分，而与播种密度无关。

对植被的自然恢复，马世震等(2004)认为恢复程度与工程建设破坏范围有关，破坏面积大的植被难以恢复，甚至出现土壤沙化和水土流失现象，影响周边地区生态环境质量。温仲明(2005)认为植被正向演替与逆向演替取决于物种选择与营造方式，不当的物种及纯林营造，往往使植被群落结构单一化，植被正向演替中断或逆向发展；反之，则可促进植被正常演替，缩短植被恢复过程。胡实等(2008)通过对有人为干扰和无人为干扰两种方式下的坡地植被恢复情况长期调查发现，无人为干扰坡地植被恢复在 11 年间经历了缓慢恢复和快速恢复两个阶段，不同坡位群落生物量稳步增长，逐步形成具有稳定群落结构的自然生态系统；有人为干扰坡地乔木类植物无法正常生长，不能形成具有明显垂直结构的稳定生态系统。夏振尧等(2009)的研究发现，采取植被生态修复技术的边坡植被的物种组成、群落结构等都具有明显的变化，人工基材和外部区域环境对人工生态系统的群落特征和恢复演替有重大影响。2010 年刘中奇等研究半干旱黄土区高效植被恢复途径，认为适宜的人工造林可加速该区植被恢复的进程。王英宇等(2013)针对主要立地因子对边坡植被恢复的影响及植被恢复的阶段性特征进行了研究，发现不同类型边坡之间分盖度比总盖度的差异显著性更明显，乔灌木层分盖度随阳坡—阴阳坡—阴坡的坡向改变呈逐渐增加趋势，草本层则相反；边坡植被群落特征受立地条件影响明显，物种多样性受边坡类型影响较大，优势种突出的边坡物种多样性指数较低，岩性和朝向对植被特征及养护措施影响最为明显。

3.5.2　土壤养分变化规律

植被群落的演替过程中，土壤的发展是随植被演替发展的一个连续过程，趋向于与群落顶极相适应。在植被群落演替的前期阶段，以土壤性质的内因动态演替为主，土壤的性质对植被变化产生影响，同时也因植被的变化而发生改变。这种作用发展到一定程度时，土壤与植物群落都受气候的限制，即达到顶级群落阶段，而顶级群落则是生态平衡的标志。

植物生长产生的枯枝落叶和根系腐解物在土壤中累积、矿化，将大部分无机营养物元素归还土壤，同时改善土壤的物理性质；植物残体腐解过程中会产生酸类物质，促进土壤中难溶解物质向有效性方向转化，供植物吸收利用。因此，随着植被演替进程，土壤中有机质、氮、磷、钾等的含量都会不同程度的增加，反过来又促进植物的生长。

众多学者针对不同地域、不同植被类型在各演替阶段对土壤主要理化性质的影响做了大量研究。张庆费等(1999a；1999b)研究发现，土壤肥力随演替进展呈增长趋势，并因建群种的不同而呈现跳跃性和渐变性增长特征；土壤肥力促进群落演替，影响物种对环境的适应能力和物种间的竞争。谢宝平等(2000)对华南崩岗侵蚀区植被恢复各阶段的土壤理化性质进行了研究，发现一定的土壤条件对应相应的植被类型，人工建群种的群落必须与侵蚀地土壤环境条件相适应。侯扶江等(2002)对黄土高原退耕地的研究表明，植被演替1~7年，土壤黏粒和粉粒减少，砂粒增加，7年后变化趋势相反；退耕地0~100cm土壤含水量在恢复期间呈逐渐上升趋势，中期增幅显著，全氮和速效氮在恢复前期减少，后期增加。张俊华等(2003)发现，植被恢复能够显著提高土壤的有机质含量，且草地>沙棘>黄刺玫>油松；植被恢复对土壤有机质的提高效益随深度增加而明显减小。张祖荣等(2008)认为，随着进展演替的进行，土壤理化性质会得到明显改善；对于人工林演替序列而言，从幼林到中龄林、再到成熟林表现为土壤理化性质逐渐退化，从成熟林到过熟林土壤理化性质会有明显改善。

不同植被类型和恢复方法对土壤的改善作用不同。陈丽华(1996)认为，松栎混交林对风化花岗岩区林草植被土壤的改良效果最好，草地次之，马尾松纯林则较差。郝云庆(2006)等对各植被恢复阶段土壤肥力的关联度研究也表明，不同植被类型对土壤改善作用依次为：落叶阔叶林>林灌过渡带>灌木灌丛>草本群落>针阔混交林>针叶纯林。落叶阔叶树种由于凋落物丰富、分解速率快,具有显著的自肥能力;草本群落因固氮植物的存在,具有良好的土壤养分条件;针叶纯林因针叶分解缓慢,土壤营养条件最差。

针对人工植被群落特征与土壤养分相互关系也开展了一些研究。刘春霞等(2006)通过单次调查和取样发现:人工植被群落物种多样性指数与 pH 呈正相关,丰富度指数、均匀指数与 pH 呈负相关,三者均与土壤有机质含量、有效氮含量呈线性正相关,与铅含量呈正相关,与有效硫含量呈负相关。余海龙等(2007)发现,土壤肥力随人工植被建立时间的延长而逐渐恢复;0~10cm 表层土壤的恢复显著高于 10~20cm 土壤;随土壤环境条件的改善,侵入的草本植物数量、植被盖度增加,简单的人工植被将向复杂的灌草群落演替。

巩杰等(2004)对土壤质量综合指数的研究发现,植被恢复能提高土壤质量;粗放的农业耕作措施将降低土壤质量并引起土壤退化;灌丛有明显的肥力岛屿作用。戴全厚等(2008)通过研究植被恢复与土壤相关要素的关系发现,植被恢复过程中,土壤质量不断提高,并反过来促进植被的生长繁衍,推动植被恢复演替进展,两者之间表现为正向互作效应。

3.6　植被生态修复技术发展趋势

根据上述国内外研究概况,植被生态修复技术的研究主要存在以下几个方面的问题:①植被生态修复技术的核心是在边坡表面营造可供植被生长的基材层,因地域、气候、地质、地貌等的多样性,植物选择与配置复杂,现有研究远远不能满足实际工程应用,仍是许多植被生态修复工程中尚未解决的问题;②植被生态修复后的群落稳定性是衡量修复成功与否的关键,对于修复后植被群落的抗蚀性、多样性和稳定性等的研究还不完善,缺乏植被恢复后期的相关跟踪监测,在一定程度上制约了植被生态修复质量的提高;③对于干旱、高陡及高寒高海拔等特殊地理环境条件下的植被生态修复技术研究还有所欠缺;④植被生态修复后期,如何避免因基材保水保肥能力的退化等问题而出现植被退化甚至死亡的现象,保证植被生态修复效果的可持续性,目前仍是需要关注的重点问题。结合植被生态修复技术国内外研究现状以及目前尚需解决的问题,植被生态修复技术研究的发展趋势可归结为以下几点。

3.6.1　工程防护与植被防护的有机结合

工程护坡的不足之处是缺乏生态效果,但是能为边坡提供支挡加固措施,为植被生长提供稳定环境,特别是在高陡边坡植被防护与工程防护有机结合尤为重要。坡面种植植被后,植物的根系增强了坡面表层稳定,因而对边坡稳定起到重要作用。目前，学术界和工程界在考虑植被护坡时，并不是仅仅做到坡面绿化，而是将工程防护和植被防护有机结合起来，形成稳固又具有生态景观效应的防护结构体系。因此，在进行植被护坡设计时，首先判断边坡是否稳定，若不稳定，则采取合理措施进行支挡加固，然后进行边坡绿化设计。对于稳定边坡，有时为了防止表层局部坍塌、风化、雨水冲刷等因素引起的表层失稳，也需要预先采取工程防护。植被防护与工程防护相结合将成为植被护坡应用发展趋势，合理的工程结构与植被防护设计，既能有效地支挡加固坡体，又能达到坡面上看不见工程结构，全部显现植被和优美景观的目的。

3.6.2　景观效果设计

植被护坡发展趋势已不再满足于单一品种的植草绿化，而是选用多品种结合取得综合绿化效果，植被护坡的景观设计应运而生。一个健康的景观生态系统具有独立的功能特征和明显的视觉特征，具有明确边界和可辨识的地理实体。景观的系统整体性不仅体现在景观总是由异质的景观要素所组成，景观要素的空间结构关系和生态过程中的功能关系等水平方向上，而且还表现在景观在等级系统结构中垂直方向上不同等级水平之间的关系上(何东进，2013)。因此，在进行景观效果设计植被种类选择时应考虑边坡所在地的植物类型、植被环境，尽量使边坡植被的"小环境"与当地植被的"大环境"一致协调，产生一种总体的景观效果。经过一定演替阶段后，边坡植被的"小环境"应融合于当地植被的"大环境"。同时，应根据边坡所在地的环境条件合理选择主景。例如根据边坡环境条件，如果选择草原型植被作为护坡目标，则应以草坪为主景，将乔、灌、花按一定比例合理配置在草坪的不同位置，用来加深和衬托草坪主景的气氛。

3.6.3　植被护坡的区域性

不同的区域，气候条件不同，植被群落不同。不同的岩土，土壤特性不同，提供给植物生长的条件不同。针对不同区域的不同岩土，应研究对应的土壤改良措施和种植混合基材配方，保证植被护坡的效果同时又降低工程造价。如西南多雨地区和西北旱寒地区，植物生长特性有显著的区别；黄土、花岗岩风化层和膨胀土，土壤特性差异很大。植被护坡工程应针对当地气候和土壤特性，选择适应的土壤改良措施和经济合理的种植混合基材配方。

3.6.4　优势植被群落品种选育及组合应用

植被群落组成成分越复杂其多样性指数越高，抗干扰能力越强也越稳定，其中的优势种对地带性的生态条件有最好的适应性。岩石边坡植被护坡技术应用的植被类型应以优势乡土植物为主，尤其是自然条件下对岩石创面生境具有良好适应性的一类植物,应用这些乡土植物比起购买昂贵的草坪或牧草草种,经济投入低,而且后期管理费用低,并可与周围环境融为一体,使得植被系统持久稳定。结合不同的生态区划,筛选出不同生态区岩石边坡植被建植所需的优势植物品种,开展驯化、商品化育种及坡面植被建植调控技术手段研究,并以生态学基本原理为指导,开展组合应用研究,是解决现有技术存在问题的根本与关键。

3.6.5 岩质边坡植被生态修复工程原理的定量化研究及深入

岩质边坡是一类极其特殊的生境,对水分、养分的保蓄能力极低,热容量小、温度日变幅大,一般的植物难以正常生长。在岩石边坡植被生态修复过程中,阐明水分、养分及热通量等主要生态因子的动态变化过程、植物生长过程与主要生态因子的相互作用关系是构建岩质坡面植物群落的理论基础。深入研究岩质坡面植被生态修复过程主控生态因子的动态变化过程,可建立岩质坡面植被生长过程与生态因子之间的耦合模型和调控技术体系,实现建立岩质坡面稳定植被群落的目标。就我国岩质边坡植被生态修复的发展现状来看,尽管越来越多的人关注这一技术途径,其原理和方法也得到迅速的发展和应用,但仍限制在定性的和经验的发展阶段。对岩质边坡的理论认识远落后于基于工程概念的实践,对植被作用的研究,特别是岩质坡面条件下植被根系力学效应的定量研究,其理论深度还不够。

3.6.6 岩质边坡植被生态修复工程效果评价及预测信息系统开发

信息技术是知识经济社会中最重要的资源和竞争要素。信息技术在岩质边坡植被生态修复工程建设中的应用,应以建立和完善网络运行和效果评价为突破,包括岩质边坡植被生态修复工程效果的信息采集、处理、传输、共享技术的网络化系统;计算机控制作业技术的研究;应用遥感等监测岩质边坡植被生态环境的变化以及建立工程效应效果评价技术体系等。

第4章 水电工程扰动区植被生态修复规划

水电工程扰动区植被生态修复应该以生态功能为导向，在系统规划与设计的基础上，紧密结合扰动区特征、植被退化情况和立地条件，科学地选择与配置物种，选择适用的技术，及时进行生态修复。向家坝水电工程扰动区植被生态修复的总体目标是构建一种能满足水电生产、旅游休闲等社会需求和与周围自然环境相协调的人工复合生态系统。工程扰动区自 2004 年起逐步开始实施植被生态修复，包括道路沿线、边坡、渣场及场区、缆机平台、观景平台等。针对不同扰动类型分别采用不同的植被生态修复技术，并采用不同物种构建先锋群落。水电工程扰动区植被生态修复的实施一般按如下步骤开展：通过生态系统本底调查与功能分析，结合立地条件，分区规划与设计恢复目标和恢复途径；在改善立地条件基础上遴选适宜物种构建先锋群落，监测并适时调控群落的演替，以形成结构稳定、功能协调的植被群落。具体技术路线如图 4.1。针对向家坝水电工程扰动区原生态系统的介绍，在本书第 1 章第 3 节中已进行阐述，本章将对向家坝水电工程扰动区环境因子进行分析，并利用相关监测数据对扰动区生态环境进行评价，最终进行扰动区生态功能区划及各区域植被生态修复目标的确定。

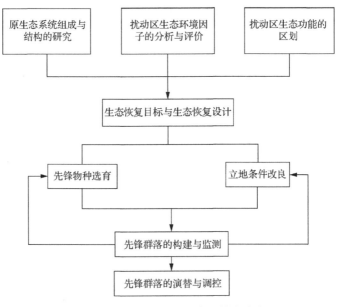

图 4.1 扰动区植被生态修复技术路线

4.1 环境因子分析

向家坝水电工程坝址位于四川内陆盆地盖层褶皱滑脱构造区,断裂构造不甚发育,从其所处的构造部位和构造形迹分析,坝址区无活动断层通过,属于构造稳定区。其所在区域处于川西-滇北高原向四川盆地的过渡区域,区域地貌呈现由山区向丘陵地带过渡的特征。向家坝库区属亚热带季风气候区,由于地形高差悬殊,气候的水平地带性和垂直分带性比较明显。库区及周围灾害性天气有干旱、倒春寒、洪涝、冰雹、大风等,坝区及周边地区水汽来源较复杂,降水分布丰沛但地域分布、年内分布不均且多暴雨。库区土壤的垂直地带性分布特点明显,海拔由低至高,大致分为红壤—黄壤—黄棕壤—棕壤,紫色土、水稻土在不同高程镶嵌分布;各类土壤土层普遍较薄,且土壤的质地粗糙,石碴子或石骨子土的面积大、分布广,土壤的有机质含量普遍偏低。从植被覆盖情况看,坝址区植被类型以灌木林、草丛为主,覆盖度高的森林植被较少。

向家坝水电工程建设对环境因子的影响,可分为施工期和运行期来进行分析。水电工程建设既包括主体工程、工程办公及居住营地的修建,也包括进场道路、材料加工场地、废料堆积场地等的修建。施工过程中不可避免占用大量土地,对周边环境带来一系列影响。向家坝水电工程主体施工区边坡沿金沙江集中分布,面积达 10 万 m^2 以上。工程区采用混凝土浇筑及构件技术来维护边坡的稳定性,大面积裸露的混凝土及岩石边坡极大地影响了左岸整体景观和生态功能。向家坝水电站施工区有新田湾、新滩坝两大主要弃渣场,占地面积共 108.2hm²,堆渣容量共计达 3530 万 m^3;工程施工中形成太平料场渣场、长距离输送系统渣场和移民安置区渣场,渣场总占地面积 207.8hm²。向家坝水电站施工对周边扰动情况统计如表 4.1。同时,水电工程建设伴随着大量的爆破、开挖工程以及石料的加工和运输等,产生大量的粉尘;施工区内所有混凝土拌和系统的搅拌设备、粉料罐、称量层在运行中亦产生粉尘,降低了施工区的空气质量。工程爆破产生的噪声和振动,混凝土拌和系统、砂石骨料加工系统等施工设备的运行噪声,施工噪声和道路交通噪声,也对周边的居民区及自然环境带来较多噪声污染。工程建设需要大量人力,其日常生活中会产生一定的生活废水,而工程的建设亦产生相应的生产废水,对整个流域的水质带来不利影响。建设区居民产生的生活垃圾,对疾病传播有一定风险。向家坝水电工程建成后,大坝的拦阻会影响河流的泥沙情况,并改变流域内水生及陆生生境,对流域内鱼类生存环境、繁殖以及流域内动植物生物链产生负面影响。

表 4.1　向家坝水电站工程施工扰动统计

编号	功能区		破坏面积/hm²	植被状况	扰动后地形地貌
1	大坝枢纽区		253.09	林地、灌草地、水域、河滩地	阶梯状高陡岩质边坡
2	施工营地区	永久生活区	29.37	灌草地、耕地	平地
3		施工企业区	134.89	灌草地、耕地、荒地	阶梯状缓坡平地
4		施工生活区	21.55	林地、灌草地、耕地	缓坡台地、平地
5	场内公路		79.35	灌草地、耕地	混凝土、碎石路面、土石边坡
6	土石料场		51.72	林地、灌草地、耕地、草地	裸露岩石、阶梯状高边坡
7	弃渣场		124.78	林地、河道、耕地、草地	堆渣体、淹没
8	对外交通		188.00	林地、草地、耕地	混凝土、土石边坡
合计			882.75	—	—

　　向家坝水电工程施工进展过程中的扰动主要为开挖扰动和回填扰动，按扰动边坡成因将不同时期陆续产生的扰动区划分为岩质边坡、土质边坡、堆积边坡这三种工程扰动类型(图 4.2)。各扰动类型均不同程度上减少了原有植被覆盖率和坡地稳定性，加剧了水土流失，对周围生态环境产生负面影响，具体扰动比较见表 4.2。

表 4.2　不同扰动类型比较

扰动生境类型	干扰原因与特征	生态系统退化特点	地质灾害与环境影响
岩质边坡	工程开挖造成。改变了原有地形地貌和水文特征，完全破坏了原有植被和土壤基质，坡地仍具有一定稳定性	植被与生物多样性丧失，土壤基质丧失，水文循环完全改变，难以进行物质生产，丧失自我恢复能力	小气候恶化，坡地稳定性有所下降，植被与景观的整体性被破坏，发生滑坡的可能性增加
土质边坡	工程开挖造成。改变了原有地形地貌和水文特征，完全破坏了原有植被，坡地稳定性极低	植被与生物多样性丧失，水文循环发生较大改变，土壤表层丧失，系统生产力剧减，但仍具一定的自我恢复能力	坡地稳定性显著下降，植被与景观的整体性被破坏，极易发生严重的水土流失和滑坡等灾害
堆积边坡	弃渣弃土堆填而成。改变了场区原有地形地貌和水文特征，基本破坏了原有植被和土壤基质，稳定性较低	原有植被被覆盖消失，生物多样性丧失，土壤基质丧失，水文循环发生较大改变，系统生产能力剧减，基本丧失自我恢复能力	小气候恶化，场地稳定性差，植被与景观的整体性被破坏，易发生水土流失和泥石流等灾害

　　(a) 岩质边坡　　　　　　　(b) 土质边坡　　　　　　　(c) 堆积边坡

图 4.2　施工扰动边坡划分图

4.2　生态环境监测

　　水电工程扰动区生态环境监测可为区域环境问题分析与研究提供数据支撑，使工程建设对生态环境的影响分析得以定量化，为工程建设的环境管理和决策提供必要的技术支持，能有效降低工程建设对区域环境的影响。在对向家坝水电工程区域环境分析的基础上，结合向家坝水电站施工程序与工程扰动情况及施工期间已经采取的监测内容，拟选大坝施工区、金沙江大桥、施工生活区、进场公路、生产区、地下厂房、中小学、部分城市道路等为监测点，选取数据连续、有代表性的水体、大气、噪声、植被这几个评价要素分别进行昼夜监测，同时对植被进行全程监测。

4.2.1　水体监测

1. 监测位点及监测频次

　　向家坝水电站工程扰动区的水体监测主要对象为生产废水、生活污水和金沙江干流水质。其中生产废水监测点包括地下厂房施工废水、马延坡砂石料加工系统生产废水、310m 高程混凝土系统生产废水、380m 高程混凝土系统生产废水和凉水井砂石加工系统废水等 5 处监测点；生活污水监测点包括莲花池生活污水和新滩坝生活营地等 2 处监测点；金沙江干流水质监测点包括新滩坝上游 500m 断面、金沙江大桥断面和横江与金沙江汇合口上游 500m 断面等 3 个监测点。具体监测内容如表 4.3 所示：

表 4.3　水环境监测点位一览表

编号	监测对象	监测点	监测参数	监测周期	监测频率
W1	生产废水监测	地下厂房进场洞路废水	流量、pH、SS、石油类、硝化甘油（NG）、梯恩梯（TNT）、二硝基甲苯（DNT）	2006~2012 年	每年每月监测 1 次，其中 NG、TNT、DNT 每年每季度监测一次，每次 10:00、14:00、17:00 分 3 个时段监测
W2		马延坡生产废水	流量、pH、SS、CODcr	2006~2014 年	
W3		310m 高程混凝土系统	流量、pH、SS、石油类、CODcr	建成后~2012 年	
W4		380m 高程混凝土系统	流量、pH、SS	2006~2014 年	
W5		凉水井砂石加工系统	流量、pH、SS	2006~2008 年	
J1	生活污水监测	莲花池生活区	流量、COD、BOD5、pH、石油类、粪大肠杆菌、总磷、总氮、氨氮、阴离子表面活性剂	2006~2014 年	每年每季度监测 1 次，每次 8:00、12:00、18:00 时 3 个时段监测
J2		新滩坝生活营地			
S1	金沙江干流水质监测	新滩坝上游 500m 断面	水温、pH、SS、DO、高锰酸盐指数、BOD5、COD、氰化物、挥发酚、石油类、砷、汞、镉、六价铬、铅、锰、粪大肠杆菌、总磷、总氮、氨氮、阴离子表面活性剂	2006~2014 年	2006~2009 年每年每月监测 1 次，2010~2014 年，分丰（7~8 月份）、平（4~5 月份）、枯（12~1 月份）三期采样，每期采样 2 次
S2		金沙江大桥断面			
S3		施工区下游			

2. 工程对水体的影响

1）生产废水

生产废水执行《污水综合排放标准》（GB8978-1996）一级标准。2007 年 3 个生产废水处理系统排放废水中，除凉水井和地下厂房废水悬浮物浓度超标外，其余均符合。2007 年 10 月，马岩坡砂石加工系统生产污水处理厂运行，70%生产污水得到处理，施工区已建成的各项水处理设施运行进入高峰期。2008 年地下厂房施工废水各月悬浮物监测结果均超标，SS 在 118~1167mg/L 之间。380m 高程混凝土系统生产废水悬浮物浓度超标。凉水井砂石料场主要为临时工程服务，悬浮物指标超标，4 月停止生产后无污水排放。马岩坡砂石料加工系统生产废水从 5 月起经尾渣库沉淀处理后回用，实现了废水零排放。2009 年除地下厂房施工废水悬浮物浓度偶有超标外，其他均符合标准。2010 年马延坡砂石加工系统收集生产废水经澄清实现循环利用，实现了废水零排放。

2) 生活污水

生活污水排放执行《城镇污水处理厂污染物排放标准》(GB18918-2002)中一级标准 B 标准(日均值)。2006 年水厂出厂水和管网末梢水各项检测指标均符合标准。水厂出厂水所检色度、浑浊度等 35 项指标均符合饮用水国标。2007 年 8 月生活污水处理厂运行，94%生活污水得到处理，达到排放标准。莲花池排污口参数年均值均符合一级 B 标准。新滩坝排污口生化需氧量年均值达到一级标准。2008 年莲花池生活污水处理厂排放口监测的 9 个指标中，除总磷偶有一次超标外，其余各项监测指标均达标。2009 年生活污水处理厂运行情况良好。2010 年总磷、石油类偶有超标，其余指标均符合标准。

3) 金沙江干流监测结果

金沙江干流水质按《地表水环境质量标准》(GB 3838-2002)地表水Ⅲ类标准进行评价。2006 年三个断面(上游—大桥—下游)丰水期(5~10 月)水质较差，超Ⅲ类水标准，大肠杆菌是主要污染因子，COD、石油类、汞、总磷、总铅偶有超标。2007 年三处粪大肠杆菌均超过Ⅲ类标准，全年水质为Ⅴ类，在主汛期铅偶有超标。2008 年粪大肠菌群仍是金沙江干流水质的主要污染因子，高锰酸盐指数、总磷、铅等评价因子也偶有超标现象。2009 年和 2010 年金沙江施工区江段整体水质状况维持在地表水Ⅲ~劣Ⅳ类水标准，汛期受上游来水量大等影响出现了Ⅴ类和劣Ⅴ类，枯水期保持在Ⅲ、Ⅳ类水标准。监测结果表明粪大肠菌群是金沙江干流水质的主要污染因子，超标是由金沙江上游来水泥沙含量大，泥沙中携带的污染物较多造成的，两岸生活排污对金沙江水质也产生一定影响，向家坝工程施工对金沙江水质影响较小。将各月份的水质等级按上游、金沙江大桥、下游三个断面分别取平均值，得出水质年平均等级，发现每一年上游水质均略低于下游水质等级，即上游水质均好于下游水质，说明通过生产废水、生活污水的处理，工程建设对金沙江干流水质仍然具有一定不利影响。特别 2007 年是工程全面开展的一年，水质亦有较大的降低，而随着工程的逐步平稳、水体治理步入正轨，水质污染有所减缓。

4.2.2　大气监测

1. 监测位点及监测频次

向家坝水电站工程扰动区的大气监测主要包括大坝左坝头、右岸水厂房顶楼、左岸莲花池施工生活区、云天化高中部、云天化生产区和云天化生活区等 6 个监测点。具体监测内容如表 4.4 所示：

表 4.4 大气环境监测点位一览表

编号	监测对象	监测点	监测参数	监测周期	监测频次
G1	施工区	大坝左坝头	TSP、PM$_{10}$、NO$_2$、SO$_2$、降尘	2006~2014年	每年每季度监测 1 次，每次监测时间根据施工强度确定，每次连续采样 5d，PM$_{10}$、TSP 每天连续监测 12h 以上，NO$_2$、SO$_2$ 每天连续监测 18h 以上，降尘每月一次，不少于 28d，同步监测风速、风向等气象参数
G2		右岸水厂房楼顶	TSP、PM$_{10}$、NO$_2$、SO$_2$		
G3		左岸莲花池施工生活营地	TSP、PM$_{10}$、NO$_2$、SO$_2$、降尘		
G4	敏感区	云天化高中部	TSP、PM$_{10}$、NO$_2$、SO$_2$		
G5		云天化生产区	TSP、PM$_{10}$、NO$_2$、SO$_2$、降尘		
G6		云天化生活区	TSP、PM$_{10}$、NO$_2$、SO$_2$、降尘		

2. 工程对大气的影响

按照《空气环境质量标准二级标准》评价向家坝水电工程扰动区的空气环境质量。2007 年颗粒物指标除左岸测点外均有不同程度超标。2008 年 NO$_2$ 和 SO$_2$ 浓度一直较低，无超标现象，主要污染因子为总悬浮颗粒物、可吸入颗粒物和降尘三项。2009 年颗粒物 1~3 季度超标，但好于 2007、2008 两年。降尘比往年有所缓解，云天化生活区略超标。2010 年各测点颗粒物均有不同程度超标，但少于 2007 年和 2008 年，云天化高中部和右岸施工区颗粒物有加重。云天化生活区降尘严重。多数测点在 2007 年、2008 年的空气质量较差，2010 年空气质量略差于 2009 年，但都较 2007 年、2008 年有所改善。在工程开挖、爆破多的地方和年份，空气中总悬浮颗粒物、可吸入颗粒物和降尘容易出现超标。

4.2.3 噪声监测

1. 监测位点及监测频次

向家坝水电站工程扰动区的噪声监测主要对象为施工场内、施工场外的噪声和交通噪声。其中施工场内监测点包括二期基坑开挖区、地下厂房尾水渠、右岸 380m 高程混凝土系统、马延坡砂石加工系统、右岸 310m 高程混凝土系统和莲花池生活区等 6 个监测点；施工场外监测点包括云天化生活区、云天化高中部、水富县小学和振兴路与 4#路交叉路口等 4 个监测点；交通噪声监测点包括右 2 进场公路、右 8 云天化路段、左岸进场公路莲花池检查站、左 3 公路金沙江大桥桥头和金沙江大桥右岸桥头路段等 5 个监测点。具体监测内容如表 4.5 所示：

表 4.5 噪声监测位点一览表

编号	监测对象	监测点	监测参数	监测周期	监测频次
N1	施工场内	二期基坑开挖区	施工生产区施工噪声	昼间、夜间	2006~2014 年，每年每季度监测 1 次，每次监测 1d
N2		地下厂房尾水渠	施工生产区施工噪声	昼间、夜间	
N3		右岸 380m 高程混凝土系统	施工生产区施工噪声	昼间、夜间	
N4		马延坡砂石加工系统	施工生产区施工噪声和衰减噪声	昼间、夜间	
N5		右岸 310m 高程混凝土系统	办公生活区施工噪声和生活噪声	24 小时	
N6		莲花池生活区	办公生活区施工噪声和生活噪声	24 小时	
N7	施工场外	云天化生活区	场界外敏感区交通噪声、生活噪声	24 小时	
N8		云天化高中部	场界外敏感区交通噪声、生活噪声	昼间、夜间	
N9		水富县小学(水富码头)	场界外敏感区交通噪声、生活噪声	24 小时	
N10		振兴路与 4#路交叉路口	场界外敏感区交通噪声、生活噪声	24 小时	
N11	交通噪声	右 2 进场公路	主干道交通噪声、生活噪声	昼间、夜间	
N12		右 8 云天化路段	主干道交通噪声	昼间、夜间	
N13		左岸进场公路莲花池检查站	主干道交通噪声、生活噪声	昼间、夜间	
N14		左 3 公路金沙江大桥桥头	主干道交通噪声	昼间、夜间	
N15		金沙江大桥右岸桥头路段	衰减测试	昼间、夜间	

2. 工程的噪声影响

2006 年噪声污染主要是爆破噪声和爆破震动，云天化生活区与左岸炮源区隔河相望，超标较多。2007 年建筑施工，噪声昼间达标，夜间均有轻微超标；爆破噪声全年超标程度不同。2008 年施工噪声昼间在 61.4~72.5dB 之间，其中地下厂房尾水渠、右岸 310m 高程混凝土系统、马延坡砂石加工系统、右岸 380m 高程混凝土系统昼间噪声达到标准，夜间噪声均超标。因向家坝工程施工区与水富县城比邻，区域环境噪声夜间超标既与工程施工有关，也与地方交通噪声、社会噪声和施工噪声有关。2009 年和 2010 年噪声超标地段集中在右岸交通道路沿线和施工区域，时段集中在夜间，超标的主要原因是夜间施工和来往车辆等。施工外区域超标的主要原因是往来车辆和楼盘建设。总体上，噪声污染在夜间超标多，其中爆破点及进场道路、集镇主要交通要道为噪声易超标地区。在爆破工程较多的 2008 年、2009 年，噪声超标的次数最多，也是噪声影响的高峰。

4.2.4 植被监测

1. 监测位点及监测频次

向家坝水电站工程扰动区的植被群落监测主要对象为施工场内和施工场外的植被。其中施工场内监测点包括二期基坑开挖区、右 2 进场公路、上坝公路莲花池变电站、马延坡砂石加工系统、莲花池生活区、左岸进场公路莲花池检查站和金沙江大桥右岸桥头路段等 7 个监测点；施工场外监测点包括云天化生活区、云天化生产区和水富县小学等 3 个监测点。具体监测内容如表 4.6 所示。

表 4.6　植被监测位点一览表

编号	监测对象	监测点	监测参数	监测周期	监测频次
N1		二期基坑开挖区			
N2		右 2 进场公路			
N3		上坝公路莲花池变电站			
N4	施工场内	马延坡砂石加工系统	植被垂直和水平分布、植物物种、植被类型、优势种群、生物量	2006~2014 年	工程蓄水前调查 1 次，水库运行后每 3 年调查 1 次，每次调查时间为 4~5 月
N5		莲花池生活区			
N6		左岸进场公路莲花池检查站			
N7		金沙江大桥右岸桥头路段			
N8		云天化生活区			
N9	施工场外	云天化高中部			
N10		水富县小学(水富码头)			

2. 工程对植被群落的影响

施工期间，枢纽工程建设、施工场地布置、料场开挖和渣场填筑等施工活动，直接破坏原有的地表植被。施工区占用现有植被覆盖以后，将完全转变为人工建筑，使原本就较为单一的景观生态结构进一步简单化。恢复地物种总数受草本植物影响最大，细微的波动因人工调控引入灌木引起，总体上物种总数在生态恢复后有较大提高，2008 年 10 月以后物种总数开始逐步下降。工程扰动侵占生态斑块，改变扰动区的景观组成与结构，大部分景观形状变得简单，而修复之后重新变得复杂。生态修复大大增加了斑块数量，使景观破碎度上升。多数景观的破碎化指数在扰动初期有少量减少，在修复后有所增加；各年份的优势度指数持续下降，生态景观控制力下降。

4.2.5　监测结果

生产废水执行《污水综合排放标准》(GB8978—1996)一级标准，仅个别年份悬浮物指标略有超标；生活污水除 2010 年以外，均达到《城镇污水处理厂污染物排放标准》(GB18918—2002)中一级标准 B 标准；金沙江干流水质自 2007 年起发生明显下降，2008 年达到最低点，随后几年开始逐步缓解，但始终低于 2006 年水质。大气中的 SO_2 和 NO_2 浓度一直较低，无超标现象。主要污染因子为总悬浮颗粒物、可吸入颗粒物和降尘三项。在工程开挖、爆破多的地方和年份，空气中可悬浮颗粒物、总悬浮颗粒物、降尘容易出现超标。噪声污染在夜间超标多，其中爆破点、进场道路以及集镇主要交通要道为噪声易超标的地区。恢复地物种总数受草本植物影响最大，细微的波动因人工调控引入灌木引起，总体上物种总数在生态恢复后有较大提高。

　　总体上看，向家坝水电工程扰动区所监测水、气、声环境各要素基本能满足向家坝工程相应的环境标准，从监测结果看 2009 年及 2010 年多项监测指标与2007 年、2008 年相比都有所好转。各环境监测因子均存在较少数指标的超标现象，但超标指标数量少、项目集中。可以参照监测结果有针对性地加强相应的环境保护工作，避免下一年度该环境指标的持续恶化。

4.3　生态环境评价

　　由向家坝水电工程扰动区环境因子及生态环境监测结果分析可以看出，因工程的建设致使工程扰动区及周边出现了一系列问题，如水体环境变差、水土流失严重、个别城镇存在一定的噪声和大气污染等。这些问题的出现对区域生态环境有较大改变，影响区域生态系统本身的自调节功能和自恢复能力。生态脆弱性是对生态系统自恢复能力的体现，对其做定量与半定量的分析，以明确生态环境的脆弱程度，并作为规范建设活动的准则。本节将对向家坝水电工程扰动区生态环境脆弱性进行评价，以期较为全面地了解工程扰动区内生态系统的变化与退化程度，为工程扰动区生态环境的修复提供依据。

4.3.1　数据预处理

　　评价因素量纲及评价值类型存在较大差异，既有数值型评价值，亦有定性评价值。因此，需要对数据进行预处理。生产废水按《污水综合排放标准》评分，生活污水按《城镇污水处理厂污染物排放标准》评分，干流水质按《地表水环境质量标准》进行评分，空气指标根据《空气环境质量标准》进行评分，噪声因素按《建筑施工厂界噪声标准限制》进行评分；借鉴景观相容度即适宜性评价的评分分值，根据评价因子对环境脆弱性的影响进行分等级评分(王云才，2007)。干流水质按国家标准划分 5 个等级，水质越高脆弱度越低；没有国家标准进行等级区分的评价因子，依据超标与否、超标强度、超标位点的多少划分脆弱度。3 个等级的脆弱度由强到弱赋予 5 分、3 分、1 分，5 个等级的脆弱度由强到弱分别赋予 9 分、7 分、5 分、3 分、1 分。采用模糊综合评价的方法对植被覆盖指标进行数值化，结果见表 4.7。2006 年的植被脆弱度按 2004 年格局图评价，由于 2008 年后工程开挖面积不再增加，格局变化小，故 2009 年及 2010 年均使用 2008 年的格局图进行评价。

表 4.7　植被景观类型评分

类型	分数	类型	分数
河流	3	人工绿地	5
水域	3	耕地	5
林地	1	未利用地	9
灌丛	3	居住用地	7
草地	5	工程建设用地	9

运用 min-max 标准化方法将原始数据进行标准化，如式(4.1)、式(4.2)所示，以消除可能存在的指标量纲、数量级不统一造成评价结果不准确的问题(钟晓娟等，2011)。

(1)正向指标标准化方法

$$Y_i = (X_i - X_{i\min}) / (X_{i\max} - X_{i\min}) \qquad (4.1)$$

(2)反向指标标准化方法

$$Y_i = (X_{i\max} - X_i) / (X_{i\max} - X_{i\min}) \qquad (4.2)$$

式中，Y_i 为第 i 个指标的标准化值；X_i 为第 i 个指标的原始值；$X_{i\max}$、$X_{i\min}$ 为第 i 个指标的最大值和最小值。Y_i 在(0，1)之间，Y_i 越大，表明生态系统越脆弱，越容易受外界干扰而遭到破坏。

4.3.2　评价指标权重确定

为便于综合分析各环境监测因子的变化,需要为各环境因子赋予各自的权重,权重的准确性直接影响着评价结果的真实性和科学性。权重赋值的方法主要有经验权数法、专家咨询法、相邻指标比较法、层次分析法、灵活偏好矩阵法、统计平均值法、指标值法、抽样权数法、比重权数法、灰色关联法、主成分分析法、逐步回归法、和模糊逆方程法等(赵跃龙等，1998)。层次分析法(AHP)是为了将人们主观判断反映在数学模型中，将不同层次的复杂因素之间的关系调理化，并按其重要性排列的一种赋值法。它对系统分析来说十分重要，并可进行一致性检验，但依然是一种主观的评价方法(黄贯虹等，2005)。为了减少指标权重赋值的主观随意性，此节采用层次分析法与主成分分析法相结合确定评价指标权重。应用 SPSS17.0 统计分析软件对评价指标进行主成分分析，KMO 检验系数>0.5，巴特莱特检验显著性指标 sig 值为 0，小于 0.05，前 4 个主成分累计贡献率为86.137%，根据所得的主成分载荷矩阵 λ_{ij}，由式(4.3)计算评价指标的公因子方差 H_i，由式(4.4)

得出各指标的权重 W_i。不同评价因子的权重见表 4.8。

$$H_i = \sum_{i}^{n} \lambda_{ij}^2 (i = 1, 2, \cdots, 6; j = 1, 2, \cdots, n) \tag{4.3}$$

$$W_i = H_i / \sum_{i=1}^{6} H_i (i-1, 2, \cdots, 6) \tag{4,4}$$

式中，i 为评价指标的原始个数；j 为主成分数；n 为主成分总个数（$n=4$）。

表 4.8　各因子权重

权重分组	噪声	大气	生产废水	干流水质	生活污水	植被覆盖
层次分析法	0.136	0.190	0.204	0.105	0.164	0.201
主成分分析法	0.183	0.246	0.096	0.102	0.078	0.295

4.3.3　评价结果

1. 生态脆弱性在时间上的反映

将单一年各测点的各环境因子的脆弱度值相加，获得该年份该环境因子的初始脆弱度值。图 4.3~图 4.8 分别是各年份生产废水、生活污水、干流水质、大气、噪声和植被脆弱度值。

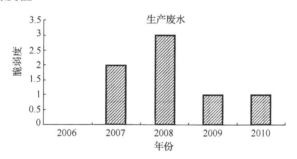

图 4.3　各年份生产废水脆弱度值

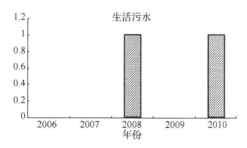

图 4.4　各年份生活污水脆弱度值

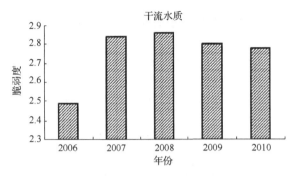

图 4.5　各年份干流水质脆弱度值

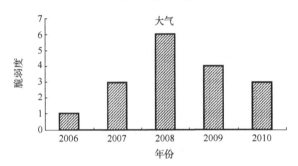

图 4.6　各年份大气脆弱度值

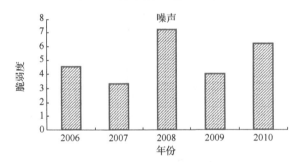

图 4.7　各年份噪声脆弱度值图

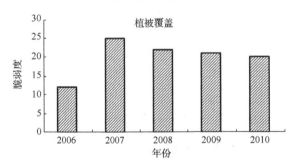

图 4.8　各年份植被脆弱度值

应用公式 (4.5) 可以对各个环境因子脆弱度值进一步标准化，方便各环境因子脆弱度的比较分析。

$$G = \sum_{i-1}^{m} X_i W_i \Big/ \left(\max \sum_{i=1}^{m} X_i W_i + \min \sum_{i=1}^{m} X_i W_i \right) \tag{4.5}$$

式中，X_i 为各指标初始化值；W_i 为各指标权重；G 为生态脆弱度。

将各个环境因子在各测点的脆弱度值求和，可以得到该年份水电工程扰动区的脆弱度。对向家坝水电工程扰动区各年份通过层次分析法、成分分析法、标准化层次分析法和标准化成分分析法进行权重判断所得环境因子脆弱度值进行对比分析，具体见图 4.9 和图 4.10。

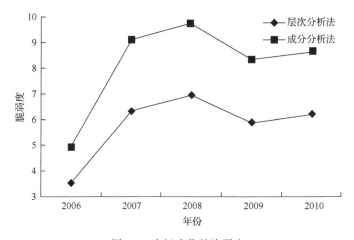

图 4.9　未标准化的脆弱度

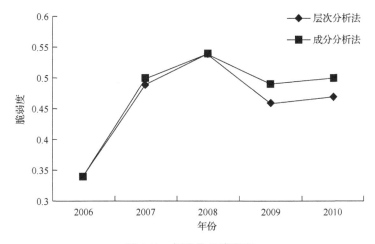

图 4.10　标准化的脆弱度

可以看出，自 2007 年工程大规模动工以来，区域的生态脆弱度大幅度升高，2008 年达到顶峰，自 2009 年起环境开始改善，保持优于 2007 年、2008 年的状况。从景观格局上得知，2008 年的植被覆盖情况优于 2007 年，其脆弱度升高是水体、大气、噪声等环境因子质量有较大下降共同导致的。同时也可以发现，不同的因子权重判断方法对生态脆弱度随时间变化趋势曲线基本没有影响，但因为环境因子在空间分布存在不均匀性，故对脆弱度的空间分布存在影响。

2. 生态脆弱性在空间上的反映

将单个测点在各年份的脆弱度评分累加，并利用公式(4.5)进行标准化，获得该测点在空间上的脆弱度评分扰动区。参考赵跃龙等(1998)的脆弱度分级标准和区域内不同测点的脆弱度情况将向家坝水电工程扰动区的脆弱度分为 4 个等级，即低度脆弱区(脆弱度 0~0.5)、中度脆弱区(脆弱度 0.5~1.0)、高度脆弱区(脆弱度 1.0~1.5)、极度脆弱区(脆弱度 1.5~2.0)。

基于上述分级标准，向家坝水电工程扰动区各测点的脆弱度分级情况如下。

低度脆弱：N14、N15、W2、S1、S2、S3、J1、J2；

中度脆弱：N1、N3、N4、N5、N6、N7、N8、N9、N10、N11、N13、G3、W3、W4、W5；

高度脆弱：N2、N12、G1、G2、G4、G6、W1；

极度脆弱：G5。

根据格局属性及脆弱性分级将不同的测点进行缓冲区计算，并将其进行空间融合及分割，得出向家坝水电工程扰动区内工程影响脆弱性分区图(图 4.11)。高度脆弱区主要分布在主体工程建设区域，该区域植被覆盖条件差，受工程影响环

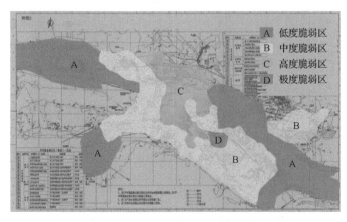

图 4.11　向家坝水电工程扰动区脆弱性分区图

未标注区域为无数据区域

境质量亦低于其他地区。极度脆弱区域为主体工程和云天化生产区交接地区,不仅受到工程建设的影响,亦受到云天化工业的污染影响。中度脆弱区主要为水富县城居住区以及工程附属区域(生活区域和辅料加工区域)。该区域为人类活动频繁区域,人为干扰严重。低度脆弱区域为流域及工程量少的加工工程区域。需要注意的是,本脆弱度的评价是基于工程扰动对环境影响强度之上的,实际脆弱性分区还应参考原始地貌和地质因素。

通过对向家坝水电工程扰动区生态脆弱性在时间和空间分布上的分析和评价,不难发现,在施工期前两年,扰动区生态脆弱度大幅升高,随后环境有所改善,脆弱度逐渐降低。而施工建设程度越高的区域,脆弱度也越高。从脆弱度评价结果来看,环境监测及调控工作是有明显效果的,评价结果与实际调研情况也符合。借助数学方法,对生态环境监测数据进行系统科学的处理,并建立起规范的评价方法和数据系统,让监测数据自动高效地服务于生产具有重要的实践意义。所以,为了提高生态环境监测分析的即时性,建立完善的环境监测信息系统十分必要,这可以方便地将各种环境监测数据进行提炼,为建设部门和环保部门提供环境预警信息,从而调控环境问题,规避重大环境事件,真正实现环境监测的目的。

4.4　植被生态修复目标

扰动区生态修复的目标主要包括:实现生态系统的地表基质稳定性;恢复植被和土壤,保证一定的植被覆盖率和土壤肥力;增加种类组成和生物多样性;实现生物群落恢复,提高生态系统的生产力和自我维持能力;减少或控制环境污染;增加视觉和美学享受。不同植被生态修复对象,其生态系统的层次与级别、时空尺度与规模、结构与功能都不同,生态系统退化特征、原因、过程、类型和程度等也有所差异,因此确定植被生态修复目标的前提是对修复对象进行详细的调查与分析。

本节通过对所收集的金沙江流域,特别是向家坝水电工程所在地的环境背景,包括土壤、气候、水分、植被、地质地貌等相关资料进行分析,结合生态环境监测数据,初步分析工程扰动区主要环境因子的变化规律及趋势,在进行生态脆弱性评价的基础上,对向家坝水电工程扰动区进行功能区区划,并确定不同功能区植被生态修复目标和重点。

4.4.1　修复区划

根据扰动区的施工布局及其生产、生态与社会功能,向家坝水电工程扰动区植被生态修复可分三个功能区开展:工程扰动核心区、工程扰动缓冲区和工程扰动过渡区(图 4.12)。工程核心区是工程主体部位,即大坝、发电厂及其周围地区。主要功能是电力生产,兼顾旅游与一定的生态功能。该区干扰强度大,原有地形地貌基本被改变,植被完全丧失,占地约 410hm²。工程缓冲区是施工单位生活、办公、工程的交通网络及辅助设施分布区域以及右岸水富县城,主要功能是为工程核心区提供服务与支持。该区干扰程度较强,人类活动频繁,硬质建筑景观取代原有植被群落,占地约 680hm²。工程过渡区是工程建设区与周边原有环境之间的 100m 左右环形区域。主要功能是为工程干扰区提供缓冲,为物种流动提供通道和临时栖息地。该区干扰强度相对较小,大部分保留原有植被,占地约 300hm²。

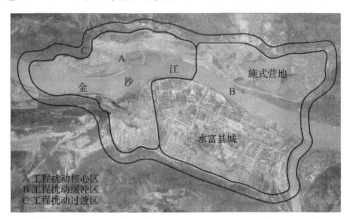

图 4.12　扰动区各生态恢复功能区的分布

4.4.2　区域目标

水电建设区景观类型及功能复杂,且具体环境条件差异大。统一的恢复及保护目标会大大增加生态工作成本,且效益有限。应当因地制宜,根据具体的环境特色及状况制定不同的目标及规划思路。整体上尽可能充分利用空间生态位和时间生态位,提高生态效益。

生态规划首先应明确规划目标,目标不同则生态设计的内容与方向也不尽相同。大型水电工程扰动区的陆生生态系统在项目实施后,其结构、组成和功能发生了根本的改变,部分生态系统难以再恢复到原有状态。区域生态规划应以提高人民生活环境质量、发展水电经济建设为目的,以稳定区域环境、保护区域生态为前提进行规划。确定向家坝水电工程扰动区生态规划目标为:①减少工程建设对生态环境的破坏;②兼顾城镇建设和居住区生活环境的改善;③提高河流两岸保持水土的功能;④保护地区自然生态;⑤协调好资源开发及其他人类活动与自然环境及资源的关系。

在生态系统管理中,任何尺度、任一区域的生态系统驱动因子的恢复力均受到与其相邻的空间尺度生态系统影响。因此，扰动区的生态恢复既要总体规划，又要考虑各功能区独立干扰特点及工程功能，明确各功能区不同生态恢复目标与重点。

1. 工程扰动核心区

工程扰动核心区往往是工程主体所在地，是整个工程扰动区生态修复的关键所在。同时，工程扰动核心区在工程建设过程中扰动强度一般较大，由于开挖、回填等使区域内植被破坏殆尽，植被生态修复难度高，需要通过重建植被群落来达到生态修复的目的。对于向家坝水电工程扰动核心区，其主要功能是电力生产，但是由于工程完工后区域内人类活动相对较少，可以修复一定的生态功能，利用植物措施和工程措施相结合的办法进行生态治理。重点利用工程技术对岩质、土质边坡进行加固，增强坡地稳定性，保障工程安全运营。构建与区域地面设施相协调的植物群落，形成良好的复合景观，增加区域内的生物多样性，使区域内植被覆盖率达到 50%左右。

2. 工程扰动缓冲区

工程扰动缓冲区主要功能是为工程核心区提供服务与支持。该区域人类活动频繁，大块连续分布的自然生境被分割成面积较小的生境斑块，由于各斑块间缺少必要的生态联系，单纯的生态修复措施无法维护其生物多样性和生态景观稳定性。该区域内应以环境美化为基础，在考虑社会需求的同时考虑其生态功能，进行生态廊道的建设，将若干生态区域进行连接，有效减少不利的"孤岛效应"。如在营地内营建富有文化背景的大规模的绿化广场，增加交通要道的绿化宽度，以形成绿化廊道。同时，对弃渣弃土场采用生物措施和工程措施相结合的办法治理，改良土壤，减少水土流失。注意绿化规模，采用功能多样性的植被类型，满足生活与办公区的文化、休闲需求，使区域内的植被覆盖率达到 60%以上。

3. 工程扰动过渡区

工程扰动过渡区主要功能是为工程干扰区提供缓冲作用，减少工程及其周边环境的相互影响，为物种流动提供通道和临时栖息地。区域内的植被修复应强调其生态功能，以自然恢复和人工恢复相结合的办法恢复区域内受损植被。在生态保育基础上，利用本地物种对干扰地段进行植被修复，构建组成丰富、结构复杂的植被类型。建立自然植被保护带和生态公园，使所建植被与周围环境协调匹配以形成具有较大规模的植被圈，在工程与周边环境间形成缓冲带，使植被覆盖率达到 50%以上。

第5章 水电工程扰动区物种筛选与配置

水电工程扰动区生态系统的生态功能常发生根本改变，植被恢复是生态系统恢复的基础。植物是生态修复工程的重要材料，物种选择适宜与否直接关系到生态修复工程效果的好坏。不同的植物种类在保水性、耐旱性等方面存在显著差异，水电工程扰动区类型、立地条件、植被恢复目标也存在差异，应根据水电工程扰动区植被恢复目标和植物本身生理生态特性，因地制宜合理搭配优良的植物种类。本章将介绍水电工程扰动区物种选配步骤，并以向家坝水电工程扰动区物种筛选与配置过程为例，阐述水电工程扰动区物种筛选与配置方法。

5.1 物种选配步骤

物种的选择不能草率，应该经过不断地实践，不断完善物种搭配，确保建立健康科学的生态系统。前期的资料收集和现场调查是十分重要的，可以掌握整个区域和恢复地局部的气象、地质、水源、表土资源、天然有机料、植物等信息。工程扰动区内被扰动的土壤一般会阻碍植物的生长，开展植被生态修复前对扰动区的土壤调查可以指导整个修复工程的系统开展，进行土壤的合理转移、保存和再利用。根据前期现场调查结果和扰动区文献资料等，有针对性地进行生态修复方案设计，确定生态修复的目标。在前期调查资料及生态修复目标确定的基础上进行物种初选，并开展先锋物种种子萌发实验、抗逆性实验和生理生态特性研究，确定最终筛选物种。采取不同的工程措施，结合物种配置模式，对工程扰动区进行植被生态修复。为保证生态修复效益，对生态修复物种的后期跟踪与管理也是必要的，特别是要针对每一个护坡工程项目都建立相应的跟踪数据库，在此基础上，进行相应的生态调控。综上，水电工程扰动区植被生态修复技术物种选配步骤如图 5.1 所示。

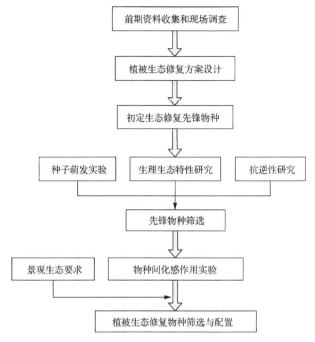

图 5.1　水电工程扰动区植被生态修复技术物种选配步骤

5.2　先锋物种筛选

水电工程在修建过程中，由于大规模的开挖、堆填，土壤的物理结构、肥力、地下水路径、地表覆盖等都受到极大破坏，植被的恢复难度较大。水电工程扰动区植被生态修复的核心工作就是选择适宜的植物种类进行引入及种植，构建并恢复稳定健康的植物群落，加快扰动区生态系统的生态修复进程。一些抗逆性强的草本植物，由于能在短时间内形成植物群落，起到稳固坡地、保持水土、改善生态环境的作用，常被用作植被修复中的先锋物种。先锋物种的选择是植被修复的基础工作，通过先锋物种的定居，形成初始的植物群落，水分和土壤营养状况得以改善，为后来其他物种的定居奠定良好的环境（Jordan，1987）。水电工程扰动区往往立地条件较差，抗逆性决定了所选物种对环境的适应能力及生态系统的可持续性，进而为研判先锋群落的稳定性和演替提供有效信息。在诸多环境因素当中，光和水分是影响植物形态建成、生理功能的重要因子，植物的光合及水分生理特性反映其生长状况及其与生境的协调适应情况。向家坝水电工程扰动区工程概况及环境条件，以及植被生态修复目标在第 1 章与第 4 章已进行介绍，本节将在此基础上对向家坝工程扰动区先锋植物对不同坡度、水泥含量和水分含量的响应、光合生理特性等进行研究，筛选出向家坝水电工程扰动区植被生态修复先锋物种，为后续的生态修复模式和物种配置模式设计提供依据。

5.2.1　先锋物种介绍

根据向家坝水电工程扰动区前期资料收集和现场调查，在确定不同扰动区样地生态修复目标的基础上初步确定植被生态修复先锋物种。根据本书第 1 章中对向家坝水电站工程概况介绍，及第 4 章所规划向家坝水电工程扰动区植被生态修复目标，结合物种筛选的地带性原则、适地适树原则、抗逆性原则和经济性原则等，初选了向家坝水电工程扰动区植被生态修复项目样地内及周边典型群落中的海桐、多花木蓝和盐肤木等 3 种灌木植物，鬼针草、黑麦草、狗牙根、葎草、狼尾草、竹叶草、紫花苜蓿和高羊茅等 8 种草本植物，以及铺地榕等 1 种藤本植物作为先锋物种筛选对象。其中海桐、多花木蓝、黑麦草、狼尾草、狗牙根、紫花苜蓿和高羊茅为恢复地的引入物种，鬼针草和葎草为周围物种向恢复地扩散的物种，盐肤木、竹叶草、铺地榕为尚未扩散到恢复地的本地优势植物，力求在初选物种时进行深入甄选。

1. 海桐 (*Pittosporum tobira*)

海桐，海桐科 Pittosporaceae，海桐花属 Pittosporum (图 5.2)。海桐为园林绿化观赏树种，喜光，稍耐荫，对土壤的适应性强，在黏土、砂土及轻盐碱土中均能正常生长，耐寒性不强，防尘隔音，抗风沙能力较强，具有较强的净化空气功能；是一种适宜作为地产小区、公园绿地和污染较严重地区水土保持的树种 (黎华寿和蔡庆，2007)。

图 5.2　海桐

2. 多花木蓝 (*Indigofera amblyantha*)

多花木蓝，豆科 Leguminosae，木蓝属 Indigofera (图 5.3)。多花木蓝适应性强，不择土壤，对水肥条件要求不严，具有抗旱、耐寒、耐瘠薄、根系发达的特点，能固定土壤，增加土壤通透性，有效截留降水，是一种优良的水土保持及植被生态修复植物。

图 5.3　多花木蓝

3. 盐肤木(*Rhus chinensis*)

盐肤木，漆树科 Anacardiaceae，盐肤木属 *Rhus*(图 5.4)。盐肤木根系发达，有很强的萌蘖性，生长快；喜光，喜温暖湿润气候，也能耐一定寒冷和干旱；对土壤要求不高，在立地条件较差的山地种植也能很快形成绿化效果，因此，既可做风景林树种，又是优良的荒山绿化水土保持树种(张光灿等，2011)。

图 5.4　盐肤木

4. 鬼针草(*Bidens pilosa*)

鬼针草，菊科 Compositae，鬼针草属 *Bidens*(图 5.5)。喜长于温暖湿润气候区，以疏松肥沃、富含腐殖质的砂质壤土及粘壤土栽培为宜。分布于亚洲和美洲的热带和亚热带地区，中国华东、华中、华南、西南各省区多有分布。

图 5.5　鬼针草(引自中国植物图像库)

5. 黑麦草(*Lolium perenne*)

黑麦草，禾本科 Gramineae，黑麦草属 *Lolium*(图 5.6)。须根发达，但入土不深，主要分布于 15cm 深的土层中。喜温暖湿润气候，对土壤要求不高，但在中性或微酸性土壤中生长最好。耐践踏，具有不易倒伏、发芽快、再生迅速和高产的特点，常与其他草种混播，用于建筑绿地、公路旁等草坪(孙彦等，2001)。

图 5.6　黑麦草

6. 狗牙根(*Cynodon dactylon*)

狗牙根，禾木科 Gramineae，狗牙根属 *Cynodon*(图 5.7)。狗牙根是最具代表性的暖季型草坪草，因分布范围广，用其恢复生态系统时可以避免选择外来物种造成的很多生态问题。又因其喜阳、生长迅速、适应性强、种子产量大、易于扩散等优点，常被选作各种生态系统恢复的先锋物种，具有较高的生态价值。同时狗牙根植株低矮、固土能力强，耐践踏，与杂草竞争力强，是优良的水土保持植物（张光灿等，2011）。

图 5.7　狗牙根

7. 葎草（*Humulus scandens*）

葎草，桑科 Moraceae，葎草属 *Humulus*（图 5.8）。葎草性喜半阴、耐寒、抗旱环境和排水良好的肥沃土壤，生长迅速，管理粗放，无需特别的照顾，可根据长势略加修剪。由于其抗逆性强，可用作水土保持植物。中国除新疆、青海、西藏外，其他各省区均有分布。

图 5.8　葎草

8. 狼尾草 (*Pennisetum alopecuroides*)

狼尾草，禾本科 Gramineae，狼尾草属 *Pennisetum*（图 5.9）。狼尾草根系发达，具有很强的匍匐茎和地下根，附着能力强，具有很强的侵占性，能深入土层，利于防风固沙和保持土壤水分，具有良好的固土护坡功能。喜温暖、湿润气候，稍耐荫，对土壤适应性较强，亦耐干旱贫瘠土壤，再生能力强，生长迅速，适用于土壤条件受限地区的水土流失防治，也可作为运动场、野营地和田径场地用草坪（黎华寿和蔡庆，2007）。

图 5.9　狼尾草

9. 竹叶草 (*Microstegium ciliatum*)

竹叶草，禾本科 Graminales，莠竹属 *Microstegium*（图 5.10）。竹叶草为浅水生多年生草本，须根发达，茎丛生，节处生不定根，分枝多。多分布于我国长江流域或至南部各省，长于沟谷浅水中或田边水沟中及灌丛中阴湿处。

图 5.10　竹叶草

10. 紫花苜蓿(*Medicago sativa*)

紫花苜蓿，豆科 Fabaceae，苜蓿属 *Medicago*(图 5.11)。紫花苜蓿根系发达，扎根很深，主根入土深达数米至数十米，并生有大量根瘤，增氮改土作用极为显著。紫花苜蓿抗逆性强，适应范围广，能生长在多种类型的气候、土壤环境下。作为优良的水土保持植物，紫花苜蓿在改良土壤理化性，增加透水性，拦阻径流，防止冲刷，减少水土流失方面的作用十分显著(张光灿等，2011)。

图 5.11　紫花苜蓿

11. 高羊茅(*Festuca arundinace*)

高羊茅，禾本科 Gramineae，羊茅属 Festuca(图 5.12)。高羊茅喜光，耐半阴，对肥料反应敏感，抗逆性强，耐酸、耐瘠薄，抗病性强；适宜于温暖湿润的中亚热带至中温带地区栽种。高羊茅的萌发时间为播后 7~14d，约 50 天后可以成坪，

图 5.12　高羊茅

夏季不休眠，全年绿期较长(徐胜等，2007)。目前主要应用于运动场、公路两侧、飞机场等的绿化，以及堤岸、坝区和水库的水土保持中。

12. 铺地榕(*Ficus tikoua*)

铺地榕，桑科 Moraceae，榕属 *Ficus*(图 5.13)。铺地榕是桑科的一种常绿匍匐木质藤本植物。具匍匐茎，分枝多，生长快，攀附力强，其竞争能力非常强盛，是一种生活力极强的植物。对环境胁迫具有较强的适应能力，常用于荒坡地的生态修复，以及高速公路、河道边坡等城市绿化。

图 5.13　铺地榕

5.2.2　先锋物种生态特性

水电工程扰动区植被生态修复对先锋物种抗逆性要求较高，先锋物种需要具有较强的抗环境胁迫能力才能成功定植。研究先锋物种的抗逆性，研判先锋物种对环境的适应能力，可以为工程扰动区后续生态修复物种选配与调控提供科学依据。本节对先锋物种的抗逆性进行了研究，主要包括坡度、水泥含量和水分含量等对先锋物种光合生理特性的影响，并针对其中的优势物种，测定了其气体交换参数、光合和水分生理特性，由此筛选出向家坝水电工程扰动区植被生态修复适宜物种。

1. 坡度对先锋物种光合生理特性的影响研究

边坡坡度的不同，会对边坡土壤养分流失、土壤水分含量、植物的光照强度、植物根系分布以及坡面温度等造成影响，进而对护坡植物生长产生影响。通过设计不同坡度的模拟试验，记录植物生长状况，并测定植物的光合生理指标，研究植物对坡度胁迫的适应能力和响应机制，可以为植被生态修复物种选配提供相关的科学依据。

以狗牙根和紫花苜蓿为例，采取模拟试验研究其对坡度胁迫的适应能力。将土壤分层覆盖填平于长宽高为 100 cm×100 cm×20 cm 的预制木槽中, 木槽倾斜度分别为 0°、15°、30°、45°、60°、75°, 其中 0°为对照组, 每个实验组设置 3 个重复。植物种子混于上层土壤中, 喷播种子时, 将土壤分为均等的四块, 对角的两块喷撒相同的种子, 其中, 狗牙根播种量为 4g/m², 紫花苜蓿播种量为 1g/m²。喷播完毕遮阳养护, 严格按照 2d 一次的浇水周期实施浇水, 使上壤水分含量保持在 60%左右, 待狗牙根出现分蘖、紫花苜蓿出现分枝后进行生理指标测定。测量时设定光强为 1000 μmol/(m²·s), 每次处理重复测定 6 株植物。所有测定均于9:00~11:00 在室外 25℃的环境下完成,所采集叶片应为相近位置和成熟度的叶片。

1) 坡度对先锋物种生长状况的影响

植物的生长状态变化是对逆境的最直观表现。在生长发育中, 植物总是要不断调整其生长和生物量的分配策略来适应环境变化, 将逆境伤害降低到最小来适应环境胁迫(梁君瑛, 2008)。在所有的坡度处理中, 狗牙根和紫花苜蓿发芽率均达到 95%, 表明坡度对狗牙根和紫花苜蓿的发芽率基本没有影响。狗牙根盖度在坡度 45°以下时为 100%, 坡度增大至 60°时, 狗牙根盖度降到 90%, 坡度为 75°时则降至 85%左右; 紫花苜蓿盖度随着坡度的增大也出现降低, 坡度从 0°增大到75°的过程中, 盖度依次为 100%、100%、95%、90%、80%、70%。结果表明, 坡度对狗牙根和紫花苜蓿的影响主要表现在生长期, 随着坡度的增大, 狗牙根和紫花苜蓿生长均受到影响, 坡度对紫花苜蓿的影响效果更显著。

2) 坡度对先锋物种光合参数的影响

(1) 不同坡度下先锋物种光合色素的变化。

植物叶片中光合色素参与吸收、传递光能或引起原初光化学反应, 是叶片光合作用中能量的捕获器, 其含量高低直接影响到植物对光能的捕获, 进而影响光合产物的积累(许大全, 2002), 是评价植物生理代谢程度的重要指标。主要包括叶绿素 a、叶绿素 b 和类胡萝卜素。

狗牙根和紫花苜蓿中的叶绿素 a、叶绿素 b 和类胡萝卜素在不同坡度处理下的含量变化如图 5.14、图 5.15。随着坡度的增大, 狗牙根和紫花苜蓿的叶绿素及类胡萝卜素含量的变化动态基本一致, 都呈现出先升高后降低的趋势。坡度为 15°时均达到峰值, 其中叶绿素含量分别达到 2.18 mg/g 和 2.16 mg/g, 类胡萝卜素含量分别达到 0.52 mg/g 和 0.58 mg/g。在坡度影响下, 狗牙根光合色素变化幅度明显小于紫花苜蓿。紫花苜蓿在坡度达到 60°时, 光合色素含量出现大幅降低。坡度是影响狗牙根和紫花苜蓿光合色素合成的因素之一, 坡度增大对狗牙根和紫花苜蓿光合色素合成有明显的抑制作用, 对紫花苜蓿的抑制作用尤为显著, 表明在本研究中狗牙根对高陡边坡的适应性优于紫花苜蓿。

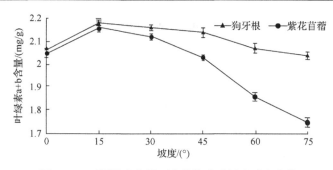

图 5.14　不同坡度条件下先锋物种叶绿素动态变化

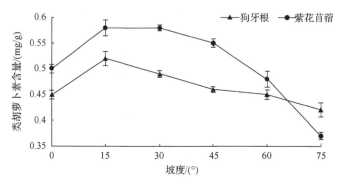

图 5.15　不同坡度条件下先锋物种类胡萝卜素动态变化

(2)不同坡度下先锋物种净光合速率的变化。

植物的光合速率指单位面积叶片在单位时间内同化 CO_2 的量,是描述植物光合作用强弱的直接指标。从图 5.16 可知,正常环境条件下,紫花苜蓿的净光合速率高于狗牙根,说明紫花苜蓿固定 CO_2 制造碳水化合物的能力优于狗牙根。其中,15º的坡度条件下,狗牙根和紫花苜蓿的净光合速率值都达到峰值,分别为 15.2μmol/(m²·s)和 18.6 μmol/(m²·s),之后两者的净光合速率都随着坡度的增大而降低,坡度越大

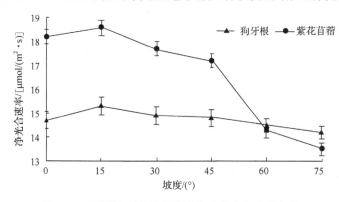

图 5.16　不同坡度条件下先锋物种净光合速率变化

降低越明显。狗牙根的净光合速率变化幅度不大，而紫花苜蓿的减小趋势显著。表明在外部条件基本一致的情况下，狗牙根净光合速率受坡度胁迫的影响小于紫花苜蓿。

（3）不同坡度下先锋物种气孔导度的变化。

气孔是植物体具有复杂调节功能的器官，既是光合作用吸收空气中 CO_2 的入口，也是水蒸气逸出叶片的主要出口，在控制碳的吸收和水分损失的平衡中起着关键作用（蒋高明等，2004）。气孔导度表示气孔开张程度，在一定程度上反应了植物体内的代谢状况，气孔导度越大，其交换能力越强。在不同坡度条件下，狗牙根和紫花苜蓿的气孔导度变化如图 5.17。狗牙根气孔导度变动范围为 $0.12\sim0.16$ mol/$(m^2 \cdot s)$，随坡度变化基本无较大差异。紫花苜蓿气孔导度变化幅度远大于狗牙根，变化范围为 $0.28\sim0.48$ mol/$(m^2 \cdot s)$，气孔导度随坡度增大表现为先增大后减小，在 15° 时达到峰值，之后呈下降趋势。图线表明紫花苜蓿气孔对坡度变化更为敏感，狗牙根气孔则基本不受坡度影响。

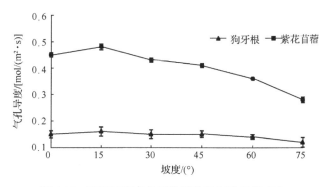

图 5.17　不同坡度条件下先锋物种气孔导度变化

（4）坡度对先锋物种蒸腾速率的影响。

蒸腾速率指植物在单位时间、单位叶面积通过蒸腾作用散失的水量，他反映了水分在植物体内的运转状况。研究植物的蒸腾作用对了解植物的生命活动过程及植物与环境之间的相互作用有重要意义（罗永忠等，2001）。从图 5.18 可以看出，随着坡度的变化，狗牙根的蒸腾速率在 $2.3\sim2.8$ mmol/$(m^2 \cdot s)$ 变化，紫花苜蓿的蒸腾速率在 $6.9\sim8.2$ mmol/$(m^2 \cdot s)$ 之间变化。狗牙根和紫花苜蓿的蒸腾速率都随坡度增大表现出一定幅度的减小，且紫花苜蓿减小趋势略大于狗牙根。紫花苜蓿蒸腾速率受到坡度胁迫的抑制影响开始于 15°，并呈现为坡度越大降低程度越显著，而狗牙根则在 45° 以上才出现明显的受抑制现象。不同坡度条件下，狗牙根和紫花苜蓿蒸腾速率的变化趋势与气孔导度的变化趋势表现出一致性。这是因为蒸腾速率的大小与气孔导度密切相关，植物通过调节气孔开闭程度来影响叶片蒸腾速率。植物叶面部分气孔关闭或缩小，导致气孔导度变小，蒸腾速率降低。结果表明，狗牙根和紫花苜蓿的蒸腾速率都受到坡度变化的影响，但具有一定的适应能力。

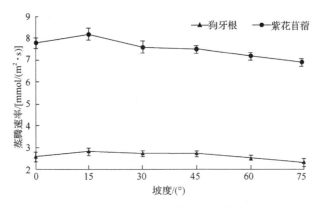

图 5.18　不同坡度条件下先锋物种蒸腾速率变化

（5）坡度对先锋物种胞间 CO_2 浓度的影响。

植物光合作用需要 CO_2 的参与，细胞间 CO_2 浓度直接关系着光合作用的能力（陈芳清等，2004）。胞间 CO_2 浓度的大小取决于 4 个可能变化的因素：叶片周围空气的 CO_2 浓度、气孔导度、叶肉导度和叶肉细胞的光合活性（陈根云等，2010）。从图 5.19 可以看出，在坡度为 $15°$ 时，狗牙根与紫花苜蓿胞间 CO_2 浓度均为最小值，分别为 234 μmol/mol 和 346 μmol/mol。随着坡度增大，胞间 CO_2 浓度都表现为增大趋势，在坡度为 $75°$ 时达到最大值，分别为 261 μmol/mol 和 431 μmol/mol。狗牙根胞间 CO_2 浓度受坡度胁迫影响，变化值明显小于紫花苜蓿。胞间 CO_2 浓度的变化是外界的补给和光合作用消耗共同作用的结果（杨泽粟等，2014）。本实验中，狗牙根和紫花苜蓿气孔导度和净光合速率均随坡度增加先增大后减小，致使环境中 CO_2 进入叶肉细胞的量减少，光合作用利用的 CO_2 量也减少。两者共同作

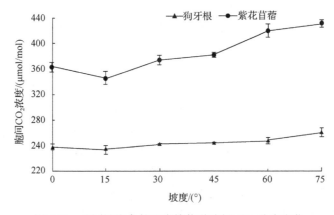

图 5.19　不同坡度条件下先锋物种胞间 CO_2 浓度变化

用下，狗牙根和紫花苜蓿胞间 CO_2 浓度表现为随着坡度增加先减小后增大，说明在坡度影响下，狗牙根和紫花苜蓿胞间 CO_2 浓度的变化主要归因于净光合速率的变化。

通过以上不同坡度条件下先锋物种生长状况和光合参数的模拟试验结果，可以看出，随着坡度的增加，狗牙根和紫花苜蓿的盖度都呈现山下降的趋势，表明两种植物的生长都受到坡度胁迫的影响。坡度为 15° 时，狗牙根和紫花苜蓿的生理指标达到最优值，表明适当的坡度条件在一定程度上有利于植物的生长。坡度的持续增大，对植物的胁迫作用增强。随着坡度的增加，狗牙根和紫花苜蓿的光合色素、净光合速率、气孔导度和蒸腾速率都表现出先增加后减少的趋势，胞间 CO_2 浓度则表现为先减少后增加。狗牙根和紫花苜蓿对坡度胁迫的响应趋势基本相同，但响应程度并不一致。随着坡度的增大，紫花苜蓿的光合生理特性变动趋势极显著；狗牙根的净光合速率、气孔导度、蒸腾速率和胞间 CO_2 浓度变化趋势则较平缓，维持在一定的水平，即使严重的坡度胁迫下，也能保持较高的光合速率，对坡度变化的敏感性小于紫花苜蓿。从适应性角度考虑，狗牙根能更好地适应坡度变化，紫花苜蓿则不适合在高陡边坡植被生态修复工程中使用。

2. 水泥含量对先锋物种光合生理特性的影响研究

在植被混凝土生态防护技术中，如何科学地确定基材中的水泥含量是一个关键技术问题。植被混凝土中水泥含量的增加有利于增强边坡防护功能，但也会对植物种子萌发、幼苗定居与生长等产生影响，进而影响植被群落的恢复与重建。本节以黑麦草、狗牙根、紫花苜蓿和高羊茅四种先锋物种为研究对象，设置 0%、4%、8%、12%、16% 共 5 个植被混凝土水泥含量梯度，其中 0% 为对照组，每个梯度做 5 次重复，通过控制实验研究水泥含量对先锋物种光合生理特性的影响。测定并记录先锋物种在不同水泥含量条件下种子萌发、植株生长状况和光合参数等指标的变化情况，揭示植被混凝土基材中水泥含量对先锋植物种子萌发和幼苗定居的生态效应，以及对植株生物量及光合特性的影响。

1) 水泥含量对先锋物种种子萌发的影响

种子萌发率指在规定天数内发芽的种子数占测试种子总数的百分比。萌发行为的变异是植物对生物与非生物环境可预测性的一种功能性响应，萌发的时间与水平不仅强烈地影响着物种建植成功的可能性及其在环境中的地理分布，而且对于促进群落中的物种共存起到关键作用(许静，2014)。种子播种后第二天即开始进行种子萌发率的测试，每天早上记录萌发的种子个数，统计持续一个月(种子基本上都长出)，由统计所得数据计算各水泥含量对应的种子萌发率。四种植物种子萌发率情况见图 5.20，随着水泥含量的上升，四种植物种子萌发率呈总体下降的趋势。当水泥含量高于 8% 时，黑麦草和狗牙根种子萌发率出现急速下降。说明水泥的加入，对四种植物种子萌发有抑制作用，且当水泥含量超过 8% 时，抑制作用增大。

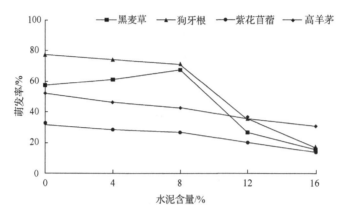

图 5.20 不同水泥含量对植物种子萌发的影响

不同水泥含量的植被混凝土除了影响植物种子的萌发率外，还延缓了种子初始萌发时间，降低了种子的萌发速率。以狗牙根种子萌发为例（见图 5.21），水泥含量为 0%、4% 和 8% 时，狗牙根种子初始萌发时间为播种后第 2 天，且三个处理组种子萌发率随时间变化趋势较一致，最终萌发率分别为 71.2%、74% 和 77.2%。当水泥含量为 12% 和 16% 时，狗牙根种子初始萌发时间为播种后第 4 天，种子萌发率也明显降低，最终萌发率分别为 35.2% 和 16.8%。说明水泥含量过高，不仅显著降低狗牙根种子萌发率，还使狗牙根种子初始萌发时间明显延后。

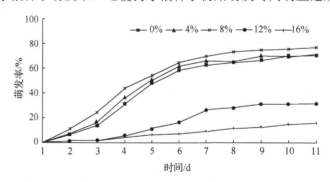

图 5.21 不同水泥含量对狗牙根种子萌发率随时间变化的影响

幼苗成活率是指在种子萌发过程中成活的种子数量占总量的百分比。不同水泥含量下四种植物的幼苗成活率情况见图 5.22。在水泥含量为 0% 时，狗牙根和黑麦草幼苗成活率较高，分别为 98.6% 和 62.8%，而随着水泥含量的增加，两种植物的幼苗成活率均下降较明显，当水泥含量为 16%时，狗牙根幼苗成活率为 31.6%，黑麦草幼苗成活率为 25.4%。紫花苜蓿和高羊茅幼苗成活率随水泥含量增加变化不明显，变化范围分别为 26.3%~32.9%和 41.8%~51.9%。在水泥含量低于 12%时，四种植物中狗牙根幼苗成活情况最好，幼苗成活率不低于 57.5%。说明植被混凝土中水泥的加入，对黑麦草和狗牙根的幼苗成活率有着明显的负面影响，对紫花苜蓿和高羊茅幼苗成活率则影响不明显。

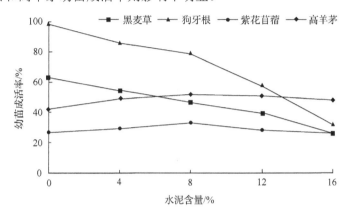

图 5.22　不同水泥含量对植物幼苗成活率的影响

2)水泥含量对先锋物种生长状况的影响

为比较水泥含量对先锋物种生长状况的影响，对实验结束时成活的各植物生长高度进行了测量，得到黑麦草、狗牙根、紫花苜蓿和高羊茅植株高度随水泥含量变化如图 5.23。狗牙根、紫花苜蓿和高羊茅植株高度随着植被混凝土中水泥含量的上升变化显著，呈现"n"形曲线，峰值均出现在水泥含量为 8%时。水泥含量低于 8%时，狗牙根、紫花苜蓿和高羊茅长势较好，植株高度最大值分别为 10.48cm、11.22cm 和 9.36cm。水泥含量超过 8%时，植株高度出现明显下降，当水泥含量超过 12%时，植株高度下降幅度变缓，水泥含量为 16%时，狗牙根、紫花苜蓿和高羊茅植株高度分别降为 3.50cm、3.56cm 和 4.21cm。而黑麦草植株高度随着水泥含量增加变化不明显，植株高度变化范围为 2.61~4.33cm，且最大值出现在水泥含量为 8%时。结果表明，黑麦草植株高度对水泥含量不敏感，狗牙根、紫花苜蓿和高羊茅植株高度受水泥含量影响较显著，水泥含量超过 8%时，对黑麦草、狗牙根、紫花苜蓿和高羊茅植株的生长均表现为胁迫性，当水泥含量超过 12%时，胁迫差异不明显。

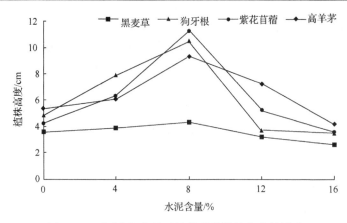

图 5.23　不同水泥含量对植物幼苗植株高度的影响

不同水泥含量下黑麦草、狗牙根、紫花苜蓿和高羊茅的生物量变化情况见表 5.1。四种植物生物量均受水泥含量显著影响。水泥含量小于 8%时，狗牙根、紫花苜蓿和高羊茅的总生物量、地上生物量和地下生物量均随水泥含量的增加而增大，当水泥含量大于 8%时，三种植物总生物量、地上生物量和地下生物量均随水泥含量增加而减小。黑麦草总生物量和地上生物量随水泥含量增加也表现为先增大后减小，水泥含量为 8%时总生物量和地上生物量出现最大值，水泥含量小于 12%时地下生物量在 1.095~1.172mg 范围内出现波动，水泥含量继续增大至 16%时，黑麦草地下生物量减小为 0.762mg。结果表明，植被混凝土中合理的水泥掺入量对四种植物的生物量变化没有负面影响，而水泥含量超过 8%将不利于四种植物生物量的积累。

表 5.1　不同水泥含量下四种植物生物量变化情况

植物	水泥含量/%	总生物量/mg	地上生物量/mg	地下生物量/mg
黑麦草 （*Lolium perenne*）	0	2.869 ± 0.242cd	1.695 ± 0.507cd	1.173 ± 0.134a
	4	3.385 ± 0.324b	2.263 ± 0.107b	1.122 ± 0.121b
	8	4.055 ± 0.355a	2.960 ± 0.134a	1.095 ± 0.163bc
	12	3.069 ± 0.186c	1.913 ± 0.281bc	1.156 ± 0.724ab
	16	2.234 ± 0.899e	1.472 ± 0.532e	0.762 ± 0.355d
狗牙根 （*Cynodon dactylon*）	0	3.424 ± 0.146c	2.574 ± 0.112c	0.850 ± 0.034c
	4	6.728 ± 0.259b	4.844 ± 0.201b	1.884 ± 0.072b
	8	11.556 ± 0.457a	8.008 ± 0.399a	3.548 ± 0.227a
	12	2.536 ± 0.104d	1.666 ± 0.104d	0.870 ± 0.061c
	16	1.936 ± 0.091e	1.144 ± 0.091e	0.792 ± 0.059c

续表

植物	水泥含量/%	总生物量/mg	地上生物量/mg	地下生物量/mg
紫花苜蓿 （Medicago sativa）	0	0.653 ± 0.153d	0.384 ± 0.162e	0.269 ± 0.116d
	4	0.873 ± 0.233c	0.528 ± 0.145c	0.345 ± 0.331c
	8	1.802 ± 0.340a	1.164 ± 0.268b	0.638 ± 0.402a
	12	1.167 ± 0.268b	0.802 ± 0.324b	0.365 ± 0.356b
	16	0.699 ± 0.188e	0.432 ± 0.385d	0.267 ± 0.182e
高羊茅 （Festuca arundinace）	0	3.836 ± 0.400e	2.613 ± 0.611d	1.223 ± 0.133d
	4	5.047 ± 0.919d	3.692 ± 0.181d	1.355 ± 0.614c
	8	8.968 ± 0.256a	5.946 ± 0.251a	3.022 ± 0.595a
	12	7.487 ± 0.423b	4.985 ± 0.532b	2.502 ± 0.553b
	16	7.139 ± 0.144c	4.765 ± 0.373bc	2.374 ± 0.614b

注：表中同一列相同字母表示相互间在 0.05 水平差异不显著，不同字母表示相互间在 0.05 水平差异显著，下同。

根冠比即植物地下部分和地上部分生物量的比值，体现了植物体光合作用产物的分配，被作为计算光合产物向植物地下部分分配的依据，反映植物对土壤养分、水分及光照的需求和竞争能力。在植物生长期，会通过促进地下部分根系生长，从而促进地上部分茎与叶的生长量，导致根冠比增大。由图 5.24 可以看出，随着水泥含量的递增，对四种植物根冠比所产生的影响差异性显著。其中狗牙根根冠比随着水泥含量的增加逐渐增大，紫花苜蓿和高羊茅根冠比随着水泥含量的增加先减小后增大，说明狗牙根、紫花苜蓿和高羊茅对掺入水泥后的胁迫环境具有一定的适应性，通过调节根系生物量来吸收更多的营养促进植株生长。黑麦草根冠比随水泥含量的增加波动较大，对水泥影响较敏感。

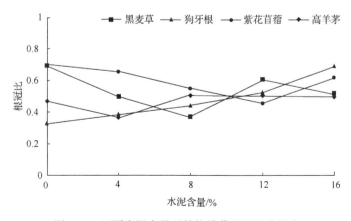

图 5.24　不同水泥含量对植物幼苗根冠比的影响

3)水泥含量对先锋物种光合参数的影响

光合作用参数的测定:于每个测定日上午 9:00 测定,分别选取上部生长状况相对较好的成熟叶片,用 Li-6400 便携式光合测定仪测定净光合速率、气孔导度、蒸腾速率和胞间 CO_2 浓度等参数,每次处理重复测定 5 株。每次测定时各项仪器指标设置一致,光照强度均为 1000 μmol/(m^2·s),温度为 22℃。

(1)不同水泥含量条件下先锋物种净光合速率的变化。

如图 5.25,随着水泥含量的持续变化,四种植物净光合速率表现不尽相同。狗牙根的净光合速率随水泥含量的增加下降趋势较平缓,黑麦草净光合速率在水泥含量增加至 4%时下降明显,之后随水泥含量增加下降趋势趋于平缓。紫花苜蓿和高羊茅净光合速率随水泥含量增加波动较大,对水泥含量较敏感。在各水泥含量下,狗牙根和黑麦草净光合速率均高于紫花苜蓿和高羊茅,说明狗牙根和黑麦草固定 CO_2 的能力更优,且受水泥含量胁迫的影响小于紫花苜蓿和高羊茅。

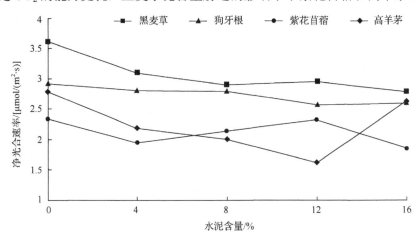

图 5.25　不同水泥含量对植物净光合速率的影响

(2)不同水泥含量条件下先锋物种气孔导度的变化。

随着水泥含量的增加,四种植物的气孔导度变化均有一定程度的波动(见图5.26)。黑麦草和紫花苜蓿气孔导度表现为随水泥含量的增大先增大后减小,水泥含量为 8%时气孔导度出现最大值,分别为 0.006μmol/(m^2·s)和 0.009μmol/(m^2·s)。狗牙根气孔导度较低且变化幅度不大,变化范围 0.0015~0.004μmol/(m^2·s)。高羊茅气孔导度变化幅度最大,最大值为 0.021μmol/(m^2·s),最小值为0.002μmol/(m^2·s)。在水泥含量逐渐增大的胁迫环境下,植物一方面需要开启气孔吸收空气中 CO_2 进行光合作用,另一方面需要关闭气孔防止水分散失,植物对气孔开合的需求矛盾导致了气孔导度的波动。结果表明,四种植物的气孔导度均受植被混凝土中掺入水泥的影响,其中狗牙根气孔导度所受影响最小,高羊茅气孔导度对水泥含量的变化最敏感。

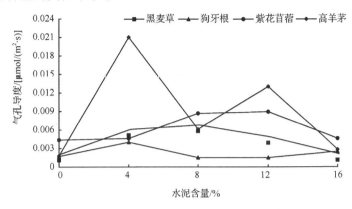

图 5.26　不同水泥含量对植物气孔导度的影响

(3)不同水泥含量条件下先锋物种蒸腾速率的变化。

不同水泥含量条件下，四种植物蒸腾速率变化如图 5.27。黑麦草和狗牙根蒸腾速率较低，且随水泥含量的增加变化不明显。紫花苜蓿和高羊茅蒸腾速率随水泥含量的增加波动较大，且差异显著，说明水泥的掺入对黑麦草和狗牙根的蒸腾速率胁迫作用不明显，而水泥含量的持续增大对紫花苜蓿和高羊茅的蒸腾速率有负面影响，胁迫作用明显。

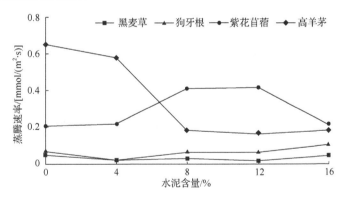

图 5.27　不同水泥含量对植物蒸腾速率的影响

(4)不同水泥含量条件下先锋物种胞间 CO_2 浓度的变化。

随着水泥含量的增加，四种植物的胞间 CO_2 浓度变化如图 5.28。四种植物的胞间 CO_2 浓度随水泥含量增加均发生了显著变化，变化趋势各不相同，但各水泥含量下的胞间 CO_2 浓度均小于水泥含量为 0%时。说明水泥的掺入对四种植物胞间 CO_2 浓度有显著负面影响。

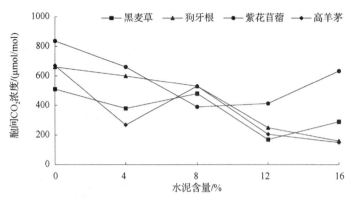

图 5.28 不同水泥含量对植物胞间 CO_2 浓度的影响

通过对不同水泥含量条件下，四种植物种子萌发、生长状况和光合参数的试验分析可以发现，水泥的掺入对四种植物的种子萌发率和成活率均有显著抑制作用，而且还推迟了种子萌发的初始时间。水泥含量高于 8% 时，对四种植物的植株高度、生物量均表现出明显胁迫性。在水泥含量持续增加的条件下，黑麦草和狗牙根的净光合速率较高，且净光合速率、气孔导度、蒸腾速率和胞间 CO_2 浓度变化趋势较平缓；紫花苜蓿和高羊茅的光合生理特性变化不一致，但变化趋势极显著。黑麦草和狗牙根对水泥的掺入敏感性小于紫花苜蓿和高羊茅，即黑麦草和狗牙根能更好地适应掺入水泥后的干旱和碱胁迫环境，更适合在植被混凝土生态防护工程中使用。

3. 水分含量对先锋物种光合生理特性的影响研究

干旱作为植被生态修复工程中对植物胁迫最重要的因素之一，先锋植物的抗旱性强弱直接关系到其是否适用于修复工程。植物的抗旱性是指植物在水分胁迫条件下，体内细胞在结构、生理及生化上发生一系列适应性改变后，最终在植株形态和产量上的集中表现(刘慧佳，2006)，也是植物在干旱条件下的生存能力，以及在干旱解除以后迅速恢复的能力(李合生等，2002)。开展不同程度的干旱胁迫对先锋物种个体影响的模拟实验，定量分析先锋物种对干旱胁迫的响应与适应，可为评价先锋物种的抗旱性提供科学依据。

本节以铺地榕为例进行相关研究介绍。从野外采集铺地榕带回棚内进行盆栽，所有植株均放在植物实验大棚内，定期浇水，予以正常的管理，让其自然生长。栽培一个月后，选取生长良好且较相近的植株，分组采取控制盆栽植物的土壤含水量法(控水法)进行不同程度干旱胁迫处理(郭连生等，1992；陈立松等，1998；王明怀等，2005)。采取水分自然下降的方法进行干旱处理，依次使土壤含水量分别达到田间持水量的 60%~65%(轻度干旱胁迫，light drought)、45%~50%(中度干旱胁迫，moderate drought）、30%~35%（重度干旱胁迫，heavy drought）的胁迫范围。另外，每种处理设 1 盆未种苗对照，用来估算土壤的水分蒸发量。全部达到设定土壤含水量条件时进行一次活体光响应曲线测定。各区组内的栽植盆每 3 日依次调换一次位置，以减小边缘效应。

实验开始每组每日称重补水保持土壤含水量，并记录叶片生长情况（新叶、全展成熟叶、枯叶）。每两日在固定时段（9：00~12：00）选取相同生长部位生长状况叶片，利用 Li-6400 便携式光合测定仪进行光合作用气体交换参数测定。测定时温度为 25℃，CO_2 浓度为 390 μmol/mol，有效光辐射为 1100 μmol/(m²·s)。每次测定每组随机选取 5 钵，每钵选一片叶片进行测定。处理至严重干旱胁迫条件下的植株表现枯萎，进行第二次活体光响应曲线测定，并取新鲜植株测量生化指标。

处理结束，将不同水分处理后的所有植株整盆全部挖出，洗净并收集断根，吸干表面水分，分别称根、茎、叶的鲜重。装入牛皮纸袋，置入烘箱中，在 105℃下杀青 10min，70℃下烘干至恒重（8~10h），称其根、茎、叶的干重。计算生物量（植株总重）、根生物量比（根重/植株总重）、茎生物量比（茎重/植株总重）和叶生物量比（叶重/植株总重）。

1）土壤含水量对先锋物种形态学指标的影响

通过控制实验，对不同土壤含水量下铺地榕各形态学指标进行测定，结果如表 5.2。铺地榕的根、茎、叶和总生物量均随着土壤含水量的降低呈现减少趋势。根生物量比、茎生物量比、叶生物量比反映了生物量在根、茎、叶 3 种器官之间分配的比例。铺地榕根、茎、叶生物量比的情况如图 5.29 所示。在土壤水分严重干旱的条件下，叶生长受到限制，叶生物量较低，叶生物量占总生物量的比例也较小，仅占 23.3%。在干旱胁迫的条件下，茎生物量占总生物量的比例随着土壤水分的增加而增加，重度干旱时为最小值 17.1%，轻度干旱时为最大值 33.9%。根生物量占总生物量的比例与茎的变化相反，轻度干旱时为 43.9%，重度干旱时达到最大值 59.6%，表明随干旱胁迫的加剧，植物通过根系生长，从土壤中吸收更多水分来抵御干旱。

表 5.2　不同土壤含水量下铺地榕生物量变化情况

水分处理/%	总生物量/(g/pot)	根干重/(g/pot)	茎干重/(g/pot)	叶干重/(g/pot)
CK	7.543±0.788	4.041±1.232	2.042±0.791	1.460±0.339
LD	6.052±0.579	2.659±0.778	2.050±0.621	1.343±0.340
MD	4.260±0.422	2.582±0.619	0.816±0.278	1.110±0.462
HD	3.698±0.672	1.996±0.982	0.591±0.363	0.861±0.370

注：CK、LD、MD、HD 分别表示 4 种水分处理，即正常水分 CK、轻度干旱胁迫 LD、中度干旱胁迫 MD、重度干旱胁迫 HD，下同。

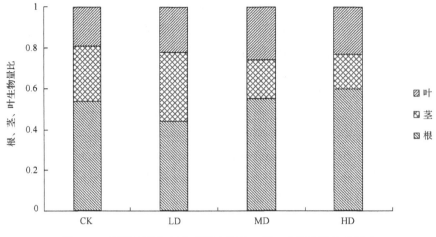

图 5.29 不同土壤含水量对铺地榕根、茎、叶生物量比的影响

2)土壤含水量对先锋物种光合参数的影响

在干旱地区，土壤水分胁迫是影响植物光合作用的重要因素，他可通过气孔导度间接影响植物光合作用，也可直接影响叶肉细胞的光合能力。许多研究已证明，植物在土壤水分胁迫下的光合生理反应及适应机理是探讨植物抗旱性的重要依据。通过对铺地榕的光合特性进行研究，分析其在不同土壤水分条件下的光合、蒸腾、气孔调节等生理特性，可以为全面了解铺地榕的抗旱性提供理论依据。

(1)不同土壤水分条件下先锋物种叶绿素的变化。

不同土壤水分条件下铺地榕叶绿素的变化如图 5.30。随水分胁迫加剧，叶绿素 a、叶绿素 b 和总叶绿素含量均呈升高的趋势。叶绿素 a 在轻、中、重度水分

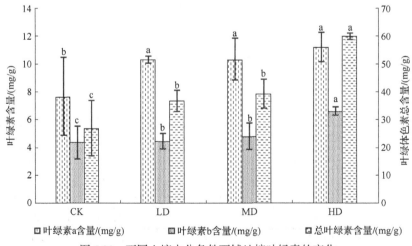

图 5.30 不同土壤水分条件下铺地榕叶绿素的变化

图中相同字母表示相互间在 0.05 水平差异不显著，不同字母表示相互间在 0.05 水平差异显著，下同

胁迫处理下无显著差异，显著高于正常水分处理组。叶绿素 b 及总叶绿素含量则
为轻度水分胁迫处理、中度水分胁迫处理两组无显著差异，并显著高于正常水分
组、低于重度水分胁迫处理组。

(2)不同土壤水分条件下先锋物种光响应曲线。

植物的光响应曲线是光合作用随着光照强度改变的系列反应曲线，通过曲线
可以计算出光补偿点和光饱和点等，可判定植物的光合能力的大小。从处理初始
及结束时不同干旱处理对不同光强响应如图 5.31。随光照强度的增大，各组的净
光合速率均逐渐升高。处理初始(即各土壤水分含量达到设置梯度)时各组在有效
光辐射达到约 1100μmol/(m²·s)后，净光合速率不再有明显升高，且 CK 组呈下降
趋势。处理结束时各组在有效光辐射达到 1000μmol/(m²·s)后，净光合速率的增大
停止，且 CK、LD、MD 三组均有下降趋势。由此推断，初始时各组的光饱和点
约为 1100μmol/(m²·s)，结束时约为 1000μmol/(m²·s)。各组的光补偿点在处理前
后没有明显的变化，均在 20~30μmol/(m²·s)。

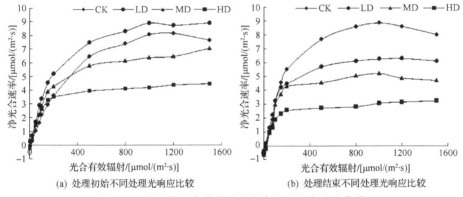

图 5.31　铺地榕对水分胁迫的光合生理生态响应曲线

在对不同强度的有效光辐射响应中，各组在处理初始及结束时所达到的最大
净光合速率 P_{max} 如表 5.3。各组处理结束时对不同强度有效光辐射响应中所达到
的最大净光合速率均有不同程度的下降。

表 5.3　处理初始、结束最大净光合速率比较

	CK	LD	MD	HD
处理初始 P_{max}/[μmol/(m²·s)]	8.108±0.468	8.926±0.692	7.088±1.329	4.453±0.974
处理结束 P_{max}/[μmol/(m²·s)]	7.868±1.003	5.696±0.486	4.698±0.628	2.916±0.841

(3)不同土壤水分条件下先锋物种净光合速率的变化。

随着土壤水分条件的持续变化，各组净光合速率表现不尽相同(图 5.32)。正
常水分组及轻度干旱组在整个过程中没有明显的变化趋向性；中度干旱、重度干
旱两组则分别随着干旱胁迫的持续，净光合速率不断减小，至处理结束时重度干

旱组净光合速率甚至趋于零。整个处理过程中重度干旱组净光合速率始终最低。

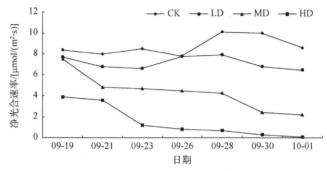

图 5.32 净光合速率的动态变化

(4)不同土壤水分条件下先锋物种气孔导度的变化。

随着土壤水分条件的持续变化，各组间气孔导度的变化差异比较明显（图 5.33）。正常水分组及轻度干旱组均呈先下降后上升的趋势且波动较大；中度干旱、重度干旱两组则在不同程度上总体呈现下降趋势；重度干旱胁迫组相较其他三组变幅最小。

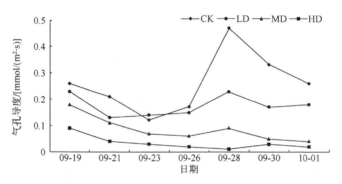

图 5.33 气孔导度的动态变化

(5)不同土壤水分条件下先锋物种蒸腾速率的变化。

随着土壤水分条件的持续变化，各组间蒸腾速率的变化波动明显（图 5.34）。正常水分组总体变化成双峰型，在处理过程的中间段降低而后期又呈上升趋势，轻度干旱组与之相近亦呈双峰变化曲线。中度干旱胁迫组无明显的变化走势，重度干旱胁迫组则总体呈下降趋势。

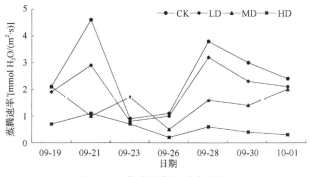

图 5.34　蒸腾速率的动态变化

（6）不同土壤水分条件下先锋物种水分利用效率的变化。

水分利用效率是净光合速率和蒸腾速率的比值，净光合速率和蒸腾速率的变化及其变化速率都会影响水分利用效率的大小。从图 5.35 看出，正常水分和轻度干旱两组水分利用效率总体变化呈单峰状；中度干旱和重度干旱两组则总体呈下降走势，其水分利用效率较正常水分组和轻度干旱胁迫组低，至处理结束尤为明显。

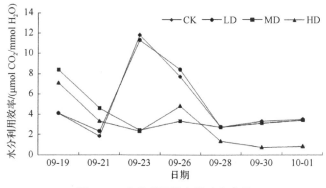

图 5.35　水分利用效率的动态变化

3）土壤含水量对先锋物种理化指标的影响

不同土壤水分条件下铺地榕丙二醛、脯氨酸及可溶性糖的变化如表 5.4。随着土壤水分含量降低，丙二醛与可溶性糖的含量变化均呈上升趋势。各组间丙二醛含量差异显著，其中轻度干旱组的丙二醛含量比正常水分组增加 27.51%，达到显著性差异；中度干旱组和重度干旱组的丙二醛含量分别是正常水分组的 1.48 倍和 2.25 倍，均有显著差异。脯氨酸含量随土壤干旱的加剧而增加，其中轻度干旱组和中度干旱组分别是正常水分组的 1.07 倍和 1.14 倍，与正常水分组在 0.01 水平无显著差异，重度干旱组与其他三组差异显著。正常水分组和轻度干旱组间可溶性糖无显著差异，并显著低于中度干旱组和重度干旱组。

表 5.4　水分胁迫对铺地榕丙二醛、脯氨酸及可溶性糖影响

水分处理/%	丙二醛/(mg/g)	脯氨酸/(mg/g)	可溶性糖/(μg/g)
CK	28.872±2.684d	0.028±0.003b	0.243±1.952b
LD	36.817±5.702c	0.030±0.001b	0.295±0.175b
MD	42.753±10.369b	0.032±0.001b	0.411±0.323a
HD	64.987±5.429a	0.071±0.002a	0.412±0.172a

　　水分作为植物必需的环境因子之一，对植物生长发育有极其重要的影响。铺地榕的根、茎、叶和总生物量均随着土壤水分的降低呈现减少趋势。在土壤水分严重干旱的条件下，不仅叶、茎生长受到限制，叶、茎生物量较低，叶、茎生物量占总生物量的比例也同样最小，分别仅占 23.3%、17.1%。根生物量占总生物量的比重与叶、茎的变化相反，重度干旱时最大，为 59.6%，这表明随土壤水分干旱胁迫的加剧，植物通过增长根系的生物量以从土壤中吸收更多水分来抵御干旱。干旱使铺地榕地上部分与地下部分生长同时减弱，但两部分减弱程度有所差异。在水分缺乏的条件下，维系根系的生长有利于保证植物充足地供应水分，并且有利于遗传调控(O'Toole，1987)。

　　铺地榕经过不同程度干旱胁迫处理后光饱和点均有所下降，光合能力的大小对其生长状态有着显著的影响。从不同土壤水分条件下净光合速率的变化曲线来看，整个处理过程中重度干旱组净光合速率值始终是最低的，表明水分的缺失对铺地榕的光合能力有着极为不利的影响。气孔是控制 CO_2 和 H_2O 进出植物体的门户，是植物与外界进行气体交换和水分蒸腾的通道。气孔导度的大小直接影响 CO_2 和 H_2O 通过的速率，并间接影响到植物的光合、蒸腾、水分利用效率和其他生理活动(尉秋实，2004)。从不同土壤水分条件下气孔导度的变化曲线来看，长时间的干旱胁迫导致铺地榕对环境因子响应的敏感性降低，这与植物长期在干旱胁迫下植株叶片过早衰老，降低了叶片对外界反应的敏感度及反应幅度的研究结果一致(康才周，2006)。水分利用效率表征了植物体本身蒸腾耗水量的利用能力。在干旱胁迫的初始阶段，中度和重度组的水分利用效率比正常水分组和轻度干旱组高，随后呈持续下降趋势并低于正常水分组和轻度干旱组，这可能与干旱胁迫后期中、重度干旱组植株生命表征总体下降有关。

　　随水分胁迫加重，铺地榕叶绿素 a、叶绿素 b 及总叶绿素含量均呈升高的趋势。干旱胁迫使铺地榕叶片中叶绿素含量逐渐升高，可能是对叶面积减小的一种补偿(李俊庆，2004)。干旱不仅引起铺地榕植物叶片色素含量增大，而且还导致铺地榕膜脂过氧化产物丙二醛、可溶性糖和渗透调节物质脯氨酸含量增加，致使细胞膜脂过氧化加重、膜透性增大(杨云富，2008)。铺地榕丙二醛、脯氨酸和可溶性糖含量均随土壤干旱的加剧而增加以进行渗透调节，从而抵抗干旱对细胞膜的损伤(杨书运等，2007)。

在向家坝水电工程扰动区特殊的立地条件上，先锋物种需在贫瘠、干旱的环境中繁殖、扩散。铺地榕繁殖、竞争能力强，作为初步筛选的先锋物种，对于干旱胁迫有其独特的适应机制。不同干旱条件下的铺地榕在短期内依赖自身的调节，如调节生物量、各营养器官比重、光合速率、气孔导度、蒸腾速率以及渗透性物质来适应干旱胁迫环境，但需注意的是其抗旱能力的持续性较差，必须定期给水以保证其生长繁衍。

4.优势物种光合生理特性研究

在抗逆性研究的基础上，针对向家坝水电工程扰动区优势物种开展光合生理特性研究。紫花苜蓿因受坡度胁迫影响较大，在高陡坡度条件下各光合参数极度下降，不适合在高陡坡面植被生态修复中使用。在 2008 年 5 月中旬、10 月中旬，在向家坝水电站工程扰动区选取长势良好的 3 种优势灌木植物和 6 种优势草本植物，利用 Li-6400 便携式光合测定仪分别对其单叶片光合速率、蒸腾速率、胞内 CO_2 浓度等进行活体测定，每种植物重复测定 5 株。测定时设定光强为 1000 $\mu mol/(m^2 \cdot s)$，温度为 30℃，CO_2 浓度为 370 $\mu mol/mol$，光合生理测定时间为晴天上午的 9 点至 12 点。同时记录光合有效辐射、空气温度、叶面温度、空气 CO_2 浓度、空气相对湿度、叶面相对湿度等生理或生态因子指标。

2008 年 10 月还利用 Li-6400 便携式光合测定仪对 9 种植物光响应曲线、CO_2 响应曲线进行了测定。测定光响应曲线时温度为 30℃，CO_2 浓度为 390 $\mu mol/mol$，测定光强从 1500 $\mu mol/(m^2 \cdot s)$ 开始，依次降为 1200 $\mu mol/(m^2 \cdot s)$、1000 $\mu mol/(m^2 \cdot s)$、800 $\mu mol/(m^2 \cdot s)$、600 $\mu mol/(m^2 \cdot s)$、400 $\mu mol/(m^2 \cdot s)$、200 $\mu mol/(m^2 \cdot s)$、100 $\mu mol/(m^2 \cdot s)$、80 $\mu mol/(m^2 \cdot s)$、50 $\mu mol/(m^2 \cdot s)$、20 $\mu mol/(m^2 \cdot s)$、10 $\mu mol/(m^2 \cdot s)$、0 $\mu mol/(m^2 \cdot s)$。CO_2 响应曲线测定光强为 1200 $\mu mol/(m^2 \cdot s)$，温度为 30℃，利用 Li-6400-01 液化钢瓶控制叶室内 CO_2 浓度，依次在 1600$\mu mol/mol$、1200$\mu mol/mol$、1000$\mu mol/mol$、800$\mu mol/mol$、600$\mu mol/mol$、400$\mu mol/mol$、200$\mu mol/mol$、150$\mu mol/mol$、100$\mu mol/mol$、80$\mu mol/mol$ 的 CO_2 浓度时测定净光合速率；每个梯度重复记录 5 次。

1）先锋灌木的光合特性

（1）净光合速率对光照强度的响应。

通过对三种先锋灌木的光合生理特性测试，得到如图 5.36 所示的光响应曲线图。三种先锋灌木物种的净光合速率在低光强时均随光照强度的增加而迅速增加，但之后曲线的增长趋势逐渐变缓，除盐肤木渐趋于水平不再增长外，海桐和多花木蓝净光合速率在高光强时显现下降趋势。根据植物光响应曲线顶峰值所对应的有效光辐射强度(即光强)可推断各物种的光饱和点光强大小，将净光合速率为 0 $\mu mol/(m^2 \cdot s)$ 时对应的有效光辐射强度看做光补偿点。三种先锋灌木的光补偿点和光饱和点大小顺序均是多花木蓝>盐肤木>海桐，光补偿点均低于 30 $\mu mol/(m^2 \cdot s)$。

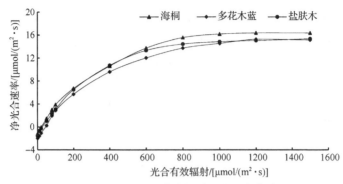

图 5.36 三种先锋灌木物种的光响应曲线

(2) 光合作用曲线参数变化规律。

选择胞间 CO_2 浓度小于 200 μmol/mol 的净光合速率和胞间 CO_2 浓度做直线回归，直线斜率为 CO_2 羧化效率，并计算 CO_2 补偿点。三种先锋灌木物种的 CO_2 羧化效率和 CO_2 补偿点变化规律如图 5.37。比较发现，海桐和盐肤木的 CO_2 羧化效率在 0.05 水平无显著性差异，但两者显著高于多花木蓝；CO_2 补偿点则相反，海桐和盐肤木无显著性差异，并显著低于多花木蓝。相对而言，多花木蓝有较高 CO_2 补偿点及较低 CO_2 羧化效率。

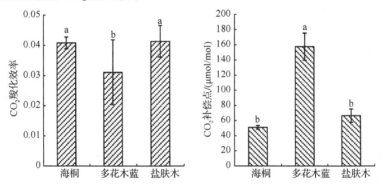

图 5.37 三种先锋灌木的 CO_2 羧化效率和 CO_2 补偿点
各组间有相同字母表示在 0.05 水平差异不显著性 ($P > 0.05$)，下同

(3) 先锋灌木物种光合水分生理特性。

三种先锋灌木在 5 月、10 月同等充足光照条件下的光合能力并无显著差异，净光合速率 5 月均高于 10 月 (图 5.38)。在固定光强 1000 μmol/(m²·s) 下，三种先锋灌木的净光合速率 5 月为多花木蓝>海桐>盐肤木；10 月为海桐>盐肤木>多花木蓝。三种先锋灌木的蒸腾速率 5 月均高于 10 月，且两次测量结果均显示，盐肤木显著高于多花木蓝和海桐。海桐和多花木蓝 5 月的水分利用率无显著差异，并显著高于盐肤木；三种先锋灌木 10 月的水分利用率差异显著，大小顺序依次为海桐>多花木蓝>盐肤木。

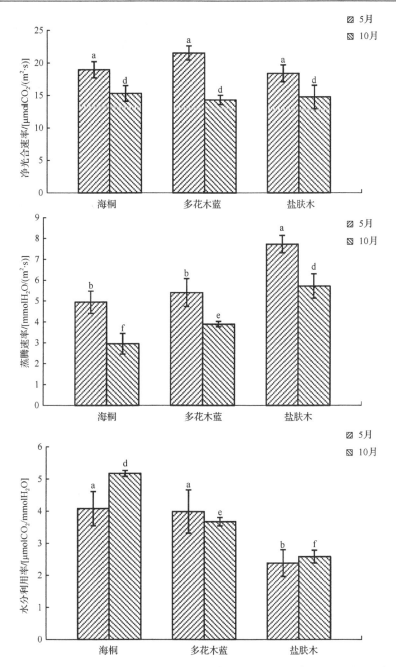

图 5.38　三种先锋灌木物种 5 月、10 月光合速率、蒸腾速率及水分利用效率

2)先锋草本的光合特性

(1)净光合速率对光照强度的响应。

在所设定的光强范围内，六种草本植物的光响应曲线如图 5.39，净光合速率在低光强时均随光照强度的增加而迅速增加，但之后曲线的增长趋势逐渐变缓，除葎草、狼尾草渐趋于水平不再增长外，鬼针草、黑麦草、狗牙根、竹叶草的净光合速率在高光强时均呈下降趋势。葎草、竹叶草光饱和点约为 1200 μmol/(m²·s)，狗牙根为 1100 μmol/(m²·s)，鬼针草为 1000 μmol/(m²·s)，黑麦草和狼尾草的光饱和点约为 800 μmol/(m²·s)。鬼针草、黑麦草、葎草的光补偿点约在 30 μmol/(m²·s) 左右，狼尾草、竹叶草和狗牙根分别约为 40 μmol/(m²·s)、50 μmol/(m²·s) 和 80 μmol/(m²·s)。

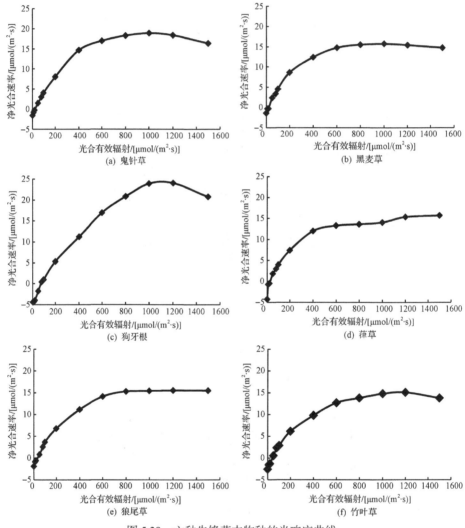

图 5.39　六种先锋草本物种的光响应曲线

(2)光合作用曲线参数变化规律。

六种先锋草本植物的 CO_2 羧化效率和 CO_2 补偿点变化规律如图 5.40。比较六

种先锋草本植物的 CO_2 羧化效率发现，狗牙根、狼尾草在 0.05 水平无显著性差异，并显著低于鬼针草、竹叶草及葎草，五种植物均显著低于黑麦草。CO_2 补偿点的变化呈相近趋势，狗牙根、狼尾草、竹叶草无显著性差异，并显著低于鬼针草和葎草，黑麦草显著高于其他五种。相对而言，六种草本中黑麦草有较高 CO_2 补偿点及较高 CO_2 羧化效率。

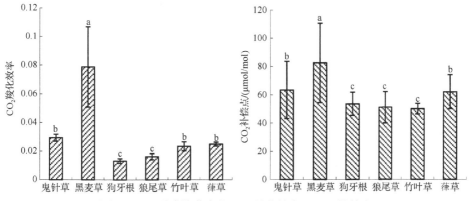

图 5.40　六种先锋草本的 CO_2 羧化效率和 CO_2 补偿点

（3）先锋草本物种光合水分生理特性。

在固定光强 1000 $\mu mol/(m^2 \cdot s)$ 下，六种先锋草本物种的净光合速率、蒸腾速率和水分利用率在 5 月、10 月均有不同程度的差异（见图 5.41）。从净光合速率来看，5 月鬼针草、竹叶草、葎草显著低于狗牙根，高于黑麦草和狼尾草；10 月则狼尾草、竹叶草、葎草显著低于狗牙根、鬼针草和黑麦草。狗牙根的净光合速率在 5 月、10 月皆显著高于其他五种草本植物。其中除黑麦草的净光合速率 10 月高于 5 月外，其他五种草本植物均是 5 月高于 10 月。从蒸腾速率来看，5 月狗牙根显著高于其他草本植物，而狼尾草显著低于其他草本植物，10 月黑麦草、狗牙根显著高于其他草本植物。除黑麦草的蒸腾速率 10 月高于 5 月外，其他五种草本植物均是 5 月高于 10 月。从水分利用率来看，5 月大小顺序依次为狼尾草>鬼针草>竹叶草>狗牙根>葎草>黑麦草，10 月则为葎草>鬼针草>狼尾草>竹叶草>狗牙根>黑麦草。各物种的水分利用率 10 月均大于 5 月。

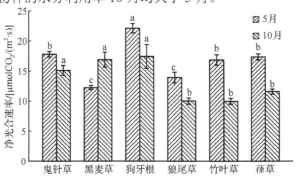

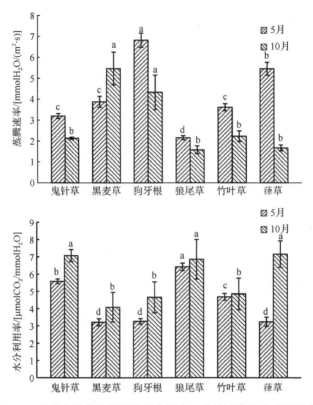

图 5.41　六种先锋草本物种净光合速率、蒸腾速率及水分利用率

3）优势物种光合生理特性

植物叶片的光饱和点与光补偿点反映了植物对光照条件的要求，分别体现了对强光和弱光的利用能力。光补偿点较低、光饱和点较高的植物对光环境的适应性较强，而光补偿点较高、光饱和点较低的植物对光照的适应性较弱（许大全，2002；武维华，2003）。阳生植物最大光合强度一般为 1000~1500 $\mu mol/(m^2 \cdot s)$，光补偿点为 50~100 $\mu mol/(m^2 \cdot s)$（蒋高明等，2004）。向家坝水电工程扰动区初选先锋物种中，三种先锋灌木光饱和点均较高，其中多花木蓝达到 1260 $\mu mol/(m^2 \cdot s)$，而三种灌木的光补偿点均在 30 $\mu mol/(m^2 \cdot s)$ 以内，说明这三种先锋灌木对强光和弱光环境的适应性较强。六种先锋草本光饱和点最大约为 1200 $\mu mol/(m^2 \cdot s)$，最低光补偿点约为 30 $\mu mol/(m^2 \cdot s)$，除黑麦草、狼尾草光饱和点约为 800 $\mu mol/(m^2 \cdot s)$ 略低，偏中生外，其他先锋草本具有喜阳、高光合能力的生理特性。同等光照条件下叶片的净光合速率在一定程度上可以反映该物种的光合能力强弱进而表明其生长状态。在 1000 $\mu mol/(m^2 \cdot s)$ 光强下，三种灌木的净光合速率 5 月在 18~22 $\mu mol/(m^2 \cdot s)$ 范围内，10 月在 14~16 $\mu mol/(m^2 \cdot s)$ 范围内；六种草本的净光合速率 5 月在 13~22 $\mu mol/(m^2 \cdot s)$ 范围内，10 月在 10~17 $\mu mol/(m^2 \cdot s)$ 范围内，均表现出较强

的光合能力。其中，黑麦草不同于其他种，其 10 月净光合速率高于 5 月，符合冷季型草坪草种生长生理规律。

九种先锋物种的 CO_2 补偿点在 50~150 μmol/mol 之间，其中海桐、盐肤木、竹叶草、狼尾草及狗牙根均较低，表明其在较低 CO_2 浓度下呼吸作用释放与光合作用吸收的 CO_2 即可达到平衡。在低浓度 CO_2 条件下，CO_2 浓度是光合作用的限制因子，而羧化效率受羧化酶活性和量限制，其值越大则表示该物种对 CO_2 利用越充分，有较高的光合速率(李合生等，2002)。三种灌木中，海桐、盐肤木 CO_2 羧化效率显著高于多花木蓝，而 CO_2 补偿点显著低于多花木蓝，说明海桐、盐肤木比多花木蓝具有更高的光合活性和生产力。六种草本植物的 CO_2 补偿点相比较，狗牙根、狼尾草、竹叶草在 0.05 水平无显著性差异并显著低于鬼针草及荸草，且五种植物均显著低于黑麦草。黑麦草有较高的 CO_2 羧化效率，在低浓度 CO_2 条件下有更强的同化能力、较高的光合速率。

水分利用率是植物物质生产和水分消耗之间关系的重要综合指标，不仅反应植物生理功能及其对环境的适应性，也是植物对环境水分条件响应的基础研究指标。蒸腾速率低、光合速率和水分利用率高是抗旱物种的特性之一。从蒸腾速率及水分利用率角度来看，海桐和多花木蓝蒸腾速率均显著低于盐肤木，水分利用率则均显著高于盐肤木，说明海桐和多花木蓝的水分利用能力相对盐肤木较强，对土壤含水量要求较低，抗旱性更强，其对干扰区水分亏缺退化地的适应能力更强。六种草本中鬼针草及狼尾草的蒸腾速率较低而水分利用率较高，说明其水分利用能力相对较强，较能适应干旱环境。

向家坝水电站工程扰动区的三种先锋灌木具有高光合能力和低光补偿点的特性，表明其对扰动区干旱、贫瘠的环境有一定的适应性，但适应程度有一定差异，海桐及盐肤木光合能力较多花木蓝强，且海桐对生境的光照条件、水分条件适应能力相对高于盐肤木和多花木蓝。由于干扰区的植被覆盖率低、土壤结构差、土壤干燥，这三种植物都能适应目前的生态环境，并能在恢复地保持较长时间优势种地位。六种先锋草本中，狗牙根具有高光合和高蒸腾速率的特点，生长速度快；狼尾草具有蒸腾速率低和水分利用率高的特点，能适应于干旱条件；黑麦草由于蒸腾速率高、水分利用率低，对干旱环境的适应能力相对较低；鬼针草和荸草具有蒸腾速率低和水分利用率高的特征，对干旱环境的适应能力强，而竹叶草的适应能力相比之下稍弱。

5.2.3　筛选结果

对向家坝水电工程扰动区 12 种初选物种进行深入甄选。通过研究发现，紫花苜蓿对坡度适应性较差，不适合在高陡坡面植被生态修复中使用。通过对不同水泥含量下先锋物种生理生态特性的研究发现，多花木蓝与狗牙根相较于其他植物能更好地适应植被混凝土中水泥含量的变化。灌木中海桐的耐旱性较强，草本植物中狼尾草、狗牙根、竹叶草的耐旱性较强。铺地榕虽未在样地中出现，但通过分析其对水分胁迫的适应机制，认为也可作为工程扰动区的候选耐旱配置物种。通过上述研究，筛选出向家坝水电工程扰动区植被生态修复先锋物种为：海桐、狼尾草、狗牙根、铺地榕和竹叶草。

5.3　物种配置模式

以向家坝工程扰动区物种配置模式为例，在上述先锋物种筛选结果的基础上，同时考虑到向家坝水电工程施工期间的陆生生态环境保护和水土保持措施以及工程扰动区主要扰动类型(岩质边坡、土质边坡、堆积边坡)，结合各边坡的具体特征和施工时间，为快速达到边坡复绿效果，以筛选物种为主，适当增加冷季型草本植物，形成生长速度快、持续性好的草本植物组合作为植被重建的初始物种。综上，提出如下的物种配置模式：草本物种的组合一般为冷暖季型草种混播，同时配置豆科植物，如狼尾草+紫花苜蓿+高羊茅(*Pennisetum alopecuroides + Medicago sativa + Festuca arundinacea*)组合，紫花苜蓿+狗牙根+黑麦草(*Medicago sativa + Cynodon dactylon + Lolium perenne*)组合，扁穗冰草+黑麦草+狗牙根(*Agropyron cristatum + Lolium perenne + Cynodon dactylon*)组合等。具体见表 5.5。

表 5.5　物种配置模式

扰动类型	初始物种配置
岩质边坡	多花木蓝-狼尾草+紫花苜蓿+狗牙根+高羊茅 *Indigofera amblyatha – Pennisetum alopecuroides + Medicago sativa + Cynodon dactylon + Festuca arundinacea*
	紫花苜蓿+狗牙根+黑麦草 *Medicago sativa + Cynodon dactylon + Lolium perenne*
	紫花苜蓿+狗牙根+黑麦草 *Medicago sativa + Cynodon dactylon + Lolium perenne*
	狼尾草+紫花苜蓿+高羊茅 *Pennisetum alopecuroides + Medicago sativa + Festuca arundinacea*
土质边坡	黑麦草+狗牙根 *Lolium perenne + Cynodondactylon*
	黑麦草+狗牙根 *Lolium perenne + Cynodon dactylon*
堆积边坡	扁穗冰草+黑麦草+狗牙根 *Agropyron cristatum + Lolium perenne + Cynodon dactylon*
	黑麦草 + 铺地榕 *Lolium perenne + Ficus tikoua*

第6章　水电工程扰动区生境构筑

生境(habitat)是指生物生活的空间和其中全部生态因子的总和，包括温度、水分等非生物因子和食物、天敌等生物因子。在工程应用中，生境不同于环境，它强调决定生物分布的生态因子。生物有适应生境的一面，又有改造生境的一面，生物与生境在长期进化中相互影响。一般描述植物的生境常着眼于环境的非生物因子，如气候、水文、土壤条件等。本书中所说生境构筑即指运用恢复生态学、生态工程学等相关学科的理论知识，并结合一定的工程技术手段，在工程扰动区内构建适合生态修复植被生长的土壤、水分、微生物等生态因子，为生态修复植被提供良好的立地条件。"皮之不存，毛将焉附"，这是我们进行植被生态修复生境构筑研究的意义所在。植被生态修复研究的关键是找到合适的生境构筑技术，植被生境条件恢复的状况，直接关系到整个植被生态修复的成功与否。特别是工程核心区，涉及工程主体部位，且区域干扰强度大，生境严重破坏，对植被生态修复需求高、难度大，针对该区域的生境构筑往往是整个水电工程扰动区植被生态修复的难点和关键点。

6.1　生境条件分析

水电工程施工大规模改变地表结构，造成植被破坏，不可避免给工程所在地生境条件带来破坏，生态系统遭到强烈干扰，生态修复困难。水电工程扰动区生境条件的丧失具体主要体现在以下三方面：

(1)植被立地条件剧烈改变。多数岩石、土质坡面或平地，一经人工开挖后坡度大幅增大，造成植被受坡度胁迫影响严重，生长速度变缓甚至停滞，不利于坡面生境的恢复。

(2)植被生长基质丧失。边坡开挖后，不仅原有植被丧失，而且植被生长基质也随之剥离，裸露出岩面或劣土。对于开挖岩质边坡，由于岩面高陡且少裂隙，植被根系无法扎根于坡面，只有坡面逐渐风化产生裂隙，并逐步转化为适宜植被赖以生存的母质，受损坡面才能实现生态恢复；对于开挖劣土边坡，土壤的熟化程度发生根本改变。

(3)扰动区整体不稳定的风险增加。对于开挖坡体，一方面坡度增大，必然降低坡体稳定性；另一方面，原有植被丧失，其对降雨、径流的截留作用不复存在，使受损坡面抗冲刷侵蚀能力降低。对于弃土弃渣体，因堆积坡体颗粒间的黏聚力较小，极易受雨水冲刷流失，进而造成坡面失稳。

水电工程扰动区生态修复的关键是植被生境条件的恢复，其中气候、水文、受损山体外貌形态、坡度、坡高、土层厚度、砾石含量等因子是影响扰动区植被生境条件恢复的主导因子。

在气候与水文条件方面，为实现水电工程扰动区植被恢复，应着重从植物物种筛选和群落构建的角度入手，以克服恶劣气候与水文条件对植被生长的不利影响。通过开展扰动区内原生物种群落特征调查与分析，明确优势种群作为生态修复物种配置中拟采用的乡土物种，再与生态修复常用先锋物种进行合理配置，营造适宜水电工程扰动区生态修复的植被群落。

在受损山体外貌形态方面，工程扰动区开挖形成的坡面往往不平整，常出现倒坡或布满浮石。若要进行植被生态修复，首先需满足生境基材构筑条件，保持坡面相对平整。在开展生态修复工程施工前，要对扰动坡面进行适当处理，清除坡面浮石与倒坡，以满足植被立地条件。

在边坡坡度与高度方面，水电工程进场公路、坝体开挖形成的坡面往往既高又陡，构成了生境基材顺利附着于坡面的限制条件。需对现有植被生态修复技术进行基材改良，提高基材与坡面间的黏聚力。

在土石含量方面，水电工程建设形成的各类开挖边坡与弃渣边坡往往十分贫瘠，土质含量少、岩石含量多，需依据实际情况选择回填种植土或喷播植生基质的方式实现对边坡立地条件的改善。

6.2　生境构筑方式

国内植被生态修复技术的开发与应用在借鉴国外相似技术的基础上得到飞速发展，在第 3 章进行了详细阐述。根据具体生境构筑方法的不同，国内主要的植被生态修复技术可归为喷混类、加固填土类、槽穴构筑类和铺挂类四种。

喷混类边坡生态修复技术指的是先铺设锚杆、铁丝网，再将基质材料和种子等按比例混合均匀后通过机械喷射到坡面上的一类技术。综合考虑安全、景观和投资等因素，喷混类植被生态修复技术一般应用于坡度较陡或稳定性较差的岩质边坡，是我国目前运用最为广泛的护坡技术，在公路、铁路、水利等工程的生态修复中均具有优良效果。因硬质材料或新型环保材料的加入，喷混类边坡生态修复技术在保证边坡稳定性的同时，能更多地顾及环境和生物的需求，是传统护坡技术基本功能的延伸。喷混类边坡生态修复技术由于引进早，在得到大范围应用的同时，对喷播基材的各项性质以及喷播技术的工艺改进也进行了大量研究。客土喷播技术、厚层基材喷播技术、植被混凝土生态防护技术、防冲刷基材生态护坡技术和液压喷播护坡技术是目前常用的几类喷播技术。

加固填土类植被生态修复技术，指的是在坡面上先进行砌筑混凝土框格、挡墙等加固措施，再铺填种植土进行植被种植的一类护坡技术。单纯的植被护坡技术在初始阶段加固作用较弱，随着植物的生长繁殖，其固坡及抗侵蚀方面的作用才会越来越明显。为对开挖后处于不稳定状态的边坡进行植被生态修复，则必须借助一些传统的边坡加固技术使边坡先处于稳定状态(戚国庆等，2006)，加固填土类植被生态修复技术便是在此基础上发展起来的。但由于造价高，且对原始生态环境破坏较大，多数情况下与周边景观不协调，与目前注重保护生态环境的发展趋势相违背，在工程建设中的应用已受到越来越多的限制。这类技术以框格梁填土护坡技术、浆砌片石骨架植草护坡技术和土工格室生态挡墙技术等为主。

槽穴构筑类植被生态修复技术指的是在边坡上构建槽穴或安装边坡穴植装置，利用槽穴为边坡植物提供生长初期所需的营养物质来营造稳定的植物群落，达到边坡生态修复目的的一类技术。该类技术只用于种植乔灌木及爬藤植物等较高大的绿化植物，一般作为植草修复的后续工程，对于恢复及重建土壤贫瘠、植物立地条件差等坡地生态系统有重要意义。这类技术主要有燕巢法穴植护坡技术、板槽法绿化技术、口型坑生境构筑方法和植生袋灌木生境构筑方法等。

铺挂类植被生态修复技术指的是在边坡上直接铺建植生网络，为护坡植物提供有益的生长环境，以达到快速复绿效果的生态修复技术。这类技术主要用于坡面草坪的建植，一般施工简单，造价低廉，景观效果好，因此在较缓较矮的各种土质边坡，或坡体稳定但严重风化的岩层和成岩作用差的软岩层边坡上使用较多。常见的有铺草皮绿化技术、生态毯护坡技术、植藤本植物绿化方法、覆土植生技术和植生带生态防护技术等。

对于水电工程扰动区植被生态修复，由于其自然恢复效果差，除了加强对生态修复区的保护外，必须人为地提升植被抗击恶劣环境的能力。在对退化环境识别分析的基础上，遵循群落演替的规律，优先选择处于较高演替阶段群落的优势物种和建群物种作为构建人工群落的先锋物种，移植到新的环境当中能够尽快改善退化立地的养分状况，为处于更高演替阶段后续物种入侵创造良好的条件，加快群落的修复和重建速度，缩短植被修复所需的时间。在对工程区域的立地条件进行分析的基础上，根据当地造林经验以及引种试验结果，筛选出适宜的植物物种，按照工程区域的不同特点，因地制宜地实施植被修复措施。

水电工程扰动区的生境构筑，特别是开挖受创面、弃渣地等的生境构筑，是植被恢复和重建能否成功的关键所在，这不仅需要保证扰动区受损坡面生态景观恢复和浅层防护，还要兼顾工程投资性价比，这就涉及扰动区植被生态修复方案的合理选取。针对不同的扰动区和扰动类型，结合具体特征，利用生境构筑组合手段，对扰动边坡实施有针对性的植被生态修复。主要的生境构筑技术有：

①植被混凝土生态防护技术（许文年等，2004）。植被混凝土基材是一种由水泥、砂壤土、腐植质、保水剂、长效肥、专用添加剂、混合植绿种子组成的植物生长基材。在实际应用中，根据边坡角度、地理位置、坡体性质等确定其材料组分。

②防冲刷基材生态护坡技术（孙超等，2008；2009）。防冲刷基材生态护坡技术是在植被混凝土生态护坡技术的基础上开发的，有护坡功能而且价格相对低廉，适用于坡度小于 50°的边坡的生态护坡方法。

③口型坑生境构筑方法。口型坑生境构筑方法是一种新型基材构筑方法，通过在坡面开挖口型浅坑，回填改良客土为植物生长提供基材条件。坑内常配置灌木，与坑外配置草本植物形成坡面生态稳定的植被群落。

④植生袋灌木生境构筑方法。该方法采用无纺布或木浆纸制作成的植生袋填装专门配置的基材，利于植物的生长，且生态环保，适用于低矮的弱风化岩质边坡，也可与框格梁、骨架类防护综合使用。

⑤厚层基材喷播技术（张俊云等，2000；2005）。厚层基材喷播技术是利用混凝土喷浆机，把绿化基材、团粒剂、稳定剂、混合草种的混合物均匀喷射到坡面的一种高新技术。厚层基材的结构类似于自然土壤，水肥储存能力强。

⑥客土喷播技术（章梦涛等，2004）。客土喷播技术是较常见的边坡喷植绿化技术，将客土、纤维、稳定剂、肥料和种子等按一定比例混合后，经充分搅拌，通过喷浆泵喷射到坡面上形成客土层，从而实现植被生长和恢复的目的。

⑦覆土植生技术。在坡面整形覆土的基础上直接进行草本植物种子撒播，此方法多应用于硬度较大的土石混合边坡及弱风化岩质边坡，在河岸防治水土流失、改善原水水质、修复岸坡生态系统等方面也具有优良效果。

⑧框格梁填土护坡技术（中国水土保持学会水土保持规划设计专业委员会，2011）。框格梁作为一种有效的边坡支护手段，可提高坡体整体稳定性，防止径流对土壤的冲蚀，同时可固持框格骨架内客土，保护植被及土壤。对于不同稳定性的边坡应采用不同的框格梁形式和锚固形式的组合进行加固或坡面防护。该技术目前在铁路、公路的边坡和路堤防护中已经得到广泛应用。

6.3　生境构筑常用技术

本节对包括植被混凝土生态护坡技术、防冲刷基材生态护坡技术、口型坑生境构筑方法、植生袋灌木生境构筑方法、厚层基材喷播技术、客土喷播技术、覆土植生技术和框格梁填土护坡技术等在内的水电工程扰动区常用植被生态修复技术的适用范围、工艺流程及技术要点等进行介绍。

6.3.1　植被混凝土生态防护技术

植被混凝土是一种护坡植物生长基材,由水泥、种植土、有机质、基材改良剂及混合植绿种子等按　定比例混合而成。植被混凝土生态防护技术是根据边坡所在的地理位置、边坡坡度、岩石物理和化学性质、绿化设计要求等来确定基材中各组分的比例,采用喷播设备将配制好的基材喷射到坡面,从而对边坡进行植被修复和生态防护的技术,是由三峡大学科研技术人员开发的具有自主知识产权的生态防护技术。他是集岩石工程力学、生物学、土壤学、肥料学、硅酸盐化学、园艺学、环境生态和水土保持学等学科于一体的综合环保技术。经过实际的应用,发现植被混凝土具有一定的强度和整体性能,又是良好的植物生长基材,具有边坡浅层防护、修复坡面营养基质、营造植被生长环境、促进植被良好生长的多重功效。

1. 适用范围

植被混凝土生态防护技术适用于无潜在地质隐患的各类型硬质边坡、坡度大于 45º的高陡边坡,以及受水流冲刷较为严重的坡体进行浅层防护与植被恢复重建。其中硬质边坡包括各种风化程度的岩石边坡、混凝土边坡、浆砌石边坡等;高陡边坡除硬质边坡外,还包括高陡土切坡、堆积体边坡等;受水流冲刷较严重的坡体主要指降雨侵蚀严重的坡地以及湖泊、河流和水库的消落带等。植被混凝土生态防护技术可应用于工程建设开挖坡体、工程硬化坡体的植被重建,矿山采石场生态恢复、裸露山体及堆积体的生态恢复以及水土保持、湖泊、河流及水库消落带的植被恢复等。

2. 工艺流程与技术要点

植被混凝土生态防护技术采用挂网加筋结合土壤基材与种子导入方式,建成的植被及土壤中的含水泥添加物能有效防御暴雨和径流冲刷,在太阳暴晒及温度变化的情况下基材稳定性好,不产生龟裂,在达到边坡生态修复的同时具备显著的浅层固坡防护作用。具体施工工序如图 6.1。在经过预处理的岩体(混凝土)面铺上铁丝或塑料网,并用锚钉或锚杆固定;制备植被混凝土,由常规喷锚设备喷射到岩石(混凝土)坡面,形成近 8cm 厚的植被混凝土基层(不含混合植绿种子);随后喷射约 2cm 厚的植被混凝土面层(含混合植绿种子),面层中水泥和绿化添加剂用量均减半;喷射完毕后,铺设坡面覆盖物防晒保墒,水泥在短时间内就能使植被混凝土形成具有一定强度的防护层;经过一段时间洒水养护,植被就会覆盖坡面,揭去无纺布,茂密的植物可自然生长,对边坡起到良好的生态修复效果。施工后坡面剖面图如图 6.2 所示。

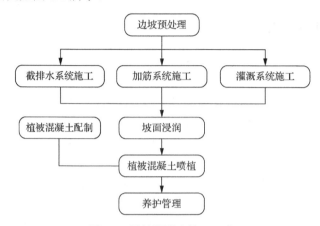

图 6.1 植被混凝土施工工序

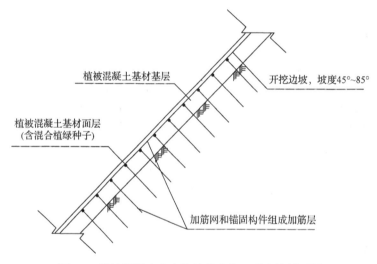

图 6.2 植被混凝土生态防护技术施工后边坡剖面图

1)边坡预处理

将坡面进行预处理，主要把障碍物清理干净。清理坡口线以上开挖坡面与原始坡面的接触面，清理宽度 1.0~1.5m，以铲除原始边坡上植物枝干为准，无需对地下根茎进行挖除，此部分作为工程与原坡面的过渡，即植被结合部；清除开挖面的杂草、落叶枯枝、浮土浮石等；坡面修整处理，如存在反坡或较大的凹陷坡面，宜采取削坡或浆砌块料填筑等方式处理。

2)截排水、加筋、灌溉系统施工

截排水系统施工应包括坡顶截水沟、坡脚排水沟、坡面渗水处理等工作内容。

在不影响边坡稳定的前提下，可在坡面上口与截水沟之间设置生态集水区，以兼顾坡面植被生态用水需求。

加筋系统施工应先铺设挂网，再安装锚钉，最后进行固定绑扎。锚钉与网的平面布置如图 6.3 所示。挂网与锚固的作用主要是将基材混合物与坡面岩土体紧密地连接在一起，以保持基材在坡面之上的稳定，提供给坡面植物稳定的生长环境。网片从植被结合部的顶部由上至下铺设，加筋网铺设要张紧。网间上下需进行不小于 10cm 的搭接，网间左右不需进行搭接，但所有网片之间及与锚钉接触处应用铁丝绑扎牢固。网片距坡面保持 6~7cm 的距离，可在网片与坡面间加入垫块支撑。

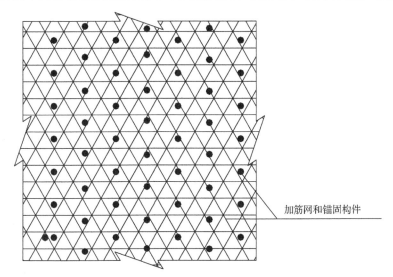

加筋网和锚固构件

图 6.3　锚钉与网平面布置图

锚固分锚钉和锚杆两种方式，用于边坡浅层或深层锚固，主要作用是加强坡体稳定性，其次是将网片固定在坡面上。锚钉或锚杆所用钢筋型号及长度可根据边坡地形、地貌及地质条件设计确定。采用冲击钻垂直于坡面钻孔，击入锚钉或锚杆，应与上坡面成锐角打入。锚钉或锚杆应安装稳固，出露坡面长度应控制在 8~12cm。一般情况下，边坡坡度<60°，锚钉间距为 100cm；边坡坡度 60°~75°，锚钉间距为 80cm；边坡坡度>75°，锚钉间距为 60cm。坡体顶部及坡体部分岩石风化严重处，为加强稳定，可以根据情况将钢筋进行加长，以击入坡体后稳定为准。

灌溉系统施工应包括管道敷设、喷头安装、灌溉用水过滤处理等工作内容。植被混凝土生态防护工程应设置灌溉系统，灌溉系统宜采用固定式喷灌或滴灌的形式。将浇水、施肥、喷洒药剂防治病虫害等工作结合起来组合灌溉。

3）坡面浸润

为防止局部水灰比发生变化，保证喷射植被混凝土的成型质量和强度以及与坡面的黏结力，边坡进行喷射植被混凝土施工前，需对坡面充分浸润。坡面浸润应保持坡体湿润，浸润时间应不小于 48h。植被混凝土喷植应在坡面浸润完成后 3h 内进行。

4) 植被混凝土配制

植被混凝土由种植土、水泥、有机质、基材改良剂和混合植绿种子混合组成，各组分含量根据边坡地理位置、边坡角度、岩石性质、绿化设计要求等具体确定，基层和表层分别按不同配比配制，再利用搅拌机充分搅拌后用于喷射施工。各组分的功能和选择要求如下。

种植土：基材组分中比重最大的部分，植物生长的载体，应选择耕作性能与保水、保肥性能良好的土壤。一般地，选择工程所在地原有的地表土壤经风干、粉碎、过筛而成，要求土壤中砂粒含量不超过 5%，最大粒径应小于 8mm，含水量不超过 20%。

水泥：充当基材黏结剂。一般采用 P325 普通硅酸盐水泥，也可根据实际情况选用其他标号水泥。

有机质：有机质的存在可以大大提高基材孔隙度，为植被根系提供生长空间；有机质可以防治基材在添加水泥之后产生板结，改善基材通气持水性能，有利于基材形成更好的物理结构；有机质腐殖化后，能提供时效更长的肥力；另外有机质的存在还可避免在生态护坡工程实施之时因喷枪口的压力过高导致喷播的基材混合物过实。有机质一般采用酒糟、醋渣或新鲜有机质(稻壳、秸秆、树枝)的粉碎物，其中新鲜有机质的粉碎物在基材配置前应进行自然发酵处理。

基材改良剂：基材改良剂能中和因水泥添加带来的严重碱性，有效调节基材 pH 值，降低水化热，增加基材孔隙率，提高透气性，改变基材变形特性，使其不产生龟裂，为土壤微生物和有机菌提供良好繁殖环境，加速基材的活化，提高基材保水保肥及水肥缓释性能。

混合植绿种子：应综合考虑地质、地形、植被环境、气候等条件，选择搭配冷暖两型多年生混合种子，并考虑适当配置当地草种。同时，草种选择一定要注意物种入侵。种子一定要进行发芽试验，发芽率要达到 90% 以上才能使用。

5) 植被混凝土喷植

完成坡面整治、网和锚钉铺设，同时做好植被混凝土基材组分备料并配制后，应在 6h 内进行植被混凝土基材喷植施工。喷植所用设备为一般混凝土喷射机，喷射一般由上到下进行，先喷射不含混合植绿种子的基层，再喷射含有混合植绿种子的面层。根据不同边坡类型，基层喷播厚度应符合下表 6.1，面层喷播厚度不应小于 2cm，两层喷植时间间隔应控制在 4h 以内，每次喷植单宽 4~6m，高度 3~5m。喷植应正面进行，不应仰喷，整个坡面喷植厚度应均匀，禁止漏喷，重点关注坡面的凹凸及死角部位。在施工的时候一定要注意天气情况,尽量在未来 6~12h 之内无降雨、冰雹、雨雪天气时进行施工。喷射过程中,喷嘴距坡面的距离控制在 0.8~1.2m,最大倾斜角度不能超过 15°。

表 6.1　不同类型边坡的基层喷播厚度

边坡类型	年均降水量/mm	坡度/(°)	厚度/mm
硬质岩边坡	≤900	70~85	90
		45~70	100
	>900	70~85	80
		45~70	90
软质岩边坡	≤900	65~85	80
		45~65	90
	>900	65~85	70
		45~65	80
土石混合边坡	≤900	65~85	50
	>900	45~65	60
瘠薄土质边坡	≤600	45~85	50
	600~1200		40
	≥1200		30

6)养护管理

喷植完毕 2h 内应对坡面进行覆盖,可以减少边坡表面水分蒸发,为种子发芽和生长提供一个较湿润的小生态环境,可以缓冲坡面温度,减少边坡表面温度波动,保护已萌发种子和幼苗免受温度变化过大的影响,同时减缓雨滴或浇灌水滴的冲击能量,防止面层因水量过大而淋湿。覆盖物可为无纺布、遮阳网等,冬季还可为秸秆、草帘等。覆盖物应铺设牢固,同坡面接触紧密。

喷植结束后 60d 为强制养护期,采用人工晒水或建立喷灌系统晒水养护。当温度低、雨量少时,植物生长缓慢,时间可适当延长。在此期间应注意植物种子的出芽均匀度和出芽率,对局部出芽不齐或没有出芽的坡面进行补植。对出现生境基材秃斑或脱落,应查明原因、解除隐患,并及时修补。面积较小时,可人工补种或移栽苗木;面积较大时,应先清除相应部位浮渣,再使用机械设备二次喷植。若边坡有特殊景观要求,可在强制养护期补植花卉、灌木、藤蔓植物。

强制养护期结束后 240~270d 为常规养护期。在此期间需监测植物生长过程中的抗逆性,并在极端气候(强暴雨、长时间干旱、高温、低温等)情况下根据植物生长情况采取对应措施(补植、修剪、支护、间伐、浇水、追肥等),以保证植物成活,及时发现并处理病虫害隐患。为了更好地适应环境,在补种或栽植时尽量采用本地植物,另外还需防止受人为或牲畜破坏。

6.3.2 防冲刷基材生态护坡技术

防冲刷基材生态护坡技术是在植被混凝土生态护坡技术的基础上开发的，与植被混凝土生态护坡技术相比，在植被生长适应性、抗冲刷性方面有较好效果和优势，有护坡功能而且价格相对低廉，适用于坡度小于50°边坡的生态护坡技术。该技术主要分三个功能层来实现生态护坡功能，自坡面由内向外分别为基材层、加筋层和防冲刷层。基材层主要为植物生长提供营养和水分，一般为土、有机质、复合肥按一定比例拌和的混合物。其中有机质含量较多，肥力水平较高，土壤微生物含量丰富，各类型孔隙比例恰当，土壤结构为团粒结构。这种基材层不仅为植被的初期生长提供良好的生长环境，也为植被的后期生长提供足够的养分，而且涵养水分能力非常高。加筋层主要功能是包络基材层，通常可以在基材层表面人工设置韧性较好、强度较高的加筋网，配合垂直于边坡的锚固构件，使整个生态护坡层连成一个整体，保证护坡层有很好的稳定性，设置加筋层是护坡的主要手段。防冲刷层采用植被混凝土，植被混凝土中还含有冷暖季相结合、先锋植物和本地植物相结合、草本植物和藤本灌木植物相结合的混合植绿种子，是良好的植被生长基材。在初期洒水养护后，混在其中的植绿种子能迅速出芽生长，植物根系的生长将基材层、加筋层和防冲刷层全面连结在一起，形成更稳定、更严密的生态护坡系统。

1.适用范围

防冲刷基材生态护坡技术能很大程度地缓和雨水冲击、削弱溅蚀，又能利用植物根系在土壤中形成的孔道减少坡面径流，控制水土流失，可满足土质边坡、盐碱地边坡、软岩边坡、硬岩边坡、混凝土边坡的生态恢复要求。由于该技术以人工操作为主，只在防冲刷层的施工过程中需要少量机械台班，施工简便，同时由于基材层使用腐殖土，减少了植被混凝土的用量，造价相对低廉，经济合理，因此广泛应用于坡度小于50°的铁路边坡、公路边坡、废弃矿山边坡江河渠道堤岸的防护和生态恢复，也可用于水库消落带较缓部位的生态修复。

2.工艺流程与技术要点

防冲刷生态护坡技术工艺流程与植被混凝土生态护坡技术相比，主要施工工艺区别在于施工分为基材层、加筋层和防冲刷层三层先后施工，具体施工工序见图6.4。铺设基材层前，坡面需经过预处理，铺设基材层后需进行坡面浸润；用加筋网和锚钉固定，完成加筋层施工，常用铁丝网或土工网与锚钉组合，构造如图6.5所示；然后进行植被混凝土喷植；最后铺设遮盖物并进行后期养护。其中坡面预处理、加筋层施工、防冲刷层施工和后期养护方法和要求参见植被混凝土生态防护技术，基材层施工主要技术要点如下：

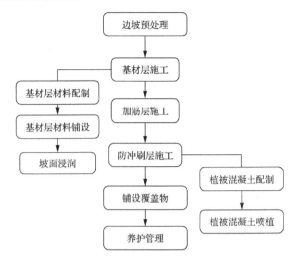

图 6.4　防冲刷基材生态护坡技术施工工序

基材层材料包括土壤、有机质、复合肥和保水剂。土壤须具备沙粒、粉粒和黏粒含量比例适当、团粒结构和三相比恰当的特点。这类土壤松紧合适，通气透水性能好，保水保肥保温能力也强，含水量适中，土壤较稳定，能协调水、肥、气、热诸因素，扎根条件良好，适宜植物生长。将各基材层材料按比例进行拌合，铺设于已进行预处理的坡面，依据不同边坡情况，铺设厚度约 8~10cm；再用木辊轻轧一遍，使基材层有一定的密实度；铺设完成后在基材层表面进行洒水浸润，洒水必须均匀，以基材层含水基本饱和为准，切忌水成股流下。

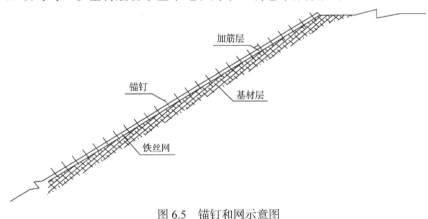

图 6.5　锚钉和网示意图

6.3.3　口型坑生境构筑方法

1. 适用范围

口型坑生境构筑方法是一种新型基材构筑技术，具体指在对边坡整体扰动较小的条件下对边坡坡面开挖形成"口"型浅坑，利用这些"口"型浅坑形成空间的分割，在坑内回填改良客土，在坡面铺设三维植被网或土工网、土工格栅，通过坑内配置灌木、坑外配置草本的植绿设计发挥较好的边坡防护功效。口型坑生境构筑方法对空间生态位形成合理布局，对不同资源达到充分利用，改善土壤贫瘠，防止植物间恶性竞争造成的群落逆演替；同时，每 $100m^3$ 的坡面挖方量只增加约 $0.4m^3$，填方客土中有机肥廉价、尿素用量少，形成的工程费用影响极小。该方法对于边坡基材生境构筑、生态环境的长效维持以及降低施工成本方面都有明显效果，主要适用于坡度小于 50° 的边坡。

2. 工艺流程与技术要点

口型坑生境构筑方法关键在于"口"型坑的开挖、回填以及客土的喷播。一般"口"型坑的开挖在坡面平整及测量放线后进行，回填的改良客土应适于所选择生态修复灌木生长，坡面客土喷播方法与现有客土喷播技术相同。具体施工顺序为：坡面预处理后，开挖"口"型坑，在"口"型坑内回填含长效肥、有机肥、尿素及种植土和灌木种子的改良客土，并保持土壤湿润、通气良好，适宜灌木种子发芽；对坡面进行铺网、挂网处理后，在坑外拌合含混合草本植物种子的客土进行喷播；进行铺设覆盖物的保温保湿处理，并在种子出芽至幼苗期间进行浇水养护，注意草灌生长期间的适时施肥及病虫害防治。施工后一段时间的坡面剖面图如图 6.6 所示。口型坑生境构筑方法施工技术要点基本与植被混凝土生态防护技术相同，具体"口"型坑的开挖和客土回填、客土喷播技术要点如下：

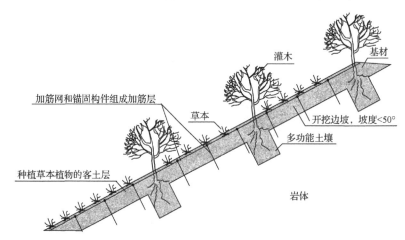

图 6.6 口型坑生境构筑技术剖面图

1)"口"型坑的开挖与客土回填

由于开挖"口"型坑会形成对坡面的扰动，局部应力集中造成张开型裂纹的发育、扩展，对边坡整体稳定性有所影响，因此"口"型坑的尺寸不宜过大，具体尺寸可参考表 6.2 进行选择。其中坑间距应与所选择生态修复灌木生长所需空间密切相关。在此前提下，对坡面进行测量放线，标注"口"型坑的具体位置，然后使用电锤对坡面进行钻孔，用风镐开凿形成一个个小型的"口"型坑。

表 6.2　坡面"口"型坑建议尺寸

边长/(a/m)	深度/(d/m)	间距/(l/m)	分布形态
0.3	0.2	1.5~2	梅花状

由于每个"口"型坑的尺寸较小，只有约 $0.018m^3$，回填的客土应注意拌合均匀使用。灌木的栽种可直接将灌木种子埋至坑内，亦可采用三峡大学专利《一种边坡防护中的灌木建植方法及其护苗罩》进行移栽以提高成活率。

2) 客土喷播

所喷播客土为草种、木纤维、保水剂、黏合剂、肥料和水等组成的混合物。喷播客土是保证草种迅速萌芽、生长的养生型覆盖物，应具备以下条件：①稳定性较强，具有较好的黏结力；②保水保肥性能卓越，使水肥不易顺坡流失；③无毒害、无污染。客土喷播前先浇水将坡面浸润，客土喷播厚度一般为 5~10cm，根据植被根系和地表土壤情况进行调整。客土材料经过搅拌机搅拌后，由常规喷播机械喷植于铁丝网上。因喷播客土水分的丧失会造成基质厚度不够，一般要求喷植厚度为设计厚度的 125%。

草种的选择应结合当地的气候条件、施工季节、土壤或岩面性质以及植物的生长特性。以选择当地主要草本植物优先，使人造边坡植被与自然生态植被相融合，减少人工雕琢的痕迹。木纤维由林木加工后的剩余物再加工而成，通常在加工纤维时搭配选用一定量的针叶树种原料，从而使加工得到的纤维长短和粗细比例达到合适的纤维分离度，保证喷播层有良好的性能。保水剂为具有自身数十倍至数千倍的高吸水性能力和加压也不脱水的高保水性能高分子化合物，常用的保水剂原料有：淀粉系列、纤维素系列、合成聚合物、蛋白质、其他天然物及其衍生物及共生物及复合物系列。黏合剂一般为纤维素或胶液，其主要功用为提高木纤维对土壤的附着性和纤维之间的相互黏接性，选择黏合剂时应注意其功效不与保水剂相互削弱，从而提高喷播层抗冲刷性能。肥料用于提供草本植物发芽、生长所需的养分，一般采用氮磷钾复合肥。以上各种喷播材料大多需要在水中进行溶合，水的掺入量随纤维物质的增加而逐步增加，但应注意控制悬浊液的稠度，以免造成浪费。

6.3.4　植生袋灌木生境构筑方法

植生袋灌木生境构筑方法是指利用特制的无纺布或木浆纸等作为载体，在其中填装专门配制的基材，然后固定在边坡上，利用口袋夹层为灌木种子发芽生长提供环境，从而实现坡面生态修复的一种方法。植生袋通常采用 U 型或 F 型钢筋进行锚固，与植生袋绿化基材及岩石风化层等共同组成坡面生态恢复系统。

1. 适用范围

植生袋易降解，生态环保；袋内绿化基材营养丰富且土层厚，有利于植物的生长；同时植生袋能减少水分蒸发，保水保温效果好，可以防止基材冲刷流失，养护成本低。植生袋灌木生境构筑方法一般与框架梁和骨架类防护方法结合使用，用于提高边坡生态修复工程中灌木种子萌发率。在没有圬工防护的边坡上，植生袋不易锚固与堆砌，易垮塌；当边坡较高、较陡时，植生袋由于重力较大，容易造成框架梁和骨架类防护破坏，导致边坡防护失败。植生袋施工过程中需要大量的人力、物力，施工速度慢，工期较长，成本单价高。因此，植生袋灌木生境构筑方法适用于低矮的弱风化岩质边坡或者与框架梁、骨架类防护方法综合防护。

2. 工艺流程与技术要点

植生袋的外袋按一定的规格缝制，以无纺布或木浆纸为主，与地表吸附作用强，腐烂后可转化为肥料。基质和种子的选择及配比与植被混凝土生态防护技术大致相同。具体施工流程及技术要点如下。

1）制作植生袋

植生袋材质以无纺布或木浆纸为主，制成一端开口、一端封闭的 300mm 长的圆筒状植生袋。

2）配制基材

基质由种植土、AB 菌生物肥、有机质、保水剂和高效复合肥配制而成，按重量计，其比例为：种植土：AB 菌生物肥：有机质：保水剂：高效复合肥=4.6~5.2：2.7~3.2：1.3~1.6：0.18~0.22：0.25~0.32。种植土、有机质必须粉碎过筛，颗粒粒径≤15mm 为宜。

3）选择灌木种子

根据施工坡面的具体情况以及周边的地域环境，本着速生与慢生相结合，并考虑灌木与周边草本植物景观效果的原则，选择优良的、适应能力强的物种。

4）装袋

用生根粉溶液将灌木种子浸泡 0.5~2h；植生袋下部装入混有灌木种子的基材，上部装入无种子基材；装至八成满后，确定袋内基材密实后将植生袋封口。

5）放置植生袋

将植生袋放入前期施工时预留的坡面孔洞中。在使用植被混凝土生态修复技术时，对搭建脚手架坡面，在喷射植被混凝土基层后，将植生袋纯基质端放入脚手架拆除后预留孔洞内。对风钻钻孔坡面，植被混凝土基层喷射前将植生袋放入钻孔洞内，使植生袋与孔洞密实。在放置时要注意水平分层，错位码放，将有种子的一面放在坡面外侧，码放时用脚踩实，边角及顶部用小植生袋补齐。对于坡度≥45°的边坡，在植生袋外用铁丝网加 U 型钉固定。

6) 养护管理

每隔 2~3d 浇水至种子袋湿润，以保证种子出苗。为了提高种子发芽率和成苗率，对植生袋也需要铺设覆盖物，并用 U 型钉临时固定，待植株长到 5~6cm 或 2~3 个叶片后，揭掉覆盖物。施工后 30d 内应保证边坡植物的水分供应。在乔、灌、草生长成坪后可进入日常养护阶段。

6.3.5　厚层基材喷播技术

厚层基材喷播技术是采用混凝土喷浆机把基材与植被种子的混合物按照设计厚度均匀喷射到需防护的工程坡面的边坡绿化技术。该技术通过在坡面喷附一层结构类似于自然土壤且能够贮存水分和养分等植物生长所需的基层材料，建立植物生长环境，解决岩石边坡无法生长植物的难题。

1. 适用范围

厚层基材喷播技术适用于土质边坡、边坡坡度不大于45°的中风化或弱风化岩质边坡以及坡面破碎、植被生长较差的松散碎块石或含有较大碎石的不稳定边坡。同时，由于其对于坡度大于 60°的路堑岩质边坡有明显优势，故也应用于坡度为 60°~75°的稳定岩石路堑边坡，若与工程措施相结合，也可用于不稳定边坡。厚层基材喷播技术可以有效地解决裸露边坡的生态植被恢复难题，特别是对边坡坡度较大、施工和管护难度大的边坡优势更加明显。该项技术的出现及日益完善，可形成稳定的植被覆盖和良好生态系统，减弱了由于工程建设不可避免地对环境造成的影响，对干旱、半干旱地区的植被恢复及脆弱的生态系统的防护有着至关重要的作用(阿力坦巴根那等，2009)。

2. 工艺流程与技术要点

厚层基材喷播技术施工原理是：首先通过混凝土搅拌机或砂浆搅拌机把绿化基材、种植土、纤维及混合植被种子搅拌均匀，形成基材混合物，然后输送到混凝土喷浆机的料斗，在压缩空气的作用下，基材混合物由输送管道到达喷枪口与来自水泵的水流汇合使基材混合物团粒化，并通过喷枪喷射到坡面，在坡面形成植物的生长层。具体施工流程如图 6.7 所示。该技术可结合锚杆或锚索、防护网(土工网、铁丝网、纤维网、混凝土或轻钢格子梁、钢绳)等对岩石边坡进行生态修复(如图 6.8 所示),形成与周围生态环境相协调的永久性生态护坡工程,恢复边坡的生态景观(李义强等,2012)。施工主要技术要点集中在铺设、固定加筋网和喷射基材混合物两部分,其余可参照植被混凝土生态护坡技术方法和要求。

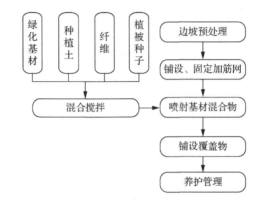

图 6.7　厚层基材喷播技术施工流程图

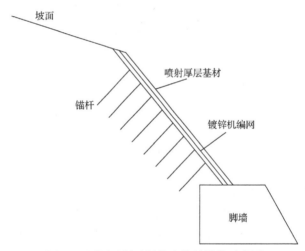

图 6.8　厚层基材喷播技术护坡结构示意图

1)铺设固定加筋网

依据边坡类型选用普通铁丝网、镀锌铁丝网或土工网。对于深层稳定的边坡,锚杆的主要作用是将网片固定在坡面上,根据岩石坡面破碎状况,长度一般为30~60cm。对于深层不稳定的边坡,锚杆的主要作用是加固不稳定边坡,兼顾固定网片,依据受力分析确定锚杆长度和密度等指标。

2)喷射基材混合物

基材混合物由绿化基材、种植土、纤维及混合植被种子按一定比例混合而成,其中绿化基材是技术的核心。选用的绿化基材首先要具有抗雨水冲刷性能，以保证在植物生长成型前不被雨水冲失；其二，必须保证喷射基材混合物团粒结构的形成，具有团粒结构的土壤，能够协调水、肥、气、热等肥力因素；其三，必须保证植物所须养分的长期有效性，在坡面形成健康稳定的植被群落之前不会出现养分耗尽现象。

（1）基材混合物。绿化基材由有机质、肥料、保水剂、稳定剂、团粒剂、酸度调节剂、消毒剂等组成。有机质的主要作用是改善喷播基材混合物的结构，以利于植物的生长，并提供植物生长所需养分，同时因其具有一定的吸水性，还可贮存一部分植物生长所需的水分。肥料主要用来供给植物生长所需的速效养分（包括氮、磷、钾等）和长效养分。保水剂用来贮存并缓慢释放植物生长所需的大量水分。稳定剂的作用是使喷射到坡面的基材混合物具有一定的强度及抗侵蚀性。团粒剂的使用有利于基材混合物的团粒结构进一步形成。酸度调节剂用来调节绿化基材的 pH 值，使其呈中性或弱酸性。消毒剂用来杀除绿化基材中的有害细菌。

（2）种植土。一般选择当地原有的地表种植土，粉碎风干，过 8mm 筛即可。

（3）纤维。就地取秸秆、树枝等粉碎成 10~15mm 长即可使用。

（4）植物种子。植物生长受环境限制，植物品种的选择要因地制宜，多选择适合本地区气候的乡土物种，还要注意选择抗旱性、抗逆性和生态位不同的品种。通常采用冷季型草种和暖季型草种混播，可以在营养补给、抗逆性等方面优势互补，确保四季常青，达到良好的水土保持和绿化效果。

6.3.6　客土喷播技术

客土是指当边坡表层土层不适宜植物生长时，在边坡坡面上铺设或置换的一定厚度适宜植物生长的土壤（或混合材料）。客土喷播技术是将客土、有机基材、黏结剂、保水剂、肥料、酸碱调节剂和植物种子等按一定比例混合，加入专用设备中充分搅拌后形成客土材料，通过机械将客土材料喷射到坡面上形成植物所需生长基础的一种边坡生态修复技术（朱峪增，2003）。客土喷播技术不仅可以涵养水源，减少水土流失，还可以净化空气、保护生态、美化环境，具有良好的经济效益、社会效益和生态效益（章梦涛等，2004）。

1. 适用范围

客土喷播技术是从国外引进的一种先进的植被生态修复技术，现在已成为高速公路边坡植被保护、河堤生物防护以及规模绿地建植的一种行之有效的植被生态修复技术。客土喷播技术一般适用于坡度 70° 以下的石质或质地密实坚硬的土质边坡的生态修复与防护（章恒江等，2004），特别是对裂隙发育的硬岩坡面、软岩坡面、沙地、贫瘠地、酸性及碱性土壤等植物生长困难地区，该技术形成的耐侵蚀性生长基础使边坡尽快恢复草本植物成为可能，从而达到防护和生态修复的目的。

2. 工艺流程与技术要点

与传统的边坡防护措施相比，客土喷播技术具有明显的生态效益和经济效益，其平均造价只有传统浆砌片石的30%左右，与其他喷混技术在工艺流程上基本相同，主要包括：喷播前先对坡面进行预处理；在坡面铺设铁丝或塑料网，并用锚钉或锚杆固定；将客土材料按一定比例混合，经过机械充分搅拌均匀后，利用柱塞泵和空气压缩机提供动力将客土材料喷射到坡面上，喷射厚度一般为8~10cm，并满足网上覆盖厚度3~5cm；喷射完毕后，铺设覆盖物防晒保湿；经过一段时间洒水养护，植被覆盖坡面后揭去无纺布，达到快速修复生态系统和护坡的目的（顾卫等，2007）。

客土喷播技术的技术要点主要体现在客土材料选择。客土材料包含客土、有机基材、黏结剂、保水剂、肥料、酸碱调节剂和植物种子。客土材料的配比是否合理是客土喷播技术成功与否的关键，需根据边坡现场情况由试验确定。以土壤结构改良为突破口，通过加入经处理后的有机基材、黏结剂等与优质土混合制成客土（杨望涛等，2006）。有机基材一般是泥炭土、草炭土、蘑菇肥等的一种或多种混合物，能为植物生长发育提供养分，为根系的伸展提供空间，同时还有很强的保肥保水性能。黏结剂一般为高分子聚合物和天然植物加工而成，客土材料在其作用下相互紧密连接形成客土层，并与坡面黏结在一起而不下滑流失，形成良好的团粒结构。客土层一般比较薄，保水性能较差，加入保水剂可吸收和保持其自身重量上百至上千倍的水分，保证植物在干旱季节仍能有足够水分正常生长。肥料提供植物生长不同时期所需养分。酸碱调节剂可调节客土材料酸碱度使其适宜植物生长，同时可使客土层不易产生龟裂。植物种子选择应综合考虑边坡类型、坡度和当地气候等多种因素，选择抗性好、适应性强、耐贫瘠、耐旱的优良灌木和草本植物种混播。

6.3.7 覆土植生技术

覆土植生是一种较简易的植被生态修复技术，它是根据边坡所在地的气候条件、土壤特点来选取适宜的草种，采用人工或机械将草籽、肥料、保水剂分别撒在经过处理并覆土后的坡面上，再浇水养护，达到稳固边坡、改善边坡生育基础的作用。因扰动坡面的土壤一般较为贫瘠，保水、保肥能力差，为提高撒播种子的发芽率，工程上一般采取在坡面上开水平沟，在沟内施上有机肥料和保水剂后播种。覆土植生技术也常与三维土工网、无纺布等配合使用。该技术是构建具有多样性的植物群落、恢复原有自然植被的基础工程技术之一，对于公路路域、河道流域的生态系统有着极其重要的意义。

1. 适用范围

覆土植生技术主要适用于硬度较大的土石混合边坡及弱风化岩质边坡、砌块式的河道边坡和高速公路边坡等。土石混合边坡由于含有大量砂砾、石砾，应进行土壤改良措施，以保证草种正常出苗和健康生长，弱风化岩质边坡由于岩缝中夹含丰富的原生土壤，可将人工撒播与包衣种子土球颗粒方法结合使用；对于河道边坡，则常将覆土植生技术与河岸砌石护坡结合使用，覆土植生坡面及砌块孔隙间需要先覆土填实，以诱导植物根茎贯通孔隙生长。

2. 工艺流程与技术要点

覆土植生技术施工工艺流程简单，是较易掌握的一种方法。单一草种可获得较好的草坪景观效果，多草种混播可获得抗病性、观赏性、持久性更优的植被群落。具体施工工艺流程包括：清理坡面后覆填种植土；然后进行人工或机械种子撒播；对坡面铺设覆盖物，进行晒水、病虫害防治等养护管理。覆土植生技术要点如下：

1) 坡面预处理

撒播草种之前需对坡面进行预处理，既可使坡面景观均匀一致，又可给草种提供有利于萌发的立地条件，还有利于无纺布的覆盖，防止水土流失。坡度不大、坡长较短的坡面，用齿耙将土壤耙平，并捡去杂草和杂灌的残根，将坡内的石砾、砂砾以及路基、路面工程遗留下来的建筑垃圾清理干净。

2) 覆填种植土

若坡面土壤的土质较恶劣，还含有大量的砂、石砾，改良土壤作用微弱，成本也较大，可换填土质较好的种植土或农田土；若可直接使用的土壤有限，也可采用腐殖土掺和土质较差的土壤来换填。回填表土有时需要相应的加固措施。石质边坡和河道砌块护坡则必须进行覆土，以保证草种的正常出苗和健康生长。覆填种植土后需放置 20d 左右，待雨水浇灌及自然风化使土壤密实后才可进行后续施工(高勖，2015)。

3) 种子撒播

草种的选择应根据坡面情况和周边环境综合决定，优选适合当地生长、出苗较好、生长较快、固坡性能较强的草种。所选择的草种在撒播前需进行消毒，以消除草种可能带来的病毒，确保播种成功和草种质量。同时根据草种生态习性和当地气候确定播种期，以缩短建植周期。播种量大小因品种、混合组成、土壤状况和工程性质而异。播种方法的选择根据播种面积确定，首先是保证种子均匀覆盖在坡面，其次是使种子掺和到土层中 1~1.5cm。大面积撒播采用播种机，小面积则通常采用人力撒播。

4）养护

种子撒播后应将土壤拍紧、拍实，并每天浇水至覆填土层完全浇透，直至草苗长达 3~5cm，可适当延长浇水周期。浇水时水流应细而缓，遵循少量多次均匀原则。对于浇水时间，夏季应选在早晨或日落后，冬季在中午温度较高时。

草种出苗后，要结合浇水及时施肥，促进幼苗生长健壮和横向生长。施肥最好选择将要下雨的阴天或者一天中气温较低的时段。施肥后应及时浇水，防止烧苗现象发生。待草苗生长稳定后根据生长需要进行施肥，生长后期的施肥要遵循氮磷钾肥配合施用的原则。为防止侵染性强的杂草引起整个坡面植被的退化，可以采用人工除草或化学药剂除草。

适时合理地做好养护管理工作，是植物旺盛生长、增强自身抵抗能力、抑制和预防病虫害的主动措施，可以使植被群落向目标方向发展。

6.3.8　框格梁填土护坡技术

框格梁填土护坡技术是采用混凝土、浆砌片块石等材料在全岩质或人工开挖的软质边坡面上按正方形或菱形用支模现浇、干砌、浆砌等方式形成骨架，在框格梁中间回填客土种植植被，以减少地表水对坡面的冲刷和水土流失，从而达到护坡和保护环境目的的一种工程技术。框格梁填土护坡技术根据边坡所在地理位置、边坡坡度、岩石的物理和化学性质等来确定具体的施工方案，框格梁将边坡分割成块，对稳定客土起到重要作用，而框架内回填客土种植植被能提高边坡表面粗糙度，减缓水流速度，从而有效地防止水流冲刷在坡面形成冲沟。这种护坡技术涉及岩土工程学、恢复生态学、植物学，土壤学等多门学科，适用范围广、施工难度系数相对较低、防护效果较好。

1. 适用范围

框格梁填土护坡技术适用于各类边坡，对于不同稳定性的边坡应采用不同的框格梁形式和锚固形式的组合进行加固或坡面防护。当边坡稳定性好，因前缘表层开挖失稳出现塌滑时，可采用浆砌片石框格梁护坡，并用锚杆锚固；如果边坡稳定性差，可用现浇钢筋混凝土框格梁加锚杆(索)进行加固；而对于稳定性差、下滑力大的滑坡，可用现浇钢筋混凝土框格梁加预应力锚杆(索)进行加固。但由于该技术造价高，目前仅在浅层稳定性差且难以进行生态修复的高陡岩质边坡和贫瘠土坡中使用较多(中国水土保持学会水土保持规划设计专业委员会，2011)。

2. 工艺流程与技术要点

框格梁的主要作用包括两个方面，一是将边坡坡体的剩余下滑力或土压力、岩石压力分配给框格梁结点处的锚杆或锚索，然后通过锚索传递给稳定地层，从而使边坡坡体在由锚杆或锚索提供的锚固力的作用下处于稳定状态；二是稳定回填的客土，为植物的生长涵水固土，减少坡面水对坡面的冲刷和水土流失。框格梁填土护坡技术具有布置灵活、框格梁形式多样、截面调整方便、与坡面密贴、可随坡就势等显著优点。具体施工工序如图6.9。首先在预处理后的坡面进行定位放线；然后进行框格梁施工，根据不同边坡情况选择框格梁形式；之后对需要回填的框格梁回填改良客土，种植植物；为保证植被前期生长效果，在坡面铺设覆盖物；进行晒水、病虫害防治等养护管理。主要施工技术要点包括定位放线和框格梁施工，其余工序可参考植被混凝土生态防护技术施工方法和要求。

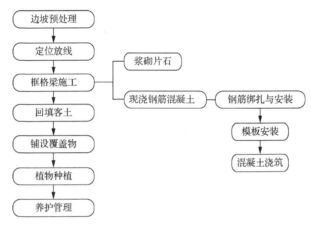

图 6.9　框格梁填土技术施工工序

1）定位放线

浆砌片石框格梁施工前，需在每条骨架的讫点放控制桩，挂线放样，然后开挖骨架沟槽，其尺寸依据骨架尺寸而定。

现浇钢筋混凝土框格梁施工前用白灰或插杆等标示物在坡面标记，进行定位放线，钢筋铺设与坡底分别成 30°、150°，钢筋间距依坡面情况而定。在钢筋铺设线上，每隔 3~6m 打入一根支架钢筋，钢筋交叉处用支架钢筋支起，支架位点距地面 70mm。

2）框格梁施工

浆砌片石框格梁骨架断面为 L 形，用以分流坡面径流水。骨架与边坡水平线成 45°，左右相互垂直铺设，间距 3~5m。采用 M5 水泥砂浆就地砌筑片石，先砌筑浆砌片石骨架连接处，再砌筑其他部分骨架，两骨架衔接处应处在同一高度。沿坡面自下而上逐条砌筑骨架，骨架应与坡面紧贴。

现浇钢筋混凝土框格梁首先应沿钢筋铺设方向安装模板，多块模板紧密拼接成浇筑系统，模板与坡面间须压实浇筑。然后由混凝土输送泵将搅拌好的混凝土输送至模板进行现场浇筑，浇筑后用振动棒振实，待混凝土初凝后，卸掉模板，进行混凝土框格梁养护。

6.4 生境构筑模式

开挖边坡由于缺乏基本植被，丧失生态系统的基本功能，应在维护边坡稳定性的同时重建植被群落恢复其生态功能。弃渣、弃土场的产生，破坏了工程区原有地表植被及坡面稳定，形成新的水土流失源，必须采取工程措施与生物措施恢复植被群落，对堆积边坡进行有效的综合治理与防护，确保工区环境保护及生态平衡。结合第 4 章所述不同扰动类型的具体立地条件和特征，在综合考虑生态、景观和投资性价比等因素的基础上系统规划生态目标，针对向家坝水电工程扰动区岩质边坡、土质边坡和堆积边坡采取不同植被生态修复措施。

6.4.1 岩质边坡的生境构筑

岩质边坡坡度一般是经工程开挖后形成的，具有如下特点：①坡面一般较高且陡，常规生态护坡基材往往由于缺乏足够的强度与黏结力，难以适用于高陡坡面；②风化速度慢，表层缺乏植被生长基质；③涵养水分能力差，缺乏植被生长所需的基本含水率；④坡面坚硬，植被根系很难扎入坡体，影响植被的正常生长；⑤坡度对植被生长胁迫影响十分明显，不利于植被生长。可见，对于扰动区，岩质坡面的生态恢复具有一定难度。有研究表明，在开挖扰动后长达 60 年多自然演替的岩质边坡，自然恢复的植被盖度仍不足 10%，坡面节理裂隙发育的坡面植被盖度能够达到 30%。前述 5 点不利因素中，因土壤颗粒难以在岩质边坡坡面留存，缺少植被生长的所必需的土壤条件和养分条件是最突出的。因此，采取各种使坡面能够附着植被生长基材的技术措施是此类边坡植被重建的前提。

针对上述现状，经过仔细考察向家坝水电工程扰动区地质环境条件，在岩质边坡上共可以运用三种生态恢复技术，分别为：①植被混凝土生态防护技术；②厚层基材喷射技术；③客土喷播技术。其中，植被混凝土生态防护技术在向家坝水电站进厂公路岩石边坡的植被重建中得到了应用，山体绿化面积达 7000m² 左右，坡度约在 53°，工程完工时间为 2006 年底(图 6.10)。厚层基材喷射技术在向家坝水电站坡度小于 1∶0.5 的开挖岩质边坡的植被重建中应用较多，包括进场公路、上坝公路多个边坡均采用此技术实施植被重建。客土喷播技术在向家坝水电站坡度小于 30° 的强风化开挖岩质边坡的植被重建中有应用，主要应用点有观景平台下开挖岩质边坡和上坝公路开挖岩质边坡(各 1 块)。上述工程自完建以来，所有坡面植被覆盖率始终保证在 95% 以上，植被群落能正常演替，生物多样性增加，群落结构合理，达到了预期生态恢复目标。

　　　　(a) 边坡原貌　　　　　　　　　　(b) 生态恢复后
图 6.10　向家坝水电站进厂公路岩石边坡生态恢复效果

6.4.2　土质边坡的生境构筑

　　土质边坡坡度较缓，立地条件相对岩质边坡优越，利于植被的繁衍和演替。但此类边坡一般砾石含量较高，黏粒较少，粒间空隙较大，土质含营养元素较低，同时保蓄养分的水平也较差。在此类边坡表层附着结构良好、保水蓄肥能力强的客土是植被重建的关键。

　　在向家坝水电工程扰动区土质边坡上运用了：①客土喷播技术。此技术在向家坝水电站开挖劣土质边坡的植被重建中多有应用，一般采用无土喷播的方式；②防冲刷基材生态护坡技术。左岸对外交通和进场公路两侧开挖土质边坡生态恢复运用了此技术；③覆土植生技术。在坡面整形的基础上直接进行草本植物种子撒播，此方法多应用于黏粒含量相对较多，土质状况良好的坡面，在向家坝水电站综合仓库下边坡林草生态恢复中得到了应用(图 6.11)。作为一种临时的植被恢复措施，覆土植生技术可以有效改善土壤条件和防止水土流失，后期常栽植乔灌木。

　　　　(a) 边坡原貌　　　　　　　　　　(b) 生态恢复后
图 6.11　向家坝水电站综合仓库下边坡林草生态恢复效果

6.4.3　堆积边坡的生境构筑

堆积边坡一般由砾石和土组成，颗粒处于松散堆积状态，相互间的黏聚力和内摩擦角较小，抗剪强度低，因而处于自然状态的堆积边坡坡度也较缓，一般在45°以下。堆积边坡具有如下特点：砾石含量高，土壤通透性好，透水排水较快，但毛细空隙缺乏，持水能力差，短期内直接修复较为困难，同时，部分边坡整体稳定性较差，抗雨水冲刷能力弱，水土流失严重。但由于坡度较缓，生态恢复措施简单，实施方便，成本低，有时甚至可直接通过自然演替实现生态恢复，但恢复时间和程度与立地条件、周边种子库丰富度等因素有关。

在向家坝水电工程扰动区，对堆积边坡采取了下述两种措施：①框格梁填土护坡技术。框格梁作为一种有效的边坡支护手段，可提高坡体整体稳定性，防止径流对土壤的冲蚀，同时可固持框格骨架内客土，保护植被及土壤。此方法在场内公路下边坡的植被重建多有应用，如向家坝水电站左岸进厂公路缓边坡（图6.12）、施工营地下边坡等；②覆土植生技术。该技术在堆积体本身稳定性较好、同时失稳基本不引起危害的边坡多有应用，起到恢复植被、保蓄水土的作用，如油库附近弃渣边坡就采用此种方法。

（a）边坡原貌　　　　　　　　　　（b）生态恢复后

图 6.12　向家坝水电站左岸进厂公路缓边坡生态恢复效果

6.4.4　工程防护与生态防护一体化模式

针对水电工程边坡成因、边坡类型、立地环境等特征，确定工程防护目标、生态防护目标，经系统规划设计，采取不同工程技术与研发的生态护坡技术相结合的措施，对边坡进行工程治理与生态防护，通过工程治理，实现边坡稳固目标；通过生态防护，构建人工植被，使之在较短的时间内达到自我维持、自我调控、自我繁殖的稳定健康状态。

为实现边坡一体化防护，提出"稳定、生态、协调、持续"的边坡防护一体化原则。

①稳定原则：一体化防护以工程加固治理实现边坡深层稳定目标，以生态防护实现边坡浅层稳定目标，应结合边坡稳定分析结果和工程所在地自然气候环境条件，基于扰动边坡加固理论和生态修复原理，进行整体设计。

②生态原则：一体化防护应突显边坡修复的生态效应，边坡防护的设计和施工应有利于生态修复措施施加与植物定居生长。

③协调原则：一体化防护既要保证工程加固措施与生态修复措施的融合，又要保证工程施工的协调，先开展边坡加固施工，在工程防护构件达到设计强度并确保边坡深层稳定后，再开展生态修复工程的实施。

④持续原则：通过边坡一体化防护，工程加固治理工程确保边坡长期安全、持续稳定，通过生态修复与调控技术，确保边坡生态环境可持续发展。

水电工程扰动边坡一体化防护，具体体现为：水电工程扰动边坡一体化防护，首先应当遵循"稳定"原则。边坡稳定，既包括深层整体稳定，也包括边坡浅层坡体稳定。通过广泛收集工程区地质环境背景(土壤岩质、地形地貌、水文地质、气象雨水、植被及土地利用现状等)相关资料，分析工程边坡岩土结构特征、稳定状态，在此基础上，进一步分析边坡环境因子的变化规律及趋势，进行生态脆弱性评价、生态类型划分及成因分析，综合考虑边坡结构类型、稳定状态，确定工程治理目标，进行边坡加固治理工程设计；分析边坡立地条件、生态环境特征，确定生态恢复目标，结合工程治理措施选取相应的生境构筑技术，进行针对性的生态防护工程设计。

由于生态防护技术主要实施在边坡坡面，边坡的浅层防护主要通过浅层边坡工程加固措施和生态防护措施共同实现。与传统边坡治理相比，扰动边坡一体化防护尤其突显边坡修复的生态效应。因此，在扰动边坡一体化防护中，浅层边坡防护的设计和施工，应当在满足工程加固治理的同时，基于生态防护需要，充分满足生态修复措施施加与植物定居生长需要。

边坡一体化防护"协调"原则，包含"措施协调"、"施工协调"。"措施协调"的实质是治理目标的相互协调，即要求工程加固措施与生态防护措施协调、融合。"施工协调"要求施工过程中，工程加固、生态防护施工配置、施工顺序应协调统一。所谓措施协调，即一体化防护要保证工程加固措施与生态修复措施的融合。对于具体边坡而言，应根据边坡的不同类型、立地条件，优先确立生境构筑、基材喷播、植被构建等生态防护措施，在此基础上，结合边坡工程加固理论与技术，确定适宜、可靠的浅层工程措施。

此外，"施工协调"，是指在防护工程实施时，以工程治理措施为主导，先开展边坡加固治理工程施工,首先达到稳固边坡的目标,为生态防护工程实施奠定基础。边坡加固治理工程施工中,应当结合一体化设计,充分考虑生态防护工程实施的条件和施工需要;按工序要求,及时实施生态防护工程的构筑、锚钉、网片等准备工作。当加固的构件达到设计强度要求时,及时实施基材、植物种子喷播、养护措施等工作。通过协调有序的施工组织设计使边坡工程防护与生态防护工程实施顺利、合理衔接,实现一体化设计目标。

边坡一体化防护,还应遵循"持续原则"。边坡工程防护与生态防护一体化,是基于边坡内在整体稳定、边坡外在的生态环境功能要求,内外结合进行边坡防治。从可持续的角度而言,扰动边坡经一体化防护后,加固治理工程应确保边坡长期安全、持续稳定;通过生态修复、植被构建和调控技术,确保边坡生态环境可持续发展。

第7章 生态修复植被群落监测与评价

在政策引导及民众对自然生态的内在需求双重作用下，工程扰动区的植被生态修复技术得到长足发展，相关技术的应用规模大幅增长。采用各种生态修复技术修复后的人工植被群落，其群落特征及演替过程往往对其效益的发挥产生直接的影响，因此对修复后人工植被群落的持续性和稳定性研究具有重要意义。本章以向家坝水电工程扰动区植被生态修复样地内植被群落长期监测数据为基础，通过植被群落特征和优势种群分析，对修复植被群落稳定性进行评价，为后续生态调控工作提供依据。

7.1 植被群落监测

7.1.1 样地选择

为跟踪向家坝水电工程扰动区植被生态修复技术实施后植被群落演替规律，在代表性样地设置长期样点，定期进行植被调查。样地选择遵从原则如下：①依据不同的植被生态修复方式分别设置样地；②人工植被演替时间的一致性，选择植被生态修复开始时间基本一致的样地；③初始建群设计的物种差异；④周边环境的差异性，周边环境影响植被演替进程，在样地选择上考虑周边环境对人工植被恢复的影响。基于上述原则，选定 4 种植被生态修复技术重建坡地作为代表性试验样地，各样地基本情况见表 7.1。在同一样地上设置固定样方并开展长期定位

表 7.1 样地基本情况

编号	植被重建方法	位置	坡度/(°)	面积/m²	高程/m	坡体类型	初始物种配置	植被恢复时间
A	框架梁填土护坡技术	金沙江大桥下游临江边坡(左岸)	40	8500	289	弃渣边坡	扁穗冰草 8g/m² 黑麦草 4g/m² 狗牙根 3g/m²	2004.11
B	覆土植生技术	向家坝油库旁	42	2300	540	弃渣边坡	黑麦草 12g/m²	2005.6
C	植被混凝土生态防护技术	上坝公路	63	18000	334	开挖岩质边坡	狼尾草 8g/m² 高羊茅 6g/m² 紫花苜蓿 5g/m² 狗牙根 3g/m² 多花木蓝 2g/m²	2004.12
D	厚层基材喷播技术	进场公路	51	7000	362	开挖岩质边坡	紫花苜蓿 6g/m² 高羊茅 6g/m² 狗牙根 3g/m²	2004.12

调查工作,样地的植被调查时间分别为 2005 年 11 月、2006 年 11 月、2007 年 11 月、2008 年 5 月、2008 年 11 月、2009 年 5 月和 2009 年 11 月。根据群落调查时间顺序,对样地进行编号,依次记为 A1、A2、……、A7;B1、B2、……、B7; C1、C2、……、C7;D1、D2、……、D7。

7.1.2 植被群落调查

应用普通生态学调查方法,采用踏查法和样方法相结合的方法对边坡重建植被群落进行调查。根据植被类型,沿坡面对角线设置 1m×1m 样方,4 个样地各设置固定样方 12 个。记录样方内植被的总盖度、每种植物名称、分盖度、生长型、平均高度、株数等。各指标测定方式如下:

①盖度:采用目估法,以百分比估计;

②生长型:以一年生或越年生草本植物(*annual herbaceous & biennial herbaceous*,以 A/B 表示)、多年生草本植物(*perennial herbaceous*,以 P 表示)、藤本植物(*lianas*,以 L 表示)、灌木或半灌木(*shrubs or subshrubs*,以 S/SS 表示)、乔木(*arbors*,以 AS 表示)进行分类;

③高度:用卷尺测量每种植物的高度,测 3 次取平均高度,精确到 cm;

④株数:采用点数法;

⑤分布情况:分为团状、散生、片状和点状分布。

7.1.3 植被群落计算指标及测度方法

在对野外调查原始数据进行初步分类整理的基础上,分别统计计算同一样地不同时间群落物种组成、α 多样性指数、β 多样性指数和地上生物量。

1. 群落物种组成

群落研究一般从群落的种类组成开始,它能反映群落的结构、动态等基本特征。群落内物种的综合数量是种类组成的重要指标。优势度用以表示一个种在群落中的地位和作用,常采用盖度—多度等级(法瑞学派常用的特征指标)、重要值(美国威斯康星学派常用的指标)和林木结构图解三种指标。重要值表示群落中不同种群的相对重要性,能充分显示出群落中不同植物的地位和作用(周小勇等,2004)。在群落环境中,重要值大的植物一般具有较大的作用,对建群种选择具有决定性作用。比较不同演替阶段群落中同一植物的重要值,可以揭示植物种类在各演替阶段的变化。本章中重要值按式(7.1)进行计算:

$$IV=(相对高度+相对频度+相对盖度)/3 \qquad (7.1)$$

式中,IV 为重要值;相对高度=某一植物种的高度/样方内全部种的高度之和×100; 相对频度=某一植物种的频度/样方内全部种的频度×100;相对盖度=某一植物种的盖度/样方内所有种分盖度之和×100。

物种生长型反映了植被群落的组成和结构特征，根据物种生长型的不同，统计群落中相同生长型物种的重要值之和，比较恢复不同年限后群落生长型的变化（宋永昌，2001），可以反映植被恢复过程中生态系统结构与功能的变化。

2. α 多样性

物种多样性是生态系统中生物群落的重要特征，对生态系统的功能发挥起着重要的作用。α 多样性又称社会多样性，是指在一均质生境中某一群落中出现的物种总数。α 多样性包含两方面的含义：①物种丰富度，即群落所含物种数的多寡；②物种均匀度，即群落中各物种的相对密度。α 多样性指数用于测度群落中生物种类数量以及生物种类间相对多度，反映了群落内物种间通过资源竞争或利用同种生境而产生的共存结果。本章选择如下指标对群落物种 α 多样性进行测度：

1) 多样性指数

Shannon-Wiener 多样性指数：

$$SW = -\sum_{i=1}^{s} P_i \ln P_i \tag{7.2}$$

McIntosh 多样性指数：

$$D_m = \frac{N - \sqrt{\sum_{i=1}^{s} (N_i)^2}}{N - \sqrt{N}} \tag{7.3}$$

Simpson 多样性指数：

$$D = 1 - \sum_{i=1}^{s} (P_i)^2 \tag{7.4}$$

式中，S 为样方面积群落中植物物种的数目；N 为样方内群落植物个体总数；N_i 为第 i 个物种的个体数；$P_i = N_i / N$。

2) 丰富度指数

种的丰富度指一个群落或生境中种的数目的多寡。物种丰富度指数（species richness index）以种的数目和全部中的个体总数来表示多样性，不需要考虑研究面积的大小。采用下面三种指数计算：

MoZnk 丰富度指数：

$$D_{mo} = S / N \tag{7.5}$$

Margalef 丰富度指数：

$$D_{\mathrm{ma}} = (S-1)/\ln N \tag{7.6}$$

Menhinick 丰富度指数：

$$D_{\mathrm{me}} = S/\sqrt{N} \tag{7.7}$$

式中 S、N 意义同式(7.2)~式(7.4)。

3)均匀度指数

种的均匀度指一个群落或生境中全部种的个体数目的分配情况，反映了种属组成的均匀程度。本章采用下面三种指数计算，其中 Pietou 均匀度表示样地所有物种的分布状况，与丰富度有关；Alatato 均匀度指数表示的是优势种的分布状况，与丰富度无关。

Simpson 均匀度指数：

$$J_s = \frac{1 - \sum_{i=1}^{s}(P_i)^2}{1 - 1/S} \tag{7.8}$$

Pielou 均匀度指数：

$$J = \frac{-\sum_{i=1}^{s} P_i \ln P_i}{\ln S} \tag{7.9}$$

Alatato 均匀度指数：

$$J_a = \frac{(1/\sum_{i=1}^{s}(P_i)^2) - 1}{\exp(-\sum_{i=1}^{s} P_i \ln P_i) - 1} \tag{7.10}$$

式中 S、N、P_i 意义同式(7.2)~式(7.4)。

3. β 多样性

β 多样性定义为沿着某一环境梯度物种替代的程度或速率、物种周转率、生物变化速度等。在不同生境之间或者某一生境梯度不同地段之间，生物种类组成的相似性越低，其生物多样性反而越高。α 多样性所表达的生态意义只局限于同一群落内物种组成的变化，无法比较不同群落之间物种组成的差异。β 多样性可以解释群落与群落之间物种的转换与相似程度。常采用群落相似性系数和二元属性数据的 β 多样性指数来测度。

1)群落相似性系数

相似性系数客观地反映了生态修复过程中不同植被演替序列上物种组成的动态变化。本章采用 Jaccad 群落相似性系数、Sorensen 群落相似性系数和 Mountford 群落相似性系数三种指数计算:

Jaccad 群落相似性系数:

$$C_j = \frac{j}{a+b-j} \tag{7.11}$$

Sorensen 群落相似性系数:

$$C_s = \frac{2j}{a+b} \tag{7.12}$$

Mountford 群落相似性系数:

$$C_m = \frac{2j}{2ab-(a+b)j} \tag{7.13}$$

式中, j 为群落 1 与 2 的共有物种数; a 为群落 1 含有的全部物种数; b 为群落 2 含有的全部物种数。当两个群落所含物种完全相同时, C_j 与 C_s 为最大值 1, C_m 为最大值∞;当两个群落所含物种完全不同时, C_j、C_s、C_m 均为 0;系数自 0 至最大值之间,顺次表示两个群落相似程度的大小。

2)二元属性数据的 β 多样性指数

Whittaker 多样性指数:

$$\beta_w = \frac{\mathrm{ss}}{\mathrm{ma}} - 1 \tag{7.14}$$

Wilson 和 Shmida 多样性指数:

$$\beta_t = \frac{g(H)+l(H)}{\mathrm{ma}} \tag{7.15}$$

Cody 多样性指数:

$$\beta_c = \frac{g(H)+l(H)}{2} \tag{7.16}$$

式中, ss 为两个群落中物种总数; ma 为两个群落的物种平均数; $g(H)$ 为沿生境梯度 H 增加的物种数; $l(H)$ 为沿生境梯度 H 丢失的物种数。

由上述定义可知, ss=$a+b-j$, ma=$(a+b)/2$, $g(H)=b-j$, $l(H)=a-j$, 由此可得:

$C_f=2/(2-C_s)-1$，$\beta_w=1-C_s$，$\beta_t=2(1-C_s)$。因此本章采用式（7.12）、式（7.13）、式（7.16）对同一样地沿时间梯度的 β 多样性进行测度。

4. 地上生物量

生物量是反映土地生产力的重要指标，不同生态系统中植被发育的不同阶段，其单位面积内生物量的大小不同。通过研究各样地不同恢复时期内地上生物量特征，可一定程度上反映植被群落土地生产力与植被演替过程的关系。

对各调查样地的植被从坡面开始剪除 1m×1m 大小面积，立即用精度为 0.01g 的天平称其鲜重。为避免季节不同带来的影响，地上生物量的称量统一在每年 11 月与其他调查同时进行，对应的各样地的编号为 A1、A2、A3、A5、A7；B1、B2、B3、B5、B7；C1、C2、C3、C5、C7；D1、D2、D3、D5、D7。进行地上生物量计量时每样地均随机选取 5 个样点，称量后取均值。

7.1.4　植被群落监测结果

1. 工程扰动边坡生态修复植被演替初期物种的科属变化

2005 年 11 月到 2009 年 11 月，向家坝水电站工程扰动区 4 个代表性植被生态修复样地内植物群落种类组成的科属变化如表 7.2 所示。监测期内，A 样地共出现物种计 27 科、48 属、50 种，其中末期较建植初期物种仅为 1 科、3 属、3 种增长至 22 科、35 属、37 种。在演替期间，虽然科、属、种的变化有所波动，但随生态修复年限的增加，植物的科、属、种总体上有明显增多的趋势。B 样地共出现物种计 14 科、23 属、26 种，监测期内物种科属最丰富为建植后第 4 年末，之前群落内物种的科属种随演替时间的增加呈增长趋势，其后群落内物种的科属种出现丢失，在数量上也呈减少趋势。C 样地共出现物种计 19 科、35 属、37 种，群落的科属种整体上呈上升趋势，特别是建植后第 4 年达到最大值；D 样地共出现物种计 19 科、37 属、39 种，群落的科属种同样在第 4 年末达到最大值。

向家坝水电站扰动边坡重建植被在演替初期，随着本地种的侵入和定居，群落的科、属、种较建植初期均表现出大幅的增加。除 A 样地群落的科属种随演替的发展基本呈增长趋势外，其他 3 个样地的科属种均在第 4 年末最为丰富，其后有减少的趋势。根据现场调查发现原因各有不同，B 样地主要由于土壤环境的恶劣性导致不适宜物种退出；C 样地由于初始建群种狼尾草的竞争，部分草本植物退出；D 样地由于在新银合欢的荫蔽作用下，部分喜阳草本植物退出。扰动边坡生态修复植被的演替过程中，群落物种的种属都有快速增加过程，但并不是随演替时间的增长而持续增加，此过程受环境和群落中优势物种影响，是一个波动的过程。

表 7.2　样地不同时期植物群落组成种类组成的科属特征

序号	植物科名	A1	A2	A3	A4	A5	A6	A7	B1	B2	B3	B4	B5	B6	B7	C1	C2	C3	C4	C5	C6	C7	D1	D2	D3	D4	D5	D6	D7
1	车前草科																										1/1	1/1	1/1
2	唇形科			1/1			2/2	2/2									1/1	1/2						1/1	1/1	3/3	2/2	1/1	1/1
3	酢酱草科	1/1					1/1						1/1						1/1								1/1		
4	大戟科		1/1	1/1	1/1	1/1	4/4	4/4				1/1					1/1		1/1	1/1	1/1	1/1	1/1						
5	大麻科	1/1	1/1	1/1	1/1	1/1	1/1	1/1			1/1					1/1	1/1								1/1	1/1	1/1	1/1	
6	豆科		2/2		2/2	2/2	1/1	1/1	1/1		1/1			1/1	3/3	3/3	3/3	3/3	4/4	5/5	5/5	5/5		2/2	3/3	3/3	4/4	3/3	2/2
7	海金沙科					1/1	1/1	1/1														5/5		1/1	1/1		1/1		1/1
8	禾本科	4/4	6/7	5/6	3/4	3/4	5/6	5/6		1/1	2/2	2/2	3/3	2/2	2/2	4/4	4/4	6/6	8/8	7/7	7/7	7/7	2/2	2/2	5/5	4/4	4/4	2/2	2/2
9	金栗兰科																						1/1		1/1	1/1	1/1		
10	菊科	2/3	3/5	5/7	5/7	5/8	5/6	5/7	1/1	4/5	6/7	6/7	5/6	5/7	5/6		1/1	5/6	4/5	2/3	1/2	1/2		5/5	5/6	5/6	5/6	3/4	1/2
11	苦苣苔科					1/1	1/1					1/1	1/1	1/1							1/1	1/1					1/1		
12	里白科																			1/1	1/1				1/1	1/1	1/1	1/1	1/1
13	萝藦科											1/1	1/1	1/1											1/1	1/1			
14	马鞭草科						1/1	1/1										1/1			1/1	1/1							

续表

序号	植物科名	A1	A2	A3	A4	A5	A6	A7	B1	B2	B3	B4	B5	B6	B7	C1	C2	C3	C4	C5	C6	C7	D1	D2	D3	D4	D5	D6	D7
15	马钱科			1/1	1/1	1/1	1/1	1/1					1/1	1/1	1/1														
16	马桑科						1/1	1/1																					
17	美人蕉科							1/1												1/1	1/1	1/1							
18	木犀科																			1/1	1/1	1/1							
19	荨麻科										1/1																		
20	楝科					1/1	1/1																						
21	蓼科			1/1																									
22	伞形科							1/1						1/1	2/2														1/1
23	葡萄科						1/1	1/1																					
24	漆树科							1/1												1/1	1/1	1/1							
25	蔷薇科																			1/1	1/1	1/1							
26	茄科			1/1							1/1									1/1				1/1					
27	桑科					1/1	1/1	1/1																					
28	莎草科	1/1	1/1	1/1	1/1	1/1	1/1	1/1											1/1	1/1	1/1	1/1					1/1	1/1	1/1
29	商陆科						1/1	1/1																					
30	绿藤科				1/1	1/1	1/1	1/1											1/1	1/1	1/1	1/1							
31	十字花科	1/1																							1/1	1/1			
32	无患子科					1/1	1/1																						
33	薯蓣科																1/1	1/1	1/1	1/1	1/1	1/1					1/1	1/1	1/1

序号	植物科名	样地编号																										
		A1	A2	A3	A4	A5	A6	A7	B1	B2	B3	B4	B5	B6	B7	C1	C2	C3	C4	C5	C6	C7	D1	D2	D3	D4	D5	D6	D7
34	石竹科																									1/1	1/1		
35	玄参科	1/1											1/1							1/1	1/1	1/1					2/2	1/1	1/1
36	苋科					1/1	1/1	1/1			1/1		1/1						1/1	1/1	1/1	1/1			1/1	2/2	3/3	2/2	
37	旋花科		1/1	1/1	1/1																								
38	芸香科										1/1																		
39	鸭跖草科		1/1	1/1																				1/1	1/1	1/1	1/1		
40	紫茉莉科																			1/1	1/1	1/1							
	总计（科）	4	8	11	8	10	20	22	2	2	7	6	9	7	5	2	5	7	10	17	16	15	4	8	13	15	16	11	10
	总计（属）	8	15	20	15	17	32	35	2	5	13	12	15	12	11	7	10	18	23	28	26	25	7	14	23	27	30	17	12
	总计（种）	9	18	23	18	21	34	37	2	6	14	13	16	14	12	7	10	20	24	29	27	26	7	14	24	28	31	18	13

2. 工程扰动边坡生态修复植被演替初期物种的重要值变化及群落生长型结构变化

向家坝水电站工程扰动区 4 个代表性植被生态修复样地内植被演替初期物种的重要值变化及群落生长型结构变化见附表 1~附表 4。在演替初期，由于建群过程播种的均匀性，各物种重要值接近，随着乡土物种的侵入和种间的竞争持续，物种重要值发生分化。A 样地在 5 年的演替进程中，建群种只有狗牙根处在演替序列之中并继续为优势种之一，乡土藤本植物葎草在监测期内成为重要值最大的物种之一。监测末期，群落中出现乔灌木且重要值不断增大，群落生长型结构也从纯草本(多年生草本为主，辅以一年/越年生草本和草质藤本)植物的结构变化为分层特征的结构，乔灌木占据接近 1/4 比重。B 样地建群种黑麦草一直处在演替序列之中并为优势种之一，但其重要值随着时间的推移不断下降，群落中逐渐出现灌木，在群落中所占比重也逐年上升，其他草本植物的重要值年际变化差异很大，群落生长型结构从纯草本植物(多年生草本和一年/越年生草本)的结构变化为灌木占据一定比重的群落结构。C 样地中建群种狼尾草始终占据绝对优势；乡土藤本植物葛藤重要值逐渐增加并在监测期末成为第二优势物种，对群落外貌产生一定影响；另一优势种多花木蓝重要值在监测期内变化不大；群落中其他物种重要值相对 3 种优势种来说较小，监测期内群落始终为草、灌、藤结合的生态型结构，虽然灌木和藤本植物两者的比重之和逐年上升，但狼尾草始终决定群落的外貌。D 样地建群种全部退出演替序列，新银合欢成为群落控制性种群，群落形成新银合欢控制中层、马唐等喜荫草本占据底层的群落，群落生长型结构由多年生草本植物占主导的群落变化为灌木、多年生草本、一年/越年生草本各占 1/3 比重的群落结构。

3. 工程扰动边坡生态修复植被演替初期 α 多样性及变化

对 4 个代表性样地 7 阶段共 28 个群落 α 多样性 9 个指标的相关性分析(表 7.3)表明，多样性指数之间大都显著相关，丰富度指数间也显著相关，均匀度指数间相关性也较大，但它们相互之间相关性不十分显著。

同时，4 个代表性样地生态修复植被演替初期 α 多样性变化具有共性，群落中大量侵入乡土物种时，多样性指标均快速增长，在群落有一种或几种物种占据绝对优势地位时，其多样性指标均出现缓慢下降。丰富度作为种数和种个体数衡量的指标，因样方内物种个体数有限，一般情况下物种数越多，丰富度越大。但当物种数减少的同时物种个体数减少更快，反而会导致丰富度上升，在演替阶段，B、C、D 三样地均出现以上现象。初始建群种为多种物种时(A、C、D 样地)，由

表 7.3　9 个 α 多样性指数之间的相关性

	SW	D_m	D	D_{ma}	D_{me}	D_{mo}	J_s	J	J_a
SW	1								
D_m	0.907**	1							
D	0.908**	0.983**	1						
D_{ma}	0.764**	0.4/1*	0.467*	1					
D_{me}	0.719**	0.548**	0.500**	0.908**	1				
D_{mo}	0.337	0.442*	0.345	0.363	0.718**	1			
J_s	0.802**	0.966**	0.973**	0.270	0.349	0.335	1		
J	0.259	0.627**	0.611**	−0.356	−0.155	0.249	0.776**	1	
J_a	0.380*	0.700**	0.654**	−0.205	−0.070	0.177	0.793**	0.909**	1

注：*相关性在 0.05 水平上显著；**相关性在 0.01 水平上显著。

于播种的均匀性，其建群的初始阶段，均匀度指数均较大，其后随着乡土物种的随机侵入和种间竞争，均匀度降低；随着演替的发展，均匀度又有一定的增长。初始建群种为单一物种时，随着其他种的侵入，均匀度指标随演替的发展逐年上升。

4. 工程扰动边坡生态修复植被演替初期 β 多样性及变化

忽略 C 样地在研究期间进行人工调控对物种的影响，A、C、D 样地每一群落总与时间最临近的群落具有相对较高的相似性，与其时间序列相距越远，其相似性越小。监测期末的群落与建群初期群落之间的相似性均最低；沿着时间梯度，群落内增加和丢失的物种数不断上升，物种的增减与恢复时间显著正相关。由于 A、C、D 样地在向家坝水电站扰动区内最具代表性，此结果代表工程扰动边坡生态修复植被演替初期 β 多样性变化的一般共性特征。B 样地演替过程中，除初始建群形成的群落，各时间梯度的群落均具有较高的相似性，沿时间梯度群落内增加和丢失的物种数也没有显著变化，表明在演替过程中其 β 多样性无显著变化，演替时间并不是影响其群落多样性的唯一因素。

5. 工程扰动边坡生态修复植被演替初期地上生物量的变化

4 个代表性样地群落 5 年演替期间地上生物量变化如图 7.1。在群落建植第 2 年，地上生物量均出现下降，主要为初始建群物种的逐渐退化导致，而期间乡土物种侵入带来的地上生物量上升不足以弥补初始建群种退化带来的地上生物量下降。之后随着群落丰富度的上升，地上生物量均有不同程度的回升。A 样地在第 5 年大量乔灌木在样地中出现和生长，地上生物量出现较快增长。B 样地地上生物量的变化趋势与 A 样地一致，但 B 样地地上生物量保持在较低水平，最大的第 5 年仅为 370g/m² ，表明 B 样地土地生产力水平较低。C 样地地上生物量均在 1150g/m² 以上，表明 C 样地土地生产力在演替过程中均保持较高水平，原因可能是狼尾草在群落初期演替过程中一直高密度分布。D 样地由于新银合欢在群落中繁衍生长,地上生物量在后期出现快速上升,至第5年,达到1691g/m² 的较高水平。

通过方差分析发现,4个样地群落地上生物量存在显著差异,地上生物量由大至小顺序为:C样地>D样地>A样地>B样地,但D样地地上生物量在第5年超过C样地。结合各群落的生长型结构变化可以预见,A样地和D样地的地上生物量仍将迅速上升,经短期演替后两样地的地上生物量将大大高于仍以草本植物为主的B样地和C样地。

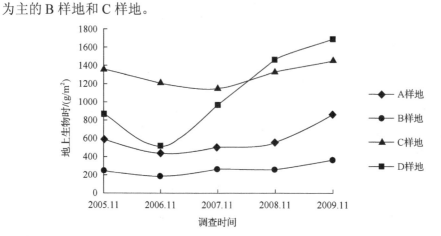

图7.1 4个代表性样地不同时期地上生物量的变化

7.2 优势种群分析

7.2.1 研究对象

根据4个样地演替过程中植被群落监测结果,对各样地2006年11月、2008年5月、2009年11月的群落,选取各群落重要值居前五位的物种,研究这些物种形成的种群特征。保持与前一节一致,各样地对应的编号为A2、A4、A7;B2、B4、B7;C2、C4、C7;D2、D4、D7。

7.2.2 计算指标及测度方法

1. 优势种群的分布格局

种群的分布格局是物种与环境长期相互作用、相互适应的结果,与物种的生理学特性和种群间的竞争相关,与物种所处的生境也有密切的联系。一般认为,种群小规模的聚集是由物种本身的生理特征决定的,而种群大规模的聚集主要由环境因子决定。

采用流行的聚集强度来分析判别种群的分布格局。聚集强度不仅可用来判断种群的空间分布类型，而且也能提供种群个体行为和种群扩散的时间序列变化等相应信息。计算指标包括负二项指数 K、Cassie 指标和扩散系数 C。

1) 负二项指数 K

$$K = \overline{X^2}/(S^2 - \overline{X})\tag{7.17}$$

式中，K 为负二项指数的参数，与种植密度无关，K 值越小，聚集强度越大，如果趋于 ∞（一般大于 8 以上），为随机分布；$\overline{X}$ 为物种个体数的平均值；S 为物种个体数的标准差。

2) Cassie 指标

$$C_A = 1/K\tag{7.18}$$

式中，K 意义同式 (7.17)。当 $C_A > 0$ 时，种群为聚集分布；当 $C_A = 0$ 时，种群为随机分布；当 $C_A < 0$ 时，种群为均匀分布。

3) 扩散系数 C

$$C = S^2/\overline{X}\tag{7.19}$$

式中，$\overline{X}$、S 意义同式 (7.17)。扩散系数 C 检验种群是否偏离随机型，C 值有时与种群的密度有关。当 $C > 1$ 时，种群为聚集分布；当 $C = 1$ 时，种群为随机分布；当 $C < 1$ 时，种群为均匀分布。C 值遵从均值为 1，方差为 $2n/(n-1)^2$ 的正态分布。

2. 优势种群的生态位

1) 生态位宽度

生态位宽度指种群在一个群落中所利用的各种资源的总和。生态位宽度描述的是物种对资源开发利用的程度，从一定意义上讲也是对生物信息多样性的一种反馈。生态位的研究针对某一特定群落而言，同一个物种，在不同地域、不同群落内，其生态位存在差异。

采用 Shannon-Wiener 生态位宽度指数测度物种的生态位宽度：

$$B_{(\mathrm{sw})i} = -\sum_{j=1}^{s} P_{ij}\ln P_{ij}/\ln S\tag{7.20}$$

$$P_{ij} = n_{ij}/N_i\tag{7.21}$$

$$N_i = \sum_{j=1}^{s} n_{ij}\tag{7.22}$$

式中，$B_{(\mathrm{sw})i}$ 为特定调查时期 i 物种的生态位宽度，具有域值 [0，1]，宽度越接近 1，表明物种的生态位宽度幅度较宽，也说明物种对资源利用的多样性程度较高；S

为资源位数，本章中为样方数，每一样地 S 均为 12；P_{ij} 为特定调查时期物种 i 利用第 j 资源位占它利用全部资源位的比例；n_{ij} 为物种 i 利用第 j 资源位的数量特征值，此处取物种盖度。

2）生态位重叠

生态位重叠一般是指两个不同物种对某一特定资源状态的共同利用程度，也指两个物种在其与生态因子联系上的相似性。生态位重叠是研究物种对资源利用性竞争的一个必要条件，它涉及种群对资源的分享数量，也关系到两个种群能稳定地共存时生态学特性相似程度。生态位重叠较大的种可能存在两种情况：一是有相近的生态学特性；二是对生境因子有互补的要求。通常采用 Pianka 指数测度物种种对间的生态位重叠：

$$O_{(P)ih} = \sum_{j=1}^{s} P_{ij}P_{hj} / \sqrt{\sum_{j=1}^{s} (P_{ij})^2 \times \sum_{j=1}^{s} (P_{hj})^2} \tag{7.23}$$

式中，$O_{(p)ih}$ 为特定调查时期 i 物种与 h 物种的生态位重叠值；其他参数同式（7.20）。Pianka 指数同样具有域值[0，1]，对种之间的 Pianka 指数是对称的。Pianka 指数对种群的个体数量或其在群落中种群的数量特征不敏感，但能客观地反映种群间对资源利用或生态适应的相似性以及物种在资源利用上的重叠，是较为直观的几何解释，便于对不同种群的生态位重叠进行客观比较。

3. 种间联结

种间联结性是指不同物种空间分布上的相互关联性，通常是由群落生境的差异影响了物种分布而引起的（王伯荪，1987），反映了各个物种在不同生境条件下相互影响、相互作用所形成的有机联系（史作民等，2001）。因而，研究群落的种间联结性，能够有效地反映各物种在群落中的分布情况，各物种对环境因子的适应程度及在特定环境因子作用下的种间相互关系，有助于进一步认清群落的结构、类型及群落的演替趋势（李登武等，2003）。

种间联结的研究包括两个内容：其一，一定的置信水平上，检验两个种间是否存在关联；其二，关联的程度。种间联结的测定通常以二元数据或基本生态特性等数据为基础，本研究中联结分析基于二元数据。首先将原始数据矩阵转化为如表 7.4 所示 2×2 列联表数据，表中 a 表示两个种均出现的样方数，b 表示只含种 A 的样方数，c 表示只含种 B 的样方数，d 表示两个种均不存在的样方数，n 为总样方数。当某个物种的频度为 100%时，对 b、c、d 进行修正，即种 A 频度为 100%时，c、d 由 0 加权为 1（王伯荪，1987）。

表 7.4　2×2 列联表

		种 B		
		出现的样方数	不出现的样方数	
种 A	出现的样方数	a	b	$a+b$
	不出现的样方数	c	d	$c+d$
		$a+c$	$b+d$	$n=a+b+c+d$

1) 成对物种间联结性检验方法

对于 2×2 列联表，一般用检验来测定种间联结性，它要求列联表中任何一格的理论数不小于 1 且任意两格的理论数不能同时小于 5，否则检验会有偏倚。本章中利用 Yates 的连续性校正公式计算：

$$\chi^2 = n \cdot (|ab-bc|-n/2)^2 /(a+b)(c+d)(a+c)(b+d) \tag{7.24}$$

式中，χ^2 无负值，当 $ad>bc$ 为正联结，$ad<bc$ 为负联结。当 $\chi^2<3.841\,(a>0.05)$ 时，种间无联结（相互独立）；当 $\chi^2 \geqslant 6.635\,(a \leqslant 0.01)$ 时，种间有显著的生态联结；当 $3.841 \leqslant \chi^2 < 6.635\,(0.01 \leqslant a < 0.05)$ 时，种间有一定生态联结。χ^2 检验可以较为准确地描述种对间联结的显著程度和正负关系，但并不能区分其联结强度的大小，模糊了种间联结性之间的差异，因此需进一步测度其联结强度作为辅助说明。

2) 种间联结度的测度

采用 Ochiai 指数进行种间联结度的测度：

$$OI = a/\sqrt{(a+c)(a+b)} \tag{7.25}$$

式中，OI 表示种对相伴随出现的几率和联结性强度；当 $a=0$ 时为 0，表示种间完全相异，不同时出现在同一样方中；当 $a=N$（总样方数）时取值为 1，表示同时出现在所有样方中，为最大关联度。

7.2.3　优势种群分析结果

1. 优势种群的分布格局

向家坝水电站工程扰动区 4 个代表性植被生态修复样地在 2006 年 11 月、2008 年 5 月和 2009 年 11 月的群落中主要优势物种水平空间分布格局的聚集强度指数计算结果如表 7.5 所示。

表 7.5　不同阶段样地内优势物种空间格局的聚集强度

编号	优势种	样地	K	CA	C	结果
a1	荸草	A2	0.986	1.015	6.834	C
		A4	7.856	0.127	2.570	C
		A7	5.193	0.193	2.252	C
a2	扁穗冰草	A2	1.085	0.921	5.990	C
a3	狗牙根	A2	−282.486	−0.004	0.987	U/R
		A4	0.973	1.028	4.597	C
		A7	1.850	0.540	4.242	C
a4	黄花蒿	A2	0.764	1.309	2.636	C
		A4	0.899	1.113	1.927	C
a5	白酒草	A2	3.667	0.273	1.455	C
		A7	0.603	1.658	3.073	C
a6	三叶鬼针草	A4	0.406	2.460	3.870	C
a7	马唐	A4	0.407	2.455	3.455	C
a8	肾蕨	A7	0.702	1.424	3.967	C
a9	海金沙	A7	0.478	2.091	6.053	C
b1	黑麦草	B2	−6.374	−0.157	0.307	U
		B4	−5.330	−0.188	0.328	U
		B7	6.090	0.164	1.465	C
b2	白酒草	B2	−242.458	−0.004	0.992	U/R
		B4	−1.174	−0.852	0.077	U
b3	三叶鬼针草	B2	3.262	0.307	1.281	C
		B7	0.407	2.455	1.818	C
b4	黄花蒿	B2	5.729	0.175	1.073	C
		B4	15.278	0.065	1.055	C/R
b5	艾蒿	B2	−1.375	−0.727	0.818	U
b6	蓟	B4	−11.000	−0.091	0.909	U/R
		B7	8.013	0.125	1.406	C/R
b7	美丽胡枝子	B4	0.458	2.182	1.545	C
		B7	0.244	4.091	2.364	C
b8	魁蓟	B7	3.143	0.318	1.636	C
c1	狼尾草	C2	−26.133	−0.038	0.445	U
		C4	−16.895	−0.059	0.043	U
		C7	−16.895	−0.059	0.043	U
c2	马唐	C2	−33.115	−0.030	0.957	U/R
c3	狗牙根	C2	−309.833	−0.003	0.993	U/R
c4	紫花苜蓿	C2	3.332	0.300	1.850	C
		C4	2.903	0.344	1.545	C
c5	多花木蓝	C2	−1.146	−0.873	0.636	U
		C4	−2.495	−0.401	0.766	U
		C7	7.486	0.134	1.078	C
c6	葛藤	C4	2.552	0.392	1.751	C
		C7	5.942	0.168	1.463	C
c7	蓖麻	C4	0.458	2.182	1.545	C
c8	苈草	C7	1.912	0.523	1.479	C
c9	艾蒿	C7	0.442	2.263	2.697	C

编号	优势种	样地	K	CA	C	结果
d1	狗牙根	D2	3.791	0.264	3.088	C
		D4	3.302	0.303	2.262	C
d2	紫花苜蓿	D2	1.393	0.718	4.529	C
d3	鼠尾草	D2	0.882	1.134	3.174	C
d4	新银合欢	D2	0.786	1.273	1.636	C
		D4	−7.923	−0.126	0.884	U
		D7	−6.551	−0.153	0.657	U
d5	葎草	D2	0.524	1.909	4.818	C
		D4	0.428	2.338	7.626	C
d6	艾蒿	D4	0.518	1.930	5.343	C
		D7	1.225	0.816	4.400	C
d7	马唐	D4	1.576	0.635	2.005	C
		D7	−42.935	−0.023	0.744	U
d8	黄花蒿	D7	0.764	1.309	2.636	C
d9	苋草	D7	0.463	2.160	2.800	C

注：C 表示聚集分布；R 表示随机分布；U 表示均匀分布。

边坡重建植被种群的分布格局及分布格局的变化受生境所处的群落及种间竞争影响。初始建群种在建群初期均处于均匀分布，随着演替发展，分布格局逐渐分化。在 A、C、D 样地中均配置的初始建群种狗牙根，三个样地的建群时间接近，在建群后 2 年，狗牙根在 A、C 样地均匀分布，在 D 样地聚集分布；建群后 3.5 年，狗牙根在 A、D 样地聚集分布，从 C 样地退出；建群后 5 年，狗牙根仅在 A 样地聚集分布，从 D 样地退出。B 样地的初始建群种黑麦草在前 4 年均处于均匀分布状态，之后随着部分植株的退化，分布格局呈现聚集状态。

由于扰动边坡生境的特殊性，在重建植被群落中占据绝对优势地位的物种一般处于均匀分布状态，如 C 样地的狼尾草种群，D 样地的新银合欢种群和马唐种群等。此外，由于 B 样地群落整体盖度不高，物种个体密度也很低，而成为优势种的乡土草本物种多为随机侵入，因此，这些侵入的优势种多为均匀分布。研究结果还表明，在边坡重建植被的演替初期，初始建群种逐渐退化为伴生种并最终从群落中退出，其分布格局依次的变化为：均匀分布—聚集分布—强度较小的聚集分布—退出。

2. 优势种群的生态位宽度和生态位重叠

同种物种在不同地域、不同群落或不同生态系统内，其生态位可能存在差异。向家坝水电站工程扰动区 4 个代表性植被生态修复样地在 2006 年 11 月、2008 年 5 月和 2009 年 11 月的群落中主要优势物种的生态位宽度结果如表 7.6。

研究表明，种群在群落中均匀分布时，往往具有较大的生态位宽度。种群在群落中聚集分布时，重要值越大同时聚集强度越小，其计算的生态位宽度越大，表明此时物种对资源的利用程度最高。在特殊生境条件下并且缺乏竞争时，种群

表 7.6　不同阶段样地内优势物种的生态位宽度

编号	物种	生态位宽度		
		2006 年 11 月	2008 年 5 月	2009 年 11 月
a1	荩草	0.7111	0.9509	0.9004
a2	扁穗冰草	0.7197		
a3	狗牙根	0.9322	0.7255	0.8153
a4	黄花蒿	0.5887	0.5538	
a5	白酒草	0.7708		0.5412
a6	三叶鬼针草		0.4501	
a7	马唐		0.4825	
a8	肾蕨			0.6286
a9	海金沙			0.5378
b1	黑麦草	0.9835	0.9736	0.8616
b2	白酒草	0.8441	0.8441	
b3	三叶鬼针草	0.6746		0.2708
b4	黄花蒿	0.5361	0.5361	
b5	艾蒿	0.4421		
b6	蓟		0.7621	0.8786
b7	美丽胡枝子		0.1650	0.2091
b8	魁蓟			0.7866
c1	狼尾草	0.9936	0.9996	0.9996
c2	马唐	0.8200		
c3	狗牙根	0.8711		
c4	紫花苜蓿	0.8324	0.7628	
c5	多花木蓝	0.6403	0.7056	0.6411
c6	葛藤		0.7722	0.8491
c7	蓖麻		0.2562	
c8	荩草			0.6415
c9	艾蒿			0.4170
d1	狗牙根	0.8806	0.8761	
d2	紫花苜蓿	0.7652		
d3	鼠尾草	0.6312		
d4	新银合欢	0.4410	0.7473	0.9258
d5	荩草	0.5437	0.5509	
d6	艾蒿		0.5615	0.7506
d7	马唐		0.7281	0.9870
d8	黄花蒿			0.5917
d9	荩草			0.4912

的生态位会向基础生态位扩展，如 C 样地中高陡开挖岩石边坡重建植被中的狼尾草种群，可能演替初期群落中出现的其他种对其竞争很小，其生态位几乎达到 1；D 样地中的新银合欢种群，因在群落中未出现其他中高层种与其竞争，其生态位也随着演替时间不断扩展。当种群面临竞争时，会导致生态位收缩，如 C 样地中多花木蓝种群。物种重要值排序与生态位宽度排序并未有严格的一致性，主要原因是两种指标侧重点不同。重要值反映物种在样方中的优势程度，而生态位宽度是反映物种对资源的利用幅度。

各样地各阶段排名前五的优势种群均有较大的生态位宽度,表明优势种之间重叠的机会较大,经过生态位的重叠计算,优势种群的生态位重叠如图 7.2~图 7.5 所示。在 4 个样地 3 阶段共 120 种对中,生态位重叠值大于 0.3 的种对占

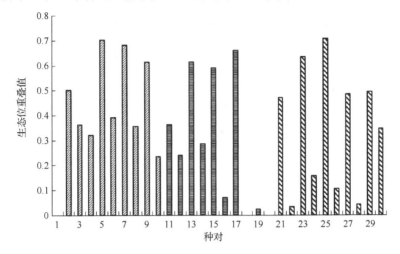

图 7.2　A 样地优势物种的生态位重叠值

横坐标中 1~10 表示 A2 样地优势物种种对号,依次为 a1-a2、a1-a3、a1-a4、a1-a5、a2-a3、a2-a4、a2-a5、a3-a4、a3-a5、a4-a5;11~20 表示 A4 样地优势物种种对号,依次为 a1-a3、a1-a6、a1-a4、a1-a7、a3-a6、a3-a4、a3-a7、a6-a4、a6-a7、a4-a7;21~30 表示 A7 样地优势物种种对号,依次为 a3-a1、a3-a8、a3-a9、a3-a5、a1-a8、a1-a9、a1-a5、a8-a9、a8-a5、a9-a5;各种号表示的物种如表 7.6 所示

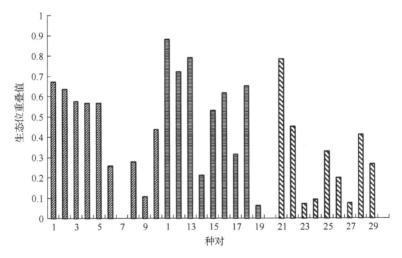

图 7.3　B 样地优势物种的生态位重叠值

横坐标中 1~10 表示 B2 样地优势物种种对号,依次为 b1-b2、b1-b3、b1-b4、b1-b5、b2-b3、b2-b4、b2-b5、b3-b4、b3-b5、b4-b5;11~20 表示 B4 样地优势物种种对号,依次为 b1-b2、b1-b4、b1-b6、b1-b7、b2-b4、b2-b6、b2-b7、b4-b6、b4-b7、b6-b7;21~30 表示 B7 样地优势物种种对号,依次为 b6-b1、b6-b8、b6-b7、b6-b3、b1-b8、b1-b7、b1-b3、b8-b7、b8-b3、b7-b3;各种号表示的物种如表 7.6 所示

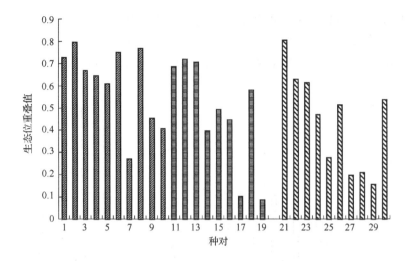

图 7.4　C 样地优势物种的生态位重叠值

横坐标中 1~10 表示 C2 样地优势物种种对号，依次为 c1-c2、c1-c3、c1-c4、c1-c5、c2-c3、c2-c4、c2-c5、c3-c4、
c3-c5、c4-c5；11~20 表示 C4 样地优势物种种对号，依次为 c1-c5、c1-c6、c1-c4、c1-c7、c5-c6、c5-c4、c5-c7、c6-c4、
c6-c7、c4-c7；21~30 表示 C7 样地优势物种种对号，依次为 c1-c6、c1-c5、c1-c8、c1-c9、c6-c5、c6-c8、c6-c9、c5-c8、
c5-c9、c8-c9；各种号表示的物种如表 7.6 所示

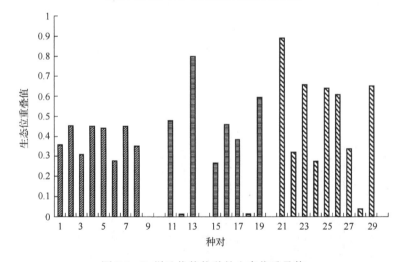

图 7.5　D 样地优势物种的生态位重叠值

横坐标中 1~10 表示 D2 样地优势物种种对号，依次为 d1-d2、d1-d3、d1-d4、d1-d5、d2-d3、d2-d4、d2-d5、d3-d4、
d3-d5、d4-d5；11~20 表示 D4 样地优势物种种对号，依次为 d4-d1、d4-d6、d4-d7、d4-d5、d1-d6、d1-d7、d1-d5、
d6-d7、d6-d5、d7-d5；21~30 表示 D7 样地优势物种种对号，依次为 d4-d7、d4-d6、d4-d8、d4-d9、d7-d5、d7-d8、
d7-d9、d6-d8、d6-d9、d8-d9；各种号表示的物种如表 7.6 所示

到总种对的 64.2%，表明演替过程中，各优势种之间处于竞争激烈状态。优势种
中，生态位最宽的种群通常与其他种之间的重叠值也较大，但本研究中，生态位

宽度并不是影响生态位重叠值的唯一因素。如 B 样地中，黑麦草(SW=0.8616)与魁蓟(SW=0.7866)之间的生态位重叠值小于魁蓟与美丽胡枝子(SW=0.2091)之间的重叠值。这表明生态位重叠值还与种群分布、生长型和个体密度有关，物种之间具有较小的生态位重叠值时，可以认为并未出现强烈的资源利用竞争。

3. 优势种群的种间联结

4 个样地三个阶段主要优势种的种对间的联结性见表 7.7。随着植被群落的演替，群落结构及其种类组成将逐渐趋于完善和稳定，种间关系也逐步趋向于正相关，以求得物种间的稳定共存种间关系。通过检验显示，在 4 个样地 3 个阶段共 120 种对中，只有 5 种对出现联结关系，表明 4 样地群落中大多数植物之间没有形成相互关联的机制，种对间的独立性相对较强，群落的结构和组成并不完善，4 个样地群落均处在演替的初级阶段。例如在 D 样地 D4 阶段 3 种对有联结关系，而 D7 阶段未出现有联结关系的种对，表明在演替过程中，同一种对的联结性质和关联程度会发生改变。

表 7.7　不同阶段样地内优势物种种间联结性

		a1	a2	a3	a4	a5
A2	a1		0.0000	0.6155	0.5477	0.5774
	a2	8.3333−		0.6838	0.6838	0.5774
	a3	0.0000	0.0000		0.5394	0.7462
	a4	0.0000	0.0000	0.0312		0.3162
	a5	0.3750+	0.3750+	0.1364−	1.0714−	
		a1	a3	a6	a4	a7
A4	a1		0.7144	0.5164	0.5164	0.5164
	a3	0.3038+		0.5669	0.1890	0.3780
	a6	0.1167−	0.0429+		0.0000	0.2500
	a4	0.1167−	1.0714−	1.1719−		0.0000
	a7	0.1167−	0.0429−	0.0469−	1.1719−	
		a3	a1	a8	a9	a5
A7	a3		0.6708	0.2887	0.6325	0.3536
	a1	0.0750−		0.7171	0.3162	0.4743
	a8	3.3750−	0.6000+		0.2041	0.6124
	a9	1.1719+	1.8750−	0.3750−		0.5000
	a5	0.0469−	0.0750−	0.3750+	0.0469+	
		b1	b2	b3	b4	b5
B2	b1		0.8216	0.6547	0.5164	0.4330
	b2	0.0146+		0.6804	0.5000	0.0000

续表

		b1	b2	b3	b4	b5
B2	b3	0.5833+	0.0000		0.2041	0.2357
	b4	0.1167−	0.5000+	0.3750−		0.2887
	b5	0.0146−	7.2593−	0.0000	0.5000+	
		b1	b2	b4	b6	b7
B4	b1		0.9231	0.6547	0.7144	0.3333
	b2	0.2718+		0.6547	0.7144	0.3333
	b4	0.5833+	0.5833+		0.6172	0.2887
	b6	0.3038+	0.3038+	0.0000		0.0000
	b7	0.0177−	0.0177−	0.6000+	1.0971−	
		b6	b1	b8	b7	b3
B7	b6		0.8000	0.6708	0.2236	0.3651
	b1	0.1200−		0.6708	0.3651	0.2236
	b8	0.0750−	0.0750−		0.2500	0.4082
	b7	0.1200−	0.1200+	0.0750−		0.0000
	b3	0.1200+	0.1200−	0.0750+	0.1200−	
		c1	c2	c3	c4	c5
C2	c1		0.7698	0.8216	0.8216	0.5893
	c2	0.1167+		0.7071	0.5893	0.3162
	c3	0.0146+	0.5000+		0.7778	0.4472
	c4	0.0146+	0.5000−	0.1481+		0.5963
	c5	0.3038−	1.0714−	0.1143−	0.1143+	
		c1	c5	c6	c4	c7
C4	c1		0.6547	0.7698	0.7144	0.3333
	c5	0.5833+		0.4330	0.4629	0.2887
	c6	0.1167+	0.3750-		0.6682	0.2500
	c4	0.3038+	0.0000	0.0429+		0.0000
	c7	0.0177−	0.6000+	0.0750−	1.0971−	
		c1	c6	c5	c8	c9
C7	c1		0.8216	0.5893	0.5893	0.4330
	c6	0.0146+		0.2981	0.5963	0.3849
	c5	0.3038−	2.8571−		0.2000	0.2582
	c8	0.3038−	0.1143+	0.4800−		0.5164
	c9	0.0146−	0.1481−	0.1143−	0.1143+	
		d1	d2	d3	d4	d5
D2	d1		0.5040	0.4472	0.3849	0.5000
	d2	1.0286−		0.3381	0.2182	0.5669
	d3	0.1143−	0.2449−		0.5164	0.0000
	d4	0.1481−	0.1143−	0.1143+		0.0000

续表

D2		d1	d2	d3	d4	d5
	d5	0.5000+	0.0429+	2.1000−	0.5000−	
		d4	d1	d6	d7	d5
	d4		0.7826	0.1690	0.8750	0.0000
D4	d1	1.0971+		0.4243	0.7826	0.4243
	d6	2.8310−	0.2194−		0.1690	0.8000
	d7	8.2384+	1.0971+	2.8310−		0.0000
	d5	6.2853−	1.0971−	2.8310+	6.2853−	
		d4	d7	d6	d8	d9
	d4		0.9167	0.6838	0.6155	0.6155
D7	d7	0.2188+		0.7144	0.5893	0.5164
	d6	0.4256+	0.3038+		0.1690	0.5669
	d8	0.0312−	0.3038−	2.8310−		0.0000
	d9	0.1364−	0.1167−	0.0429+	2.1000−	

注：上三角数据表示 *Ochiai* 联结指数；下三角数据表示 Yates 值，"+"、"−"表示联结性，序号代表不同物种同表 7.6。

　　联结指数显示，A 样地群落主要种群之间的联结程度有减小的趋势，B 样地主要种群之间的联结程度没有明显变化趋势，C 样地主要种群之间的联结程度先减小后增大，D 样地群落种对间的联结程度呈增强趋势。表明虽然演替时间基本相同，但因环境和群落组成的不同，各样地的演替速率是不一致的。

　　种间联结性与生态位重叠的关系表明，呈现一定负联结的两物种之间的生态位重叠也相对较小。B 样地负联结植物种对所占比重大于正联结植物种对，物种间排斥性大于资源的共享性，表明生存空间不是导致 B 样地物种竞争的原因。D 样地中新银合欢和马唐种间生态位重叠值大，同时种间正联结强度也较高，印证了两者之间有生境互补的要求。

4. 优势种群的演替种组划分

　　通过分析 4 个样地优势种群的种间联结关系和联结强度，结合在群落中各物种所处地位，可将各样地中出现的优势种群演替种组划分如下：A 样地中，葎草、狗牙根为进展种，扁穗冰草为衰退种，黄花蒿、白酒草、三叶鬼针草、马唐、海金沙 5 种为过渡种；B 样地中，美丽胡枝子为进展种，黑麦草、白酒草、三叶鬼针草、黄花蒿、艾蒿、蓟、魁蓟均为过渡种；C 样地中，狼尾草、葛藤为进展种，多花木蓝为衰退种，马唐、狗牙根、紫花苜蓿、蓖麻、莐草、艾蒿均为过渡种；D 样地中，新银合欢、马唐划为进展种，紫花苜蓿、葎草为衰退种，狗牙根、鼠尾草、黄花蒿、艾蒿、莐草为过渡种。

　　值得指出的是，由于研究时段的限制，其他物种没成为群落中优势种而未纳入研究范围，特别是群落 A 中研究末期出现的乔灌木。随着演替发展，演替种组是否会发生改变有待时间验证。

7.3　修复植被群落稳定性评价

群落稳定性是指群落抑制物种种群波动和从扰动中恢复平稳状态的能力。群落稳定性包含多重意义，它体现了群落的抗干扰性、恢复性、持续性和变异性（张金屯，2004）。一般认为，群落的结构越复杂，多样性越高，群落越稳定。也有部分理论认为，在更多样化的系统中，一个生态关系复杂的网络，可导致种群急剧波动，而不是使种群更加稳定，所以复杂的系统比简单的系统更不稳定。群落稳定性和演替是一个问题的两个方面，群落演替定义为发生在某一区域的生物—环境复合体在结构和功能方面的变化，当物种在群落中的功能和地位随时间的变化不明显时，这样的群落就处于比较稳定的状态。

为探究向家坝水电工程扰动区植被生态修复样地人工重建植被初期演替规律，评价致使群落不稳定的因素，对向家坝水电站工程扰动区 4 个代表性样地在2005 年 11 月、2006 年 11 月、2007 年 11 月、2008 年 5 月、2008 年 11 月、2009 年 5 月和 2009 年 11 月各阶段的群落进行稳定性分析，样地编号与前两节一致。

7.3.1　研究方法

由于群落在时空上的动态变化，使得度量群落稳定性很复杂。迄今为止，还没有一个统一的指标来衡量系统的稳定性。群落的稳定性不能单独用物种多样性指标来判断，要结合群落的结构、物种多样性、种群特性和立地生境等进行具体分析（刘小阳等，1999）。群落稳定性的研究方法可以概括为两类，一类是生物生态学方法，另一类为数学生态学方法。本章采用改进 Godron 方法和除趋势对应分析方法对 4 个群落的演替动态和稳定性进行研究，其中改进 Godron 方法可定量分析群落处在某一阶段的稳定性，此稳定性主要指群落的持续性；除趋势对应分析方法可定性分析沿时序群落之间的演替动态及稳定性，而此时的稳定性主要指群落的变异性。

1. 基于群落物种频度的稳定性研究

利用法国生态学专家 Godron（1972）提出的测定植物群落稳定性方法，首先把所研究群落中不同种植物的频度测定值按由大到小的顺序排列，并把植物的频度换算成相对频度，按相对频度由大到小的顺序逐步累积起来，然后将整个群落内植物种类的总和取倒数，按植物种类排列的顺序也逐步累积起来。由对应的结果可以看出百分之多少的种类占有多大的累积相对频度。将植物种类百分数同累积相对频度一一对应，画出散点图，在两个坐标轴的(100)处连一条直线，散点连接而成的平滑曲线与直线的交点为所求点。根据这种方法，植物种类百分数与累积相对频度比值越接近 20/80 群落就越稳定，20/80 这一点是群落的稳定点。采用对散点建立一元二次多项式模型，求出曲线与直线的交点(郑元润，2000)。其中直线方程为：$y=100-x$，一元二次多项式方程：$y=ax^2+bx+c$，得到交点为：

$$x = \frac{-(b+1) \pm \sqrt{(b+1)^2 - 4a(c-100)}}{2a} \tag{7.26}$$

式(7.26)有两个解，一个解远大于 100，另一个解在 0~100 之间。计算结果表明，交点 X 轴的坐标应大于 0 小于 100，采用 0~100 之间的解。根据 Godron 的方法，各散点在 0~100 之间递增，而且增速递减，采用对数方程更能模拟散点分布。其中对数方程 $y=p\ln x+q$，得到交点：

$$x = pW\left(\frac{1}{p}\mathrm{e}^{\frac{100-q}{p}}\right) \tag{7.27}$$

式(7.27)中包含朗伯 W 函数。W 函数是超越函数，是多值的，但在本方程中，由于 $p>0$，因而有 $\dfrac{1}{p}\mathrm{e}^{\frac{100-q}{p}}>0$；而 $x\in(0,100)$，因而有 $W\left(\dfrac{1}{p}\mathrm{e}^{\frac{100-q}{p}}\right)>0$，则 $W\left(\dfrac{1}{p}\mathrm{e}^{\frac{100-q}{p}}\right)$ 有单值。因此式(7.27)存在单值。本章采用郑元润的改进 Godron 方法及式(7.27)的方法对群落的稳定性进行测度。由于朗伯 W 函数不能用初等函数来表示，对式(7.27)用 MATLAB 求解。

2. 除趋势对应分析

演替分析可以用做群落稳定分析，在演替明显的情况下，稳定性欠佳；若演替速度慢，不明显，则说明群落稳定性较高(张金屯，2004)。本研究过程中采取在各个样地设置永久样方的措施，并对 4 个代表性样地植被重建群落分别沿时间序列进行了 7 次调查，得到附表 1~附表 4 四个 $S \times T$ 维矩阵，其中 S 为植物种数，T 为调查记录的次数。对四个 $S \times T$ 维矩阵将植物物种作为属性，时间作为实体进行除趋势对应分析(detrended correspondence analysis，DCA)排序，排序结果用排序图表示。排序图可以反映群落在排序空间随时间变化情况，用线段将代表不同时间的点连接起来，群落的演替趋势便明显可辨。本章采用 CANOCO 软件进行 DCA 排序。

7.3.2 研究结果

1. 基于群落物种频度的稳定性研究

4 个代表性样地群落不同时期累积相对频度-种总数倒数累积关系，采用二次多项式拟合的曲线参数及交点见表 7.8，采用对数方程拟合的曲线参数及交点见表 7.9。两种曲线拟合的方差均在 0.9 以上，表明两种对累计相对频度-种总数倒数累计的拟合都较好。两种曲线与直线的交点相差不大。在各演替时期，两种曲线与直线的交点相差不大，且交点均偏离 Godron 的稳定点 20/80，表明各类型重建植被初期均处于不稳定状态。研究期内，各群落的演替方向均为进展演替，其中 D 样地群落的演替速率最快，其次为 A 样地、C 样地，B 样地群落的演替速率最为缓慢。

表 7.8 不同时期样地群落稳定分析结果（二次多项式拟合）

样地编号	多项式参数			R^2	Sig.	交点	
	a	b	c			X	Y
A1	−0.0158	2.4295	10.66	0.9375	0	30.27	69.73
A2	−0.0157	2.3558	14.838	0.9749	0	29.43	70.57
A3	−0.0152	2.2042	23.762	0.9537	0	27.34	72.66
A4	−0.013	2.0167	23.828	0.9866	0	28.83	71.17
A5	−0.0133	1.9599	30.266	0.9640	0	26.78	73.22
A6	−0.0137	1.9676	31.989	0.9237	0	26.05	73.95
A7	−0.0137	1.9446	33.69	0.9189	0	25.56	74.44
B1*	0	0.3333	66.667	1	0	25.00	75.00
B2	−0.0105	1.7699	26.603	0.9877	0	29.88	70.12
B3	−0.0153	2.3181	15.446	0.9742	0	29.49	70.51
B4	−0.0157	2.3752	13.444	0.9736	0	29.77	70.23
B5	−0.0167	2.4065	17.649	0.9351	0	28.03	71.97
B6	−0.0152	2.3269	13.601	0.9685	0	30.11	69.89
B7	−0.0121	2.0371	14.062	0.979	0	32.51	67.49
C1	−0.0106	2.1343	-7.8231	0.999	0	39.74	60.26
C2	−0.0103	2.0373	0.6501	0.9987	0	37.47	62.53
C3	−0.016	2.2767	24.213	0.935	0	26.58	73.42
C4	−0.0143	2.0771	28.013	0.9536	0	26.71	73.29
C5	−0.0126	1.9553	25.334	0.9765	0	28.80	71.20
C6	−0.0123	1.9243	26.497	0.9739	0	28.57	71.43
C7	−0.0123	1.9345	24.723	0.9791	0	29.23	70.77
D1	−0.0154	2.461	4.4139	0.9664	0	32.24	67.76

续表

样地编号	多项式参数			R^2	Sig.	交点	
	a	b	c			X	Y
D2	−0.0122	2.0693	12.998	0.9955	0	32.56	67.44
D3	−0.0138	2.1231	20.13	0.9673	0	29.39	70.61
D4	−0.0107	1.8714	17.299	0.9846	0	32.81	67.19
D5	−0.0111	1.7624	30.424	0.9555	0	28.44	71.56
D6	−0.0134	2.0351	25.16	0.9529	0	28.16	71.84
D7	−0.0143	2.1923	18.801	0.9678	0	29.27	70.73

注：＊B1 群落只有两种物种，采用直线方程。

表 7.9　不同时期样地群落稳定分析结果（对数方程拟合）

样地编号	多项式参数		R^2	Sig.	交点	
	p	q			X	Y
A1	32.355	−40.197	0.9233	0	30.07	69.93
A2	29.511	−27.805	0.9597	0	28.72	71.28
A3	25.998	−111.772	0.9451	0	26.54	73.46
A4	26.607	−16.156	0.9686	0	27.44	72.26
A5	23.852	−3.2231	0.9563	0	25.75	74.26
A6	22.899	1.122	0.9425	0	25.09	74.91
A7	22.225	4.330	0.9393	0	24.54	75.46
B1	24.045	−10.731	1	0	29.42	70.58
B2	27.905	−23.532	0.9614	0	29.29	70.71
B3	29.772	−29.147	0.9484	0	28.95	71.05
B4	30.609	−32.699	0.9450	0	29.31	70.69
B5	28.478	−22.162	0.9099	0	27.64	72.36
B6	30.701	−33.528	0.9572	0	29.56	70.44
B7	31.649	−40.754	0.9866	0	31.53	68.47
C1	43.226	−96.505	0.9878	0	38.60	61.40
C2	38.337	−73.297	0.9802	0	36.96	60.04
C3	26.046	−10.786	0.9157	0	25.96	74.04
C4	24.466	−5.207	0.9500	0	25.74	74.26
C5	25.422	−11.561	0.9854	0	27.40	72.60
C6	25.252	−10.639	0.9864	0	27.21	72.79
C7	25.849	−13.798	0.9874	0	27.83	74.14
D1	35.222	−54.406	0.9289	0	32.16	67.84
D2	31.619	−40.343	0.9856	0	31.38	68.62
D3	27.486	−20.230	0.9771	0	28.32	71.68
D4	28.385	−28.292	0.9907	0	30.83	69.17

续表

样地编号	多项式参数		R^2	Sig.	交点	
	p	q			X	Y
D5	23.869	−5.461	0.9884	0	26.89	73.11
D6	26.327	−14.365	0.9647	0	27.30	72.70
D7	29.072	−26.243	0.9580	0	28.68	71.32

2. 除趋势对应分析

4 个代表性样地以植物物种作为属性，时间作为实体进行 DCA 排序后，将各时段的群落进行连线后得到演替分析图 7.6~图 7.9。圆圈点代表群落，群落之间的距离代表群落之间的相异程度。相异度以卡方距离为依据，两群落间连线线段越长，表明两群落之间的差异越大。4 样地各阶段群落之间的卡方距离见表 7.10。

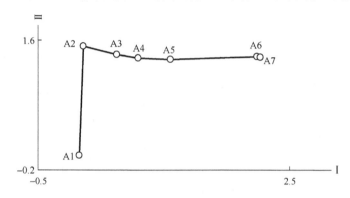

图 7.6　A 样地群落演替分析图

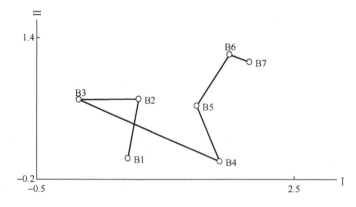

图 7.7　B 样地群落演替分析图

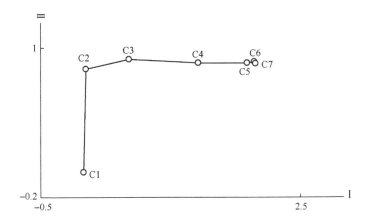

图 7.8　C 样地群落演替分析图

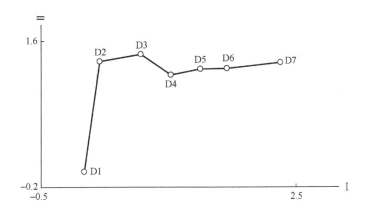

图 7.9　D 样地群落演替分析图

表 7.10　4 样地不同阶段群落之间的卡方距离

样地	演替序号						
	1	2	3	4	5	6	7
A	1.511	0.425	0.252	0.395	1.022	0.044	
B	0.686	0.701	1.782	0.681	0.694	0.243	
C	0.826	0.508	0.796	0.563	0.085	0.019	
D	1.371	0.494	0.436	0.355	0.310	0.628	

　　从 4 个样地群落的演替方向来看，虽然各群落演替过程存在差异，但整体上，各群落的整体演替方向在排序图中均为由左下向右上的对角线方向，代表着各群落均为进展演替(张金屯，2004)。从各样地群落自第 1 阶段到研究期末的第 7 阶

段群落相异度来看，D 样地>A 样地>C 样地>B 样地，表明在研究期内，D 样地群落的演替速率最快，其次为 A 样地、C 样地，B 样地群落的演替速率最为缓慢，研究结果与基于群落物种频度的稳定性研究一致。

3. 修复植被群落稳定性的影响因素

通过前两小节的分析可知，向家坝水电工程扰动边坡植被生态修复群落的初期演替过程中，演替速率与演替时间没有对应的一致关系，即使在演替的某阶段相对稳定(群落的变异度较小)，但各时期群落均处在不稳定状态(群落结构与功能难以持续)。结合 4 个代表性样地的群落特征、种群特征和基材土壤条件，群落稳定性的影响因素主要有：

①新物种的侵入和发展。边坡植被重建后，随着乡土先锋物种的侵入，群落演替速率加快，此过程群落处在不稳定状态。特别地，C 样地演替过程中人工植入新的灌木种，新物种的植入和发展，打破群落原有的演替状态，群落趋于不稳定并朝新的稳定方向演替。

②重建群落的初始建群种和演替中间阶段的优势物种对其他物种的影响。初始建群种或演替中间阶段的绝对优势物种都试图排挤和压制任何新来的定居者，绝对优势物种与其他物种之间具有最大的生态位重叠值，对新侵入种产生一定的抑制作用。各样地群落初始建群时最不稳定，A 样地演替的中间阶段荸草占据优势时群落趋于不稳定，但 C 样地单一草本植物狼尾草占据绝对优势地位，反而可能是演替初期群落保持相对稳定的有利因素。

③外部资源环境。在有限的外部资源条件下，只有抗胁迫能力强的物种能进入群落，而随着外部限制性资源比率的改变，因为物种竞争能力的不同，使组成群落的植物种亦随之发生改变，从而促进群落的演替，同时群落的稳定性也发生变化。B 样地中，不良基材土壤条件的限制，是影响群落稳定性和演替的主要因素。

第8章　生态修复土壤化学生物特征监测与评价

植被生态修复技术作为水电工程扰动区生态的有效补偿手段，能较好和较快地达到前期生态修复效果，但生态修复土壤的肥力持续性等问题未引起相关重视，使得植被生态修复技术在实际应用中易出现后期植被退化、养分流失、肥力持续性不佳的现象。本章以向家坝水电工程扰动区植被生态修复样地土壤长期监测数据为基础，分析不同样地土壤养分指标和酶活性随时间变化规律，评价工程扰动区不同修复类型样地的土壤肥力及其随时间变化的趋势，为后续生态调控工作提供依据。

根据向家坝水电工程扰动区植被生态修复实施状况，选择了在坡面高度、坡度、植被覆盖度和物种配置等方面都具有一定的相似性，但土壤基材不尽相同的 11 个人工植被边坡，同时，选择天然林边坡 1 个、天然次生林边坡 1 个和弃渣地边坡 1 个作为对照样地。样地具体分布如图 8.1 所示，取样边坡坡度 53°~68°，各取样边坡具体情况见表 8.1。其中弃渣地边坡为工程建设弃土废石渣坡地，2004 年初人工堆积形成；框格梁填土边坡 2004 年施工，生态修复土壤为单一当地开挖原土壤；厚层基材喷播边坡 2005 年施工，生态修复土壤为当地开挖原土壤、腐殖质、有机胶、复合肥及保水剂的混合物(李绍才等，2006a)；客土喷播边坡 2004 年施工，生态修复土壤为当地开挖原土壤、腐殖质及复合肥的混合物(章梦涛等，2004)；植被混凝土边坡 2005 年施工，生态修复土壤为当地开挖原土壤、腐殖质、复合肥、水泥、混凝土绿化添加剂和保水剂的混合物。施工中各原土壤均取自同一土料场。

图 8.1　取样样地分布图

总共 14 个样地，图中样地所对应的土壤类型分别为：A、B 框格梁填土，C 植被混凝土基材，D、E、F、G、I 厚层基材，H、K、N 客土喷播，J 弃渣地，L 天然林，M 天然次生林

表 8.1 取样边坡基本情况

编号 1	编号 2	土壤类型	群落结构及描述	植被平均覆盖度/%
1	A	框格梁覆土	乌桕+楝树-葎草+鬼针草+狗牙根+马唐+白酒草+肾蕨 *Sapium sebiferum* + *Melia azedarach* - *Humulus scandens* + *Bidens pilosa* + *Cynodon dactylon* + *Digitaria sanguinalis* + *Conyza japonica* + *Nephrolepis cordifolia*	80
	B	框格梁覆土	葎草+鬼针草+狗牙根+马唐+白酒草+肾蕨 *Humulus scandens* + *Bidens pilosa* + *Cynodon dactylon* + *Digitaria sanguinalis* + *Conyza japonica* + *Nephrolepis cordifolia*	85
2	C	植被混凝土	多花木蓝+女贞+黄花槐-葛藤+狼尾草+马唐+狗牙根 *Indigofera amblyatha* + *Ligustrum lucidum* + *Sophora xanthantha* - *Pueraria lobata* + *Pennisetum alopecuroides* + *Digitaria sanguinalis* + *Cynodon dactylon*	97
	D	厚层基材	新银合欢-狗尾草+高羊茅+紫花苜蓿 *Leucaena leucocephala* - *Setaria viridis* + *Festuca arundinacea* + *Medicago sativa*	50
	E	厚层基材	新银合欢-紫花苜蓿+狗尾草+高羊茅 *Leucaena leucocephala* - *Medicago sativa* + *Setaria viridis* + *Festuca arundinacea*	45
3	F	厚层基材	新银合欢-紫花苜蓿+高羊茅+狗牙根+空心莲子草+艾蒿 *Leucaena leucocephala* - *Medicago sativa* + *Festuca arundinacea* + *Cynodon dactylon* + *Alternanthera philoxeroides* + *Artemisia argyi*	98
	G	厚层基材	荩草+狗牙根+黄花蒿+紫花苜蓿+灰藜 *Arthraxon hispidus* + *Cynodon dactylon* + *Artemisia annua* + *Medicago sativa* + *Chenopodium album*	95
	H	客土喷播	小花紫薇+小叶榕-早熟禾+狗牙根+高羊茅+问荆+三叶鬼针草 *Lagerstroemia micrantha* + *Ficus benjamina* - *Poa annua* + *Cynodon dactylon* + *Festuca elata* + *Equisetum arvense* + *Bidens pilosa*	90
	I	厚层基材	紫花苜蓿+葛藤+高羊茅+狗牙根+荩草+空心莲子草+艾蒿 *Medicago sativa* + *Pueraria lobata* + *Festuca arundinacea* + *Cynodon dactylon* + *Arthraxon hispidus* + *Alternanthera philoxeroides* + *Artemisia argyi*	90
4	K	客土喷播	构树-狼尾草+白三叶+三叶鬼针草 *Broussonetia kazinoki* - *Pennisetum alopecuroides* + *Trrifolium repens* + *Bidens pilosa*	97
5	L	天然林	川黔紫薇+楠木+桉树+桤木-紫荆+继木+山茶-马唐+细叶苔草 *Lagerstroemia excelsa* + *Phoebe zhennan* + *Eucalyptus spp* + *Alnus cremastogyne* - *Cercis chinensis* + *Loropetalum chinense* + *Camellia japonica* - *Digitaria sanguinalis* + *Carex stenophylloides*	98
6	M	天然次生林	盐肤木+毛泡桐+山茶+野生猕猴桃-荩草 *Rhus chinensis* + *Paulownia tomentosa* + *Camellia japonica* + *Aactinidia chinensis Planch* – *Arthraxon hispidus*	98
	N	客土喷播	刺桐-凤尾竹+葎草+空心莲子草+荩草 *Erythrina arborescens* - *Bambusa multiplex* + *Humulus scandens* + *Alternanthera philoxeroides* + *Arthraxon hispidus*	90
7	J	弃渣地	黄花蒿+黑麦草 *Artemisia annua* + *Lolium perenne*	30

注：编号 1 为土壤养分分析所选样地的编号；编号 2 为土壤酶活性分析所选样地编号。

开展土壤养分分析的样地共 7 个，分别为 A、C、F、J、K、L 和 M，为便于分析，分别编号为 1~7，采样时间为 2007 年 11 月、2008 年 11 月、2009 年 11 月和 2010 年 11 月各月中旬。土壤酶活性分析样地则为全部样地共 14 个，编号为 A~N，采样时间为 2010 年 6 月和 2010 年 11 月。土壤采样需结合边坡实际情况，采取系统布点的网格法进行，具体如图 8.2 所示，分别在区域 I-1、I-2、I-3、II-1、II-2、II-3、III-1、III-2、III-3 的几何中心点处取样，取样深度为垂直坡面 0~8cm，测定各采样点的相关指标，各测定指标取各个采样点土壤试样测定值的平均值。

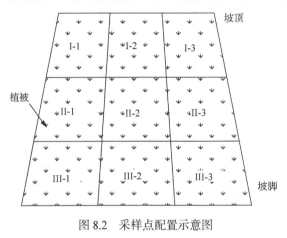

图 8.2　采样点配置示意图

8.1　土壤养分指标监测

8.1.1　养分指标

土壤是生态系统诸多生态过程的参与者和载体，土壤结构与养分状况对植物的生长起着关键性作用，是生态系统功能恢复与维持的关键因素。土壤酸碱度反映了土壤环境的酸碱程度，是土壤形成过程和熟化过程的一个重要指标，对土壤养分存在的形式和有效性、微生物活动以及植物生长发育都有很大影响，能表征土壤肥力水平。土壤有机质是土壤的重要组成部分，土壤的物理、化学、生物等许多属性都直接或间接地与有机质的存在有关，是土壤养分特别是氮、磷的主要来源。磷、氮和钾是植物生长发育的三大必需营养元素。磷参与组成植物体内许多重要化合物，是植物主要化合物如核酸蛋白、磷脂、腺苷三磷酸和多种酶的组成成分，并参与植物体内的三大代谢。土壤氮素供应情况，通常用全氮含量和有效氮含量来估计。全氮量用于衡量土壤氮素的基础肥力，而土壤有效氮与植物生长关系密切(鲍士旦，2008)。土壤中的钾是植物所需钾的主要来源，速效钾可被植物快速吸收利用，其含量仅占全钾的 0.1%~2%，被认为是土壤供钾能力的强度因素。针对向家坝水电工程扰动区所选择的代表性样地，选取生态修复土壤养分指标酸碱度、有机质、全磷、速效磷、全氮、速效氮和速效钾等分别进行实验测定。

8.1.2　土壤养分监测结果

1. 酸碱度

酸碱度用 pH 表示，pH 大小直接反映了土壤基材中氢离子的多少。土壤 pH 测定采用电位法（章家恩，2007）。向家坝水电工程扰动区不同类型代表性样地 pH 随时间变化如图 8.3 所示。

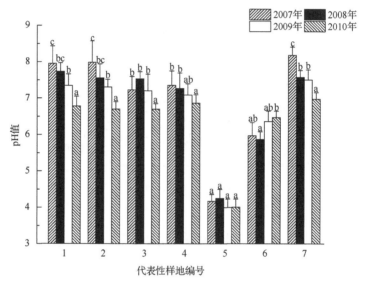

图 8.3　不同类型代表性样地 pH 值随时间变化图
不同小写字母表示同一样地该因子随时间变化在($p<0.05$)水平上显著性差异，下同

向家坝地处我国酸雨严重区，当地土壤均呈现酸性或强酸性，有机酸的含量也使得 pH 值下降，因此其土壤 pH 值较低。通过对样地土壤 pH 随时间变化结果分析发现，样地 5pH 值始终最低，在 4.00~4.25 之间，为强酸性土壤，显著低于其他样地（$p<0.01$）；样地 6pH 值范围在 5.87~6.47 之间，为酸性土壤。样地 5 和样地 6 分别为天然林与天然次生林，植被自然演替时间长，所积累的凋落物丰富，有机质含量高，分解的有机酸较多，使得表层土壤 pH 值有所下降，以致采样点 pH 值低，与实际情况相符。其他样地 pH 值均属于中性或弱碱性土壤。比较不同类型代表性样地在各年限的 pH 值变化可发现，在同一取样时间内，各样地之间变化差异不大，除样地 5 和样地 6 外，其他样地的 pH 值都出现下降，且 2010 年 pH 值均显著低于前三年（$p<0.05$）。其中框格梁填土由 7.95 下降到 6.78，植被混凝

土基材由 7.98 下降到 6.70，弃渣地土壤由 8.18 下降到 6.97，酸碱度均由弱碱性下降到中性；厚层基材与客土喷播为中性土壤，变动幅度分别为 7.54~6.70 及 7.36~6.86。与天然林和天然次生林相比，生态修复边坡所使用的土壤（石渣）大多取自于地表层以下，自身受酸雨影响较小，pH 值稍高。同时，生态修复土壤中的各类添加物有利于调节土壤 pH 值，如采用植被混凝土生态护坡技术，原料配方中掺入水泥，其碱性强，但在同时引入绿化添加剂的情况下则呈弱碱性。天然林与天然次生林 pH 值的差异主要是由植被自然演替时间和群落结构不同引起，而生态修复边坡 pH 值的差异主要来源于不同修复技术原材料构成的较大差异。

2. 有机质含量

有机质是评价土壤肥力高低的一个重要指标（李学垣，2001），它不仅能增强土壤的保肥和供肥能力，提高土壤养分的有效性，而且可促进团粒结构的形成，改善土壤的透水性、蓄水能力及通气性，增强土壤的缓冲性等。土壤有机质含量测定采用重铬酸钾容重法——外加热法（章家恩，2007）。向家坝水电工程扰动区不同类型代表性样地有机质含量随时间变化如图 8.4 所示。

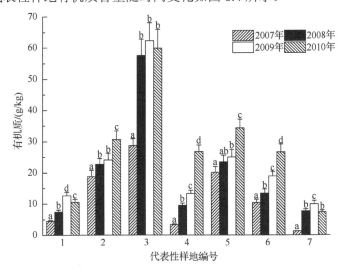

图 8.4　不同类型代表性样地有机质含量随时间变化图

四次取样监测中，样地 7，即弃渣地的有机质含量都较低，主要原因是弃渣地植被覆盖率很低，有机质累积量少，但有机质含量总体呈现上升的趋势，由 2007 年的 1.28g/kg 上升到 2010 年的 7.35g/kg。样地 3 的有机质含量在四次取样中均极显著高于其他样地的含量，其次是样地 2 与样地 5 的有机质含量较高。从此三处样地的植被状况可以看出，其植被覆盖率较高，实际的现场取样调查表明，此三处样地表土有一定厚度的凋落物层。从图 8.4 可以看出，总体上所有样地的有机质含量随着时间的延长出现上升的趋势。其中在2010年样地1与样地7有所下降，但含量值显著高于2007年($p<0.05$)。样地3的2008年、2009年、2010年三次取样的有机质含量差异显著性不明显，但均极显著高于2007年。总体表明人工修复植被的演替，有利于土壤中有机质的积累，提高土壤的肥力。

3. 土壤磷含量

作为植物生长发育必需的营养元素，磷有增加叶面积，促进作物叶绿素的形成，提高CO_2同化率和增加ATP含量等生理效应，因此适量磷的供应可以促进作物生长发育。土壤中磷的总含量在0.02%~0.2%(P_2O_5 0.05%~0.46%)，与其他大量营养元素相比较低(来璐等，2003)。土壤中速效磷指能被当季作物吸收的磷量。在全磷含量较低的情况下，土壤中有效磷的供应也常感不足，但全磷含量较高的土壤，却不一定说明有足够的速效磷供应植物的生长。为全面了解向家坝水电工程扰动区不同类型代表性样地磷含量变化随时间变化情况，对各样地全磷和速效磷含量进行了实验测定。土壤全磷含量测定采用$HClO_4$-H_2SO_4消煮法，土壤速效磷含量测定采用钼锑钪比色法(章家恩，2007)。

1) 土壤全磷

向家坝水电工程扰动区不同类型代表性样地全磷含量随时间变化如图 8.5 所示。

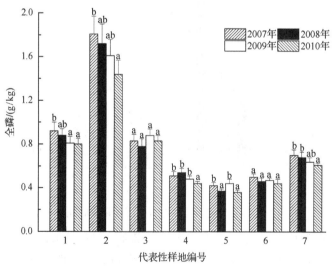

图 8.5　不同类型代表性样地全磷含量随时间变化图

样地2的全磷含量在四次监测中均为最高，极显著高于($p<0.01$)其他样地，样地5的全磷含量则在四次中均为最低。其次全磷含量较高的为样地1与样地3，样地7即弃渣地的全磷含量在四次监测中均低于样地1、2、3，但显著高于($p<0.05$)

样地 4、5、6。全磷含量随时间变化来看，除样地 3 外，各样地均出现下降的趋势。样地 1 全磷含量从 0.92g/kg 下降到 0.80g/kg。样地 2 与样地 4、样地 7 的前三年之间差异不显著，分别从 1.81g/kg 下降到 1.44g/kg、0.54g/kg 下降到 0.44g/kg、0.70g/kg 下降到 0.61g/kg。样地 5 呈现波动变化，但总体下降，波动范围为 0.42g/kg 至 0.36g/kg。样地 6 总体呈现下降趋势，但下降幅度不明显，从 0.50g/kg 到 0.44g/kg。样地 3 的全磷含量呈现波动变化，四次监测的含量之间差异不显著，波动范围为 0.78g/kg 至 0.88g/kg。可以看出，采取植被生态修复技术的样地土壤(或基材)中磷含量均较天然林、天然次生林高，主要是由于人工修复过程中添加了无机肥料以及其他材料，如有机质等。

2) 土壤速效磷

向家坝水电工程扰动区不同类型代表性样地速效磷含量随时间变化如图 8.6 所示。

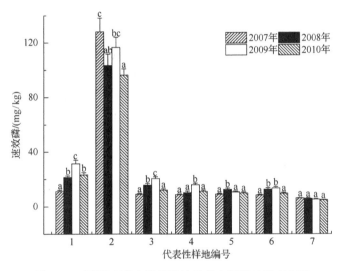

图 8.6　不同类型代表性样地速效磷含量随时间变化图

从四次的监测结果来看，样地 2 的速效磷含量与全磷含量表现相同的趋势，均表现为最高，且极显著高于($p<0.01$)其他样地。样地 1 的速效磷含量较高，四次中均高于除 2 号外其他样地，而样地 7 则在四次中均为最低水平。样地 1、3、4、5、6 各年限速效磷的含量变化表现为先上升后下降趋势，样地 1 上升趋势较明显，由 2007 年的 11.07mg/kg 到 2010 年 23.31mg/kg。样地 3、4、5、6 尽管在 2008 年或 2009 年出现上升，但其 2007 年的速效磷水平与 2010 年的无显著性差异，四个样地的速效磷含量变化范围分别为 9.13~20.53mg/kg、8.82~15.93mg/kg、9.10~12.37mg/kg 和 8.45~13.41mg/kg。样地 2 速效磷含量水平较高，但总体呈下降趋势，由 2007 年的 128.02mg/kg 下降到 2010 年的 96.38mg/kg。样地 7 尽管呈

现下降趋势，但下降幅度不明显，变化范围为 4.89~6.25mg/kg。

从不同样地全磷、速效磷之间的比较结果以及随时间变化的分析结果来看，采取植被生态修复技术的样地土壤(或基材)中磷含量均较天然林、天然次生林高，主要是由于人工修复过程中添加了无机肥料以及其他材料，如有机质等。弃渣地的全磷含量高于天然林与天然次生林，但速效磷含量最高仅为 6.25mg/kg，可能原因是，弃渣地土壤为开挖土壤，为心土，其矿质磷含量相对较高，但磷的有效化程度不高导致其速效磷含量较低。

4. 土壤氮含量

氮素是植物必需的三大营养元素之一。氮在植物生长过程中占有重要地位，是植物蛋白的主要成分。氮肥是目前应用最多的化学肥料。土壤中的氮素，除了小部分呈无机形态氮(一般占全氮的 1%~5%)外，大部分为有机结合氮。土壤氮素的消长主要决定于生物积累和分解作用的相对强弱，气候、植被，特别是水热条件，对土壤氮素含量有显著影响。土壤速效氮就是可以直接被植物根系吸收的氮，是游离态、水溶态的一些氨态氮(N-NH$_4$)、硝态氮(N-NO$_3$)、氨基酸、酰胺和易水解的蛋白质氮的总和。为研究向家坝水电工程扰动区不同类型代表性样地氮含量随时间变化规律，对各样地全氮和速效氮含量进行了实验测定。土壤全氮含量测定采用半微量开氏法，土壤速效氮含量测定采用碱解扩散法(章家恩，2007)。

1) 土壤全氮

向家坝水电工程扰动区不同类型代表性样地全氮含量随时间变化如图 8.7 所示。

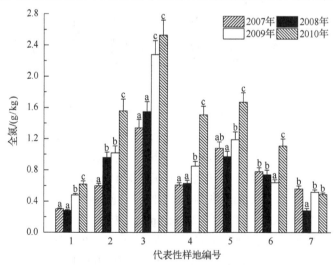

图 8.7　不同类型代表性样地全氮含量随时间变化图

从四次的监测结果来看，样地 3，即厚层基材样地的全氮含量在各取样时间内均最高，显著高于其他样地($p<0.05$)，这可能与其植被状况有关，该样地有一定数量的豆科植物。全氮含量较高的为样地 5 与样地 2，样地 4 与样地 6 全氮含量水平处于居中水平，而样地 1 与样地 7 的全氮含量均始终处于较低水平。除样地 7 外，其他样地全氮含量随着时间的延长均出现上升的趋势。样地 1 与样地 4 在前两年全氮变化差异不大，后两年出现显著性($p<0.05$)与极显著性($p<0.01$)升高。样地 2 与样地 3 的全氮含量持续性上升，且上升幅度较大，分别由 2007 的 0.60g/kg 和 1.34g/kg 上升到 2010 年的 1.56g/kg 和 2.53g/kg，表明人工修复植被的演替，有利于全氮含量的提高。样地 5 的全氮含量在 2008 年有所下降，但随后两年显著($p<0.05$)提高。样地 6 即天然次生林，在前三年出现下降趋势，但 2010 年全氮水平则极显著($p<0.01$)高于前三年的水平。样地 7 为弃渣地，全氮含量 2008 年较低，尽管随后两年有所上升，但总体上表现为下降趋势，由 2007 年的 0.52g/kg 下降到 2010 年的 0.49g/kg。原因可能是开挖的渣土中原有矿质氮出现流失，同时该样地植被盖度低，氮含量积累效果较差。

2）土壤速效氮

向家坝水电工程扰动区不同类型代表性样地速效氮含量随时间变化如图 8.8 所示。

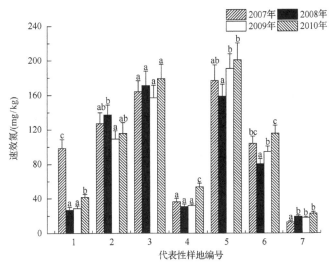

图 8.8　不同类型代表性样地速效氮含量随时间变化图

从四次的监测结果可以看出，样地 3 与样地 5 的速效氮含量均处于较高水平，速效氮含量较高的为样地 2 与样地 6，样地 7 即弃渣地的速效氮含量处于最低水平，显著低于($p<0.05$)或极显著低于($p<0.01$)其他样地。样地 1 的速效氮含量先下降后上升，但总体呈现下降的趋势，由 2007 年的 98.54mg/kg 下降到 2010 年的

41.70mg/kg。样地 2 的速效氮含量表现为先上升后下降，变动范围为 109.26~137.20mg/kg。样地 3 的速效氮水平较高，呈现上升趋势，但四次监测值之间差异性不明显，含量在 157.10~178.93mg/kg 之间。样地 4 与样地 7 速效氮含量水平呈现上升趋势，其中样地 4 从 30.88mg/kg 上升到 53.88mg/kg，2010 年速效氮含量显著高于($p<0.05$)前三年；样地 7 从 12.85mg/kg 上升到 22.72mg/kg，2007 年速效氮含量显著低于($p<0.05$)后三年。样地 5 与样地 6 的速效氮含量随年份表现为先下降后上升，总体呈现上升趋势。

从各样地全氮和速效氮的监测结果可以看出，人工修复样地特别是厚层基材样地的全氮水平高于天然林和天然次生林，由 2007 年的 1.34g/kg 上升到 2010 年的 2.53g/kg。植被混凝土基材样地的全氮含量与天然林相当。表明人工修复植被的演替，有利于全氮含量的提高。速效氮含量最高的依次为天然林、厚层基材样地和植被混凝土基材样地，框格梁样地与客土喷播样地的氮素水平居中，弃渣地样地全氮与速效氮含量都较低，表明人工基材配制过程中添加的无机肥料对基材的养分有重要贡献。同时，结合各样地的植被状况以及土表凋落物层的实际状况，发现植被类型以及凋落物对氮的积累有重要影响。

5. 土壤速效钾含量

钾是植物必需的营养元素之一，在植物生长和代谢中具有重要的作用。土壤中的钾是植物所需钾的主要来源。Sparks(1987)根据钾对植物的有效性，将土壤钾分为结构钾、固定态钾、交换性钾和水溶性钾 4 种形态。我国应用较为广泛的仍是根据化学形态及植物有效性进行的形态区分，并常常混合使用，按化学形态分为水溶性钾、交换性钾、非交换性钾、结构钾；按植物有效性分为速效钾(水溶性钾+交换性钾)、缓效钾、相对无效钾(矿物钾)(谢建昌，杜承林，1988)。其中水溶性钾存在于土壤溶液中，可被植物直接吸收利用，被认为是土壤供钾能力的强度因素。土壤速效钾含量测定采用火焰光度计法(章家恩，2007)。对向家坝水电工程扰动区不同年限各类型代表性样地速效钾含量进行了监测，变化如图 8.9 所示。

从取样监测结果可以看出，样地 2 的速效钾含量在各年均为最高，极显著高于($p<0.01$)其他样地，其次以样地 3、样地 4 与样地 7 的速效钾含量较高。样地 1 与样地 5 在 2007 年、2008 年两次取样时间内其速效钾含量之间差异不显著，之后样地 1 速效钾含量显著高于样地 5。从各样地速效钾含量随时间变化情况来看，样地 1、2、3、4 均表现为持续性上升趋势，呈现不同程度的差异性，变化范围分别为 67.40~142.53mg/kg，205.95~276.64mg/kg，117.29~224.93mg/kg 以及 95.77~183.54mg/kg。样地 5、6、7 则表现为先上升后下降，但总体呈现上升趋势，

其中样地 5 变化范围为 69.17~104.28mg/kg，而样地 6、7 的上升幅度不明显，分别为 102.08~111.69mg/kg，115.12~135.81mg/kg。

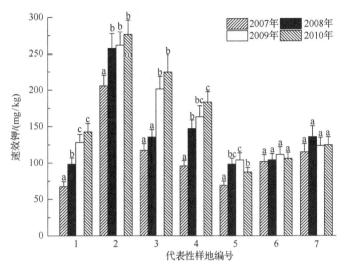

图 8.9　不同类型代表性样地速效钾含量随时间变化图

　　就各样地速效钾含量随时间变化情况来看，框格梁样地、植被混凝土基材样地、厚层基材样地和客土喷播样地均表现为持续性上升趋势，天然林样地、天然次生林样地以及弃渣地样地则表现为先上升后下降，但总体呈现上升趋势。人工基材，尤其是植被混凝土基材与厚层基材，速效钾含量均高于天然林与天然次生林，表明人工基材配制过程中添加的无机肥料对基材的养分有重要贡献，而弃渣地速效钾含量较高则可能与其母质有关。

　　总体来看，有机质、全氮、速效氮及速效钾含量除个别样地外，普遍呈上升趋势，而全磷则呈下降趋势，速效磷含量则表现为大部分样地处于波动变化状态。弃渣地样地因植被覆盖率较低，有机质积累量少，有机质含量最低，且磷的有效化程度不高导致全磷含量较高而速效磷含量较低。采用了植被生态修复技术的样地其有机质、磷、氮和速效钾含量均处于较高水平，结合各样地的植被状况和凋落物层的实际状况，表明人工基材所添加无机肥料、植被类型和凋落物对养分的积累有重要影响，有利于土壤养分的提高。

8.1.3　土壤肥力综合评价

　　土壤肥力指标包括土壤营养(化学)指标、土壤物理指标、土壤生物学指标和土壤环境条件指标等多种因子，并且全部因子都以数值表示，这样进行土壤肥力评价时涉及大量的数据，单凭个人直观地从这些纷繁的数据中找出它们内部联系，即使具有丰富的经验也很难做到。将数值分析方法应用于土壤肥力评价，极大地提高了土壤肥力综合评价的标准化和定量化水平。本研究采用标准综合级别法（潘发明，1997），先根据各肥力因子的实测值和给定的标准求出各项因子的单项级别及其权重系数，再通过各因子的权重系数对单项级别进行加权平均得到各因子的综合级别，作为土壤肥力的标准综合级别，从而对土壤肥力做出评价。标准综合级别法的优点在于评价结果是连续的数值，可作为土壤肥力指标直接参与生产力预测。

选择对植物生长有较明显影响的土壤有机质、全磷、速效磷、全氮、速效氮和速效钾六个指标因子，对向家坝水电工程扰动区植被生态修复样地肥力水平进行综合评价。各因子对植被生长的影响程度不一样，由于土壤的物理性质对于根系生长具有极其显著的影响，而有机质对土壤的物理结构有重要的作用，在进行肥力评价时，将有机质确定为一级因子，全磷、速效磷、全氮、速效氮和速效钾确定为二级因子。据此，对向家坝水电工程扰动区植被生态修复样地土壤的肥力综合评价可分三步完成：①根据测定结果以及土壤肥力指标分级标准（表 8.2），确定各项因子的单项级别 G_i；②计算全磷、速效磷、全氮、速效氮和速效钾的综合级别，将五个养分因子综合为一个因子即养分综合指数 X_i，其单项级别等于五个养分因子的综合级别；③计算出有机质和养分综合指数两个因子的综合级别，即为土壤基材肥力的标准综合级别 G。其中，单项级别计算公式如（8.1）：

$$G_i = G_{ij} + \frac{B_{ij} - X_i}{B_{ij} - B_{i(j+1)}} \tag{8.1}$$

式中，i 为参与评价的因子序号；j 为因子的级别序号；G_i 为 i 第个因子的单项级别；G_{ij} 为已达到的标准级别；B_{ij} 为已达到级别的标准值；$B_{i(j+1)}$ 为已达到级别的下一级标准值；X_i 为第 i 个因子的实测值。当各肥力因子实测值超过 2 级标准值时，其单项级别均记为 1.0，即各因子对植被生长的贡献已达最佳水平。各因子 W_i 的权重计算公式如式（8.2）、式（8.3）：

$$W_i = \frac{X_i}{B_i} (X_i > B_i) \tag{8.2}$$

$$W_i = 1 (X_i \leqslant B_i) \tag{8.3}$$

式中，X_i 为因子实测值；B_i 为第 i 个因子五级划分中标准值的平均值；W_i 为因子权重系数。通过各因子的权重对单项级别进行加权平均得到综合级别指数 G。

$$G = \frac{\sum_{i=1}^{n} G_i \times W_i}{\sum_{i=1}^{n} W_i} \tag{8.4}$$

式中，n 为参与评价的因子数。求出的综合级别指数 G 的大小直接反映向家坝水电工程扰动区植被生态修复样地土壤肥力水平，其肥力综合指数越小，土壤肥力状况越好，越有利于植被生长。

表 8.2　土壤肥力评价指标分级标准

肥力因子级别	有机质/(g/kg)	全氮/(g/kg)	速效氮/(mg/kg)	全磷/(g/kg)	速效磷/(mg/kg)	速效钾/(mg/kg)
1	>80	>1.5	>150	>1.5	>20	>160
2	≤80	≤1.5	≤150	≤1.5	≤20	≤160
3	≤50	≤1.0	≤100	≤1.0	≤10	≤100
4	≤30	≤0.75	≤50	≤0.75	≤5.0	≤50
5	≤10	≤0.5	≤25	≤0.5	≤3.0	≤30

从图 8.10 各样地肥力综合评价指数随时间变化情况可以看出，植被混凝土基材与厚层基材的肥力水平最高。除样地 7 弃渣地以外，其他样地 G 值均呈现下降的趋势，即肥力状况随着时间的推进逐渐提高。弃渣地肥力综合级别指数先下降后上升，四次评价结果之间无明显差异，表明弃渣地的肥力状况无明显改善，可能与其植被覆盖率较低以及有机质含量较低有关。尽管样地 1 与样地 3 的 2010年的 G 值较 2009 年有所上升，但上升幅度均不大，样地 1 后两年之间的差异不明显，样地 3 后三年之间的差异不明显。4、5、6 三样地 2010 年的肥力水平较 2007年的均显著性($p < 0.05$)提高。

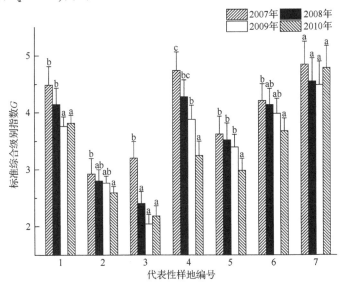

图 8.10　不同类型代表性样地肥力综合级别指数随时间变化

不同小写字母表示同一样地 G 值随时间变化在($p < 0.05$)水平上差异性显著

总体来看，若以四年的平均值来比较，植被混凝土基材肥力水平与厚层基材相当，其次为天然林，框格梁、客土喷播与天然次生林肥力水平接近，弃渣地的肥力状况最差。植被混凝土基材肥力高于天然林主要是因为肥力评价中的二级因子，速效养分以及全磷含量较天然林高；厚层基材肥力高于天然林则主要因为其有机质含量较高，而肥力评价过程中将有机质作为一级因子，其含量值对总体评价指数影响较大。同时，植被混凝土和厚层基材原材料中配备有较多的复合肥和大量的腐殖质(锯末、酒糟、稻壳等)，这些腐殖质能够为植被生长提供大量的有机质，从而对 N、P、K 的增加产生重要作用。弃渣地、框格梁和客土喷播样地土壤肥力水平低，主要是其土壤构成简单，且原材料自身肥力水平低所致。天然林和天然次生林样地土壤肥力水平不及生态修复样地土壤肥力水平，关键原因在于这些样地的肥力供应主要来源于土壤自身的发育和植被凋落物的分解，与短期内配备有大量外加物料的生态修复样地土壤存在一定差距。通过现场调查，发现施工四年后，植被混凝土和厚层基材边坡群落生态特征值均处于较高水平，灌草结合群落已初具规模，而弃渣地植被稀疏，植被覆盖度呈现退化趋势，标准综合级别法分析结果与现场实际状况基本吻合。

8.2　土壤酶活性指标监测

8.2.1　酶活性指标

土壤的供肥能力不仅取决于土壤中各养分含量，而且取决于养分的有效化过程和土壤胶体吸附性离子的有效程度，而这两方面都和土壤酶活性有关。土壤酶是一种具有蛋白质性质的高分子生物催化剂，包括游离酶、胞内酶和胞外酶，参与土壤中腐殖质的合成和分解、有机物和动植物及微生物残体的水解与转化以及土壤中各种氧化还原反应，促进土壤中各种有机、无机物质转化与能量交换，是各种生化反应的催化剂(关松荫，1986)。土壤酶来源于土壤中动物、植物和微生物细胞的分泌物及其残体的分解物，其中微生物细胞是其主要来源。土壤酶活性反映了土壤中各种生物化学过程的强度和方向，是土壤肥力和土壤自净能力评价的重要指标(章家恩，2007)。

土壤脲酶作为一种专性酶，可以加速土壤中潜在养分的有效化。作为土壤中具有氨化作用的高度专一性的一类好气性水解酶(王天元等，2004)，脲酶能分解有机物质，促其水解生成 NH_3 和 CO_2，其中的氨是植物氮素营养的直接来源，可以用来表征土壤的氮素状况，脲酶活性的提高有利于土壤中氮素的提高。土壤蔗糖酶广泛存在于土壤中，直接参与土壤有机质的代谢过程(严昶升，1988)。作为一种可以把土壤中高分子量蔗糖分子分解成能够被植物和土壤微生物吸收利用的葡萄糖和果糖的水解酶，蔗糖酶为土壤生物体提供充分能源，其活性反映了土壤有机碳累积与分解转化的规律，左右着土壤的碳循环。一般情况下土壤肥力越高，蔗糖酶活性越强。土壤磷酸酶促进有机磷化合物的水解，其活性可表征土壤的有效磷状况(李振高等，2008)。土壤磷酸酶活性强，土壤速效磷含量一般也较高。土壤磷酸酶可分为酸性、中性和碱性磷酸酶。土壤中酸性、和碱性磷酸酶的最适pH 分别为 4~6.5 和 9~10(章家恩，2007)。根据向家坝不同类型代表性样地 pH 监测结果，对样地土壤中性磷酸酶进行测定。过氧化氢酶广泛分布于土壤中，其活性与土壤呼吸强度和土壤微生物活动相关，在一定程度上反映了土壤微生物学过程的强度。土壤多酚氧化酶是一种复合性酶，其活性与土壤腐殖质程度呈负相关(关松荫，1986)。综上，针对向家坝水电工程扰动区所选择的代表性样地，对取样土壤中的脲酶、蔗糖酶、中性磷酸酶、过氧化氢酶和多酚氧化酶等分别进行实验测定。

8.2.2　土壤酶活性监测结果

1. 土壤脲酶

　　土壤中的脲酶一般与有机质和矿物质紧密结合在一起，其活性非常稳定，受环境影响变化较小。土壤脲酶活性的测定采用比色法(章家恩，2007)。对向家坝水电工程扰动区不同类型代表性样地取样土壤的脲酶监测，结果见图 8.11。所有样地都表现为 11 月脲酶活性值极显著(p<0.01)高于6月脲酶活性值。酶活性受温度、土壤理化条件等的影响，向家坝水电工程扰动区气候状况为夏季干旱少雨，秋冬

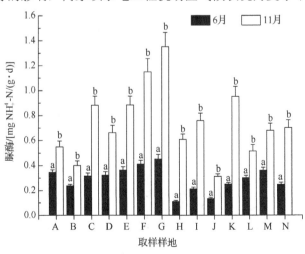

图 8.11　不同类型代表性样地脲酶活性比较

图中不同大写字母表示同一取样时间内不同样地间酶活性在(p<0.05)水平上差异性显著，下同

季温度适宜，雨水较多，土壤水分条件较夏季好，因此表现为 11 月酶活性较高。6 月和 11 月脲酶活性最高均为 G 样地，分别为 0.450mg/(g·d) 和 1.351mg/(g·d)，其次为样地 F，分别为 0.409mg/(g·d) 和 1.149mg/(g·d)，都显著高于($p<0.05$)或极显著($p<0.01$)高于其他样地。厚层基材样地多以豆科植物为主，同时有机质含量较高共同导致脲酶活性较高，这与土壤有机质监测结果一致。6 月样地 H 和样地 J 脲酶活性最低，分别为 0.109mg/(g·d) 和 0.133mg/(g·d)，11 月仍以样地 J 的脲酶活性最低，为 0.312mg/(g·d)。弃渣地样地脲酶活性一直处于较低水平，说明弃渣地的氮素代谢较差，有效氮供应状况不佳，这与其植被类型较单一、植被平均盖度低、有机质含量较低有关。不同样地的群落结构和植被盖度不一样，同时有机质含量处于不同水平，对脲酶活性都有重要影响，共同作用导致各样地脲酶活性值处于不同高低程度。总体来说，群落结构越复杂、植被盖度越高，越有利于有机质的积累，从而脲酶活性越高。

2. 土壤蔗糖酶

土壤蔗糖酶活性不仅能够表征土壤肥力水平，也可以作为评价土壤熟化程度和土壤生物学活性强度的指标。土壤蔗糖酶活性的测定采用比色法(章家恩，2007)。向家坝水电工程扰动区不同类型代表性样地两次监测结果如图 8.12 所示，大部分样地酶活性都在 10mg/(g·d) 以内。除样地 J、K、L、N 以外，其他样地蔗糖酶活性都表现为 11 月份高于 6 月份。样地 B、E、F、G 上升幅度较大，样地 A、D、H、I 上升幅度相对小一些。11 月份温度适宜，雨水较多，土壤水分条件较夏季好，土壤中生物活动过程及代谢活动旺盛，有机质转化加快，蔗糖酶活性增高。而样

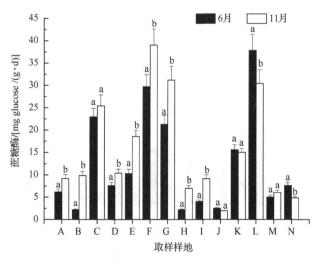

图 8.12　不同类型代表性样地蔗糖酶活性比较

地 C 与样地 M 的蔗糖酶活性虽有所上升，但两次监测值之间无显著差异。样地 J 与样地 K 的蔗糖酶活性出现下降，两次监测值之间无显著差异。样地 L 为天然林，土壤中腐殖质成分含量较高，导致其 6 月份蔗糖酶活性较高，为 37.844mg/(g·d)，极显著高于($p<0.01$)其他样地，但由于天然林酸碱度较低，对蔗糖酶活性产生间接影响，在 11 月份天然林蔗糖酶活性显著性下降到 30.457mg/(g·d)。样地 N 则可能是有机质含量下降，导致其酶活性表现出显著性降低。样地 J 弃渣地在两次监测中蔗糖酶活性均较低，分别为 2.487mg/(g·d) 和 1.960mg/(g·d)，说明群落结构和植被盖度对土壤蔗糖酶活性有重要影响，同时土壤酸碱度也会对蔗糖酶活性产生间接影响。

3. 土壤中性磷酸酶

土壤中性磷酸酶活性的测定采用比色法(章家恩，2007)。通过图 8.13 可以看出，所有样地的中性磷酸酶活性都表现为 11 月份高于 6 月份。因为从 6 月份到 11 月份，土壤中生物活动过程及代谢活动逐渐趋于旺盛，有机质转化加快，腐殖质成分分解过程加强，刺激土壤中中性磷酸酶活性增强，使得各样地中性磷酸酶活性出现不同程度的增加。6 月份以样地 F 中性磷酸酶活性最高，为 0.573mg/(g·d)，显著($p<0.05$)或极显著($p<0.01$)高于其他样地。样地 L、样地 C 和样地 M 的中性磷酸酶活性较高，三者之间差异不明显，酶活性值依次为 0.483mg/(g·d)、0.442mg/(g·d) 和 0.419mg/(g·d)。11 月份中性磷酸酶活性以样地 L 为最高，达到 1.190mg/(g·d)，显著($p<0.05$)或极显著($p<0.01$)高于其他样地。样地 F、样地 K 和样地 E 的中性磷酸酶活性较高，依次为 0.925mg/(g·d)、0.859mg/(g·d)

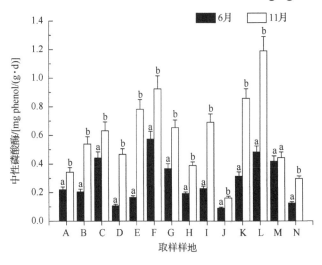

图 8.13　不同类型代表性样地中性磷酸酶活性比较

和 0.782mg/(g·d)，三者之间无显著性差异。土壤中的磷分为无机磷和有机磷两类，磷酸酶主要作用于有机磷，催化其水解生成无机磷供植物与微生物利用，有机质含量高，其土壤微生物和其活性都较高，因此磷酸酶活性也高(郝余祥，1982)。样地 L 为天然林，其中性磷酸酶活性高，而速效磷含量低的原因可能是 pH 值太小，妨碍了有机酸根阴离子的解磷作用，使得土壤磷被带负电的土壤胶体吸附，但土壤中的酸性磷酸酶活性未受到 pH 值的影响。两次监测中性磷酸酶活性最低的均为样地 J 弃渣地，酶活性值分别为 0.090mg/(g·d) 和 0.162mg/(g·d)。土壤中磷酸酶分为酸性磷酸酶、中性磷酸酶和碱性磷酸酶三类，且各样地土壤在理化性质方面存在一定的差异，本研究监测了各样地的中性磷酸酶活性，所表现出的不同差异性说明各样地土壤磷酸酶活性受多种因素的影响。采用相同生态修复技术的不同样地之间中性磷酸酶活性也存在差异性，可能是各样地施工初期物种配置以及后期植被演替状况不一致造成的。

4. 土壤过氧化氢酶

过氧化氢酶活性与土壤微生物活动有关，可表征土壤腐殖质化强度和有机质积累程度，与土壤性质关系密切。11 月份土壤水分条件良好，土壤中生物活动过程及代谢活动逐渐趋于旺盛，有机质转化加快，腐殖质成分分解过程加强，此过程中容易产生大量的过氧化氢产物。土壤过氧化氢酶能促进过氧化氢产物的分解，有利于防止过氧化氢积累对生物体造成的毒害作用，从而对土壤中过氧化氢含量起调节作用，因此各样地过氧化氢酶活性出现不同程度的提高(见图 8.14)。此外，根系的发育程度也对过氧化氢酶活性有一定的影响，导致所有样地的过氧化氢酶

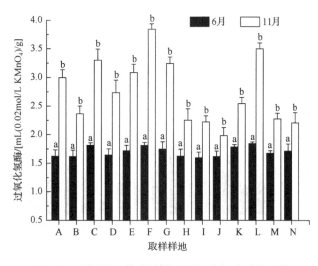

图 8.14　不同类型代表性样地过氧化氢酶活性比较

活性都表现为 11 月份高于 6 月份。其中, 6 月份过氧化氢酶活性以样地 L 最高, 酶活性值为 1.841mL/g, 其次为样地 C 与样地 F, 过氧化氢酶活性依次为 1.813mL/g、1.811mL/g, 三个样地之间无显著性差异, 表明三个样地土壤呼吸强度以及土壤生物化学活动较其他样地旺盛。总体来看其他样地的过氧化氢酶活性之间差异性不大, 酶活性值在 1.618~1.783mL/g 之间, 表明这些样地土壤生物化学进程相当。11 月份过氧化氢酶活性则以厚层基材样地 F 为最高, 酶活性值为 3.844mL/g, 显著($p<0.05$)或极显著($p<0.01$)高于其他样地。其次为样地 C 与样地 L, 过氧化氢酶活性依次为 3.302mL/g 和 3.500mL/g, 二者之间无显著性差异。过氧化氢酶活性最低的为样地 J, 酶活性值为 1.981mL/g。植被混凝土、厚层基材和天然林样地的过氧化氢酶活性高, 与样地群落结构复杂、植被盖度较高有关, 土壤腐殖化强度高, 土壤有机质积累丰富。弃渣地物种单一、植被盖度仅 30%, 是其过氧化氢酶活性较低的原因。对比各样地过氧化氢酶活性与肥力综合级别指数, 可以发现, 土壤过氧化氢酶与其养分之间具有显著的相关关系, 肥力越高的样地, 其土壤过氧化氢酶活性越高。

5. 土壤多酚氧化酶

土壤多酚氧化酶是一种复合酶, 主要来源于土壤微生物、植物根系分泌物和动植物残体分解。从图 8.15 可以看出, 除样地 C 与样地 D 以外, 其他所有样地的多酚氧化酶活性都表现为 11 月份高于 6 月份。样地 C 为植被混凝土基材, 其酶活性值降幅较大, 表明植被混凝土基材腐殖化程度增加; 样地 D 尽管有所下降, 但下降幅度不明显, 两次的监测值之间无显著性差异。6 月份以样地 D 多酚氧化

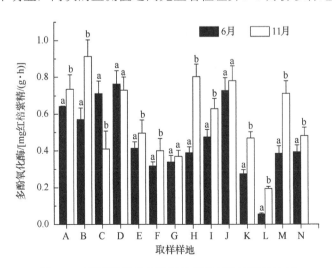

图 8.15　不同类型代表性样地多酚氧化酶活性比较

酶活性最高，酶活性值为 0.763mg/(g·h)，其次为样地 C 与样地 J，酶活性依次为 0.711mg/(g·h)、0.727mg/(g·h)，三个样地之间无显著性差异。11 月份多酚氧化酶活性以样地 B 最高，为 0.913mg/(g·h)，显著($p<0.05$)或极显著($p<0.01$)高于其他样地，样地 A、D、H、J、M 活性较高，酶活性之间无显著性差异，值依次为 0.735mg/g·h、0.730mg/(g·h)、0.803mg/(g·h)、0.780mg/(g·h)、0.711mg/(g·h)。6 月份和 11 月份多酚氧化酶活性最低的均为天然林 L，活性值分别为 0.055mg/(g·h) 和 0.195mg/(g·h)，表明天然林土壤腐殖化程度较高，而生态修复样地土壤中腐殖质的腐殖化程度较低，同时也说明生态修复样地土壤腐殖化过程激烈进行。

8.2.3　土壤酶活性评价

土壤酶是土壤质量的生物活性指标，对土壤酶活性进行评价的方法很多，运用较多的是土壤酶综合评价方法(王兵等，2009)。通过土壤酶指数，可以表征各种酶活性大小的综合作用，能够全面、客观地反映土壤酶活性的演变过程。土壤酶综合评价可分为 3 个步骤：因子的选择、权重的确定以及综合指标的获得。由于土壤酶活性的变化具有连续性，故各评价指标采用连续性质的隶属度函数，并根据主成分因子负荷量值的正负性来确定隶属度函数分布的升降。根据向家坝水电工程扰动区各样地监测结果，多酚氧化酶活性采用降型分布函数，而其他酶活性则采用升型分布函数。土壤酶评价指数计算公式如下：

$$\text{SEI} = \sum_{i=1}^{n} w_i \times \text{SEI}(x_i) \tag{8.5}$$

式中，SEI 为土壤酶评价指数；$\text{SEI}(x_i)$ 为土壤酶隶属度值；w_i 为土壤酶的权重。

升型分布函数和降型分布函数的计算公式如下：

$$\text{SEI}(x_i) = (x_{ij} - x_{i\min})/(x_{i\max} - x_{i\min}) \tag{8.6}$$

$$\text{SEI}(x_i) = (x_{i\max} - x_{ij})/(x_{i\max} - x_{i\min}) \tag{8.7}$$

式中，x_{ij} 为土壤酶活性值；$x_{i\max}$ 和 $x_{i\min}$ 分别表示土壤酶活性的最大值和最小值。

由于土壤性质的各个因子状况和重要性不同，所以通常采用权重系数来表征各个因子的重要程度。权重系数的确定有许多方法，本研究利用主成分分析因子负荷量以及方差贡献率大小来计算各因子作用的大小，确定其权重。利用式(8.8)计算：

$$w_i = C_i / C \tag{8.8}$$

式中，C_i 为公因子方差；C 为公因子方差之和。

土壤酶指数受土壤各种理化性质和外界条件共同作用的影响，通过对比分析向家坝水电工程扰动区 14 个样地在 2010 年 6 月份与 11 月份两次监测的结果，得到如图 8.16 所示土壤酶综合指数比较，各样地土壤酶活性表现出不同的差异和特点。样地 A、B、J、K、L、M、N 均表现为 11 月份的土壤酶指数低于 6 月份的土壤酶指数，样地 M 土壤酶指数由 0.479 下降到 0.238，下降幅度较大。其他样地则表现为 11 月份的土壤酶指数高于 6 月份，样地 D 和样地 I 上升幅度相对较大。总体来看，大部分样地两次土壤酶指数变动性不大，表明土壤生化进程稳定，所受外界干扰小。6 月份土壤酶指数最高的为天然林样地 L，土壤酶指数为 0.870，其次为厚层基材样地 F 和 G，分别为 0.823 和 0.677，植被混凝土样地 C 土壤酶指数为 0.556。11 月份土壤酶指数最高为厚层基材样地 F，土壤酶指数为 0.852，其次为样地 L、样地 G 和样地 C，土壤酶指数分别为 0.750、0.740 和 0.607。结合生态修复样地植被状况和有机质含量，植被恢复的同时，物种数日益增多，而枯枝落叶的增加也为土壤微生物提供充足的营养来源，从而土壤酶活性提高。总体上样地 F 土壤中生化过程较天然林样地 L 激烈，导致土壤酶因子综合作用增高。6 月份和 11 月份土壤酶指数最低均为弃渣地，分别为 0.044 和 0.035。表明其总的酶活性水平较低，土壤生化过程进展缓慢。总体来看，厚层基材五样地土壤酶指数在所有样地中比较靠前，而框格梁样地与客土喷播样地则较低。

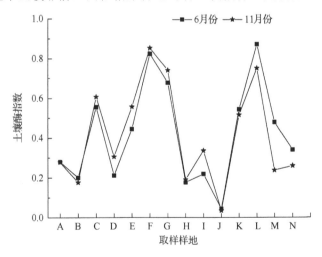

图 8.16　不同类型代表性样地土壤酶综合指数比较

8.3　土壤养分指标与酶活性相关性分析

在对向家坝水电工程扰动区生态修复土壤肥力水平和土壤酶活性研究基础

上，为了综合探讨土壤肥力与土壤酶活性间的相关关系，对各类型代表性样地两次土壤酶监测结果与养分指标间的相关性进行了分析。向家坝水电工程扰动区生态修复土壤6月份土壤养分指标与土壤酶活性相关性分析结果如表8.3所示，6月份脲酶与有机质呈极显著正相关，与蔗糖酶、中性磷酸酶、速效氮、全氮呈显著正相关，与其他指标无显著相关性。蔗糖酶与中性磷酸酶、过氧化氢酶、有机质、速效氮、全氮呈极显著正相关，与pH值呈极显著负相关，与多酚氧化酶呈显著负相关。中性磷酸酶与蔗糖酶相同，但与pH值相关性不显著。过氧化氢酶则与速效氮呈极显著正相关，与有机质、全氮呈显著正相关，与多酚氧化酶呈显著负相关。多酚氧化酶除与pH值、全磷、速效磷、速效钾呈正相关外，与其他酶因子和养分因子均呈负相关，其中与pH值呈显著正相关，与蔗糖酶、中性磷酸酶、过氧化氢酶呈显著负相关。养分因子之间除pH值与有机质、速效氮、全氮、速效钾呈负相关外，其他的均呈正相关性，其中有机质与速效氮、全氮，全氮与速效氮，全磷与速效磷，速效磷与速效钾之间均呈极显著正相关。通过分析表明，脲酶、蔗糖酶与土壤有机质和氮素转化的关系比较密切。pH值除与多酚氧化酶呈正相关外，与其他四个酶都呈负相关，表明pH值对酶活性具有一定的影响。

　　向家坝水电工程扰动区11月份土壤养分指标与土壤酶活性相关性分析结果，如表8.4所示，脲酶与中性磷酸酶正相关无显著性，与过氧化氢酶呈显著正相关，与多酚氧化酶呈显著负相关。蔗糖酶与多酚氧化酶呈极显著负相关，与其他三种酶呈极显著正相关，多酚氧化酶与中性磷酸酶和过氧化氢酶均呈极显著负相关。此外，脲酶、中性磷酸酶、蔗糖酶与过氧化氢酶均与有机质、全氮、速效氮呈显著或极显著正相关，而多酚氧化酶则与有机质、全氮和速效氮呈极显著负相关。pH值与中性磷酸酶呈极显著负相关，而与多酚氧化酶呈显著正相关。有机质与全氮、速效氮，速效氮与全氮之间呈极显著正相关，表明在不同类型边坡土壤中，不仅五种土壤酶活性之间相互影响，存在相互刺激机制，土壤酶活性与土壤肥力状况也呈一定的相关关系，五种土壤酶活性能反映各代表性样地土壤肥力的差异，可以作为衡量工程扰动区内人工修复边坡土壤肥力水平的指标。

表 8.3　6 月份土壤养分指标与土壤酶活性相关性分析

项目	脲酶	蔗糖酶	磷酸酶	过氧化氢酶	多酚氧化酶	pH值	有机质	速效氮	全氮	全磷	速效磷	速效钾
脲酶	1.000											
蔗糖酶	0.526*	1.000										
中性磷酸酶	0.551*	0.798**	1.000									
过氧化氢酶	0.502	0.918**	0.750**	1.000								
多酚氧化酶	-0.195	-0.561*	-0.532*	-0.561*	1.000							
pH值	-0.151	-0.705**	-0.465	-0.521	0.527*	1.000						
有机质	0.669**	0.744**	0.758**	0.598*	-0.420	-0.385	1.000					
速效氮	0.599*	0.732**	0.850**	0.652**	-0.486	-0.247	0.855**	1.000				
全氮	0.625*	0.701**	0.739**	0.607*	-0.469	-0.242	0.960**	0.906**	1.000			
全磷	0.122	0.115	0.091	0.221	0.506	0.232	0.144	0.084	0.082	1.000		
速效磷	0.088	0.258	0.303	0.360	0.376	0.005	0.067	0.193	0.017	0.857**	1.000	
速效钾	0.323	0.512	0.329	0.535*	0.230	-0.237	0.179	0.290	0.135	0.560*	0.760**	1.000

注：*相关性在 0.05 水平上显著；**相关性在 0.01 水平上显著。

表 8.4　11 月份土壤养分指标与土壤酶活性相关分析

项目	脲酶	蔗糖酶	中性磷酸酶	过氧化氢酶	多酚氧化酶	pH值	有机质	速效氮	全氮	全磷	速效磷	速效钾
脲酶	1.000											
蔗糖酶	0.681**	1.000										
中性磷酸酶	0.427	0.780**	1.000									
过氧化氢酶	0.558*	0.930**	0.693**	1.000								
多酚氧化酶	-0.593*	-0.776**	-0.735**	-0.701**	1.000							
pH值	0.066	-0.489	-0.710**	-0.470	0.618*	1.000						
有机质	0.829**	0.872**	0.565*	0.719**	-0.679**	-0.308	1.000					
速效氮	0.586*	0.861**	0.648**	0.750**	-0.748**	-0.631*	0.904**	1.000				
全氮	0.851**	0.893**	0.617*	0.740**	-0.712**	-0.320	0.990**	0.885**	1.000			
全磷	0.206	0.323	0.029	0.324	-0.105	0.193	0.154	0.076	0.168	1.000		
速效磷	0.162	0.303	0.100	0.339	-0.247	-0.001	0.138	0.168	0.169	0.873**	1.000	
速效钾	0.595*	0.451	0.272	0.450	-0.174	0.172	0.371	0.156	0.432	0.510	0.384	1.000

注：*相关性在 0.05 水平上显著；**相关性在 0.01 水平上显著。

第 9 章 植被修复效益评价与调控

不同的植被恢复方式对地表植被的影响是巨大的，对物种的组成、数量以及各物种在群落中的组成比例都有直接的改变。导致这种改变的原因有自然因素和人为因素，自然因素即为维持群落中植物繁衍和植被演替的生态环境条件，包括地质地貌、土壤、水分、气候、植被等；人为因素包括前期人工植被建植中群落设计的差异和后期的人为干扰。这两方面原因导致了植被群落发展方向的改变，而植被群落特征则是反映这一变化的主要客体。

向家坝水电工程扰动区人工植被的建植，极大地美化了工区的环境，对整个施工区域的水土保持起到了良好的作用，但仍存在一些不足：①构建的植被生境与自然群落土壤存在不同成分不同程度的差别；②人工植被群落在恢复初期结构较为简单，具体表现为：垂直结构失调(基本无乔木层)、水平结构失稳(水平方向植物群落的均质化)、生态系统进料不足(框格梁样地中群落盖度较低、生物量较少)等。

人工建植植被的目标是使植物群落能在较短时间内达到自我维持、自我调控、自我繁殖的稳定健康状态，为群落演替提供良好的环境，以达到尽快恢复系统生态功能的目的。虽然植被群落自身具备演替功能，但从实际出发，在水电工程扰动区仅靠群落的自然作用难以达到人类对植被修复工程的应用要求。本章以向家坝水电工程扰动区植被修复工程中采用框格梁填土护坡技术、覆土植生技术、植被混凝土生态防护技术和厚层基材喷播技术的样地为研究对象，通过现场调查和室内实验，运用层次分析法评价模型对研究对象进行评价，对所确立的水电工程扰动区植被修复工程的评价指标进行了权重的定值。该评价指标体系的建立和权重的确定，为今后水电工程扰动区植被修复工程的效益评价与调控提供了理论参考和实践依据。

9.1 植被修复效益评价方法

目前，国内提出的综合评价方法已有几十种，总体上归为：主观赋权评价法和客观赋权评价法(虞晓芬等，2004)。主观赋权评价法多是采取定性的方法，由专家根据经验进行主观判断而得到权数，如模糊综合评判法、层次分析法等；客观赋权评价法是根据指标之间的相关关系或各项指标的变异系数来确定权数，如主成分分析法、熵值法等。以下分别介绍最常用的几种综合评价方法，并重点介绍了层次分析法的基本原理和步骤。

9.1.1 常用评价方法简介

1. 模糊综合评判法

模糊综合评判(fuzzy comprehensive evaluation，FCE)是以模糊数学理论为基础，应用模糊关系合成的原理，将一些边界不清，不易定量的因素定量化，最后，进行综合评价的一种方法。1965 年，美国加利福尼亚大学的控制论专家 Zadeh 根据科学技术发展的客观需要，经过多年的潜心研究，发表了一篇题为《模糊集合》的重要论文，第一次成功地运用精确的数学方法描述了模糊概念，在精确的经典数学与充满模糊性的现实世界之间架起了一座桥梁，从而宣告模糊数学的诞生。从此，模糊现象进入了人类科学研究的领域，模糊综合评判法成为模糊数学在自然科学和社会科学领域中应用的一个重要方面。

模糊综合评判法通过隶属函数和模糊统计方法为定性指标的定量化提供了有效方法，实现了定性和定量方法的有效集合。在客观事物中，一些问题往往不是绝对的肯定或绝对的否定，涉及模糊因素，而模糊综合评判方法则很好地解决了判断的模糊性和不确定性问题。

2. 主成分分析法

主成分分析(principal component analysis，PCA)是由 Karl 和 Pearson 最早在 1901 年提出，1933 年 Hotelling 将这个概念推广到随机向量。主成分分析法是利用降维的思想，把多指标转化为几个综合指标的多元统计分析方法，其基本思想是通过适当的数学变换，使变量成为原变量的线性组合，并寻求主成分来分析事物。

主成分分析法能消除统计指标间相互关系的影响。相关指标表明了他们在反映被评价对象信息上的重复，如果不作变换就直接合成，则合成的结果必然包括重复信息。主成分分析通过数学变换，使之成为相互独立的变量，从而可以消除统计指标间相关关系的影响。综合评价值对同一样本具有不唯一性。这就使得应用该方法进行横向和纵向比较时，需要把被比较的样本放在同一个样本集合之中计算，不同样本集合中计算的综合评价值之间不具有可比性。主成分分析的权数从信息和系统效应角度确定，伴随着计算过程产生，可以避免确定权数的一些主观影响。通过主成分分析确定的权数有正有负，体现了指标与综合评价值的相互关系。

3. 熵值法

熵(entropy)原为统计物理和热力学中表征系统无序性的物理量，被系统科学借用后得到了更为广阔的发展，现已广泛应用于几乎所有学科(周诚，1996)。在信息理论中，熵是系统无序程度的量度，可以度量数据所提供的有效信息。熵值法就是根据各指标传输给决策者的信息量的大小来确定指标权重的方法。某项评价指标的差异越大，熵值越小，该指标包含和传输的信息就越多，相应权重就越大。

利用熵值法计算各指标的权重，能反映各项指标值的变化差异程度，即各指标的数值变化对系统的影响程度，从而为综合评价提供依据，评价结果具有较强的数学理论依据，真正做到了符合客观实际。但熵值法也有其自身的局限性，即较少考虑决策人的意向，缺乏针对性。由于熵值法要求有一定量的样本单位才能使用，并且熵值与指标值本身大小关系十分密切，因此只适用于相对评价而不适用于绝对评价。

4. 层次分析法

层次分析法(analytic hierarchy process，AHP)是美国著名运筹学家匹兹堡大学教授 Saaty 在 20 世纪 70 年代初提出来的一种多目标、多准则的决策方法。层次分析法体现了人们决策思维的基本特征：分解、判断、综合，在目前所有确定指标权重的方法中，层次分析法是一种较为科学合理、简单易行的方法。

层次分析法自正式提出后，很快就在世界范围内得到普遍的重视和广泛的应用。该方法从 20 世纪 80 年代引入我国，很快就为广大技术人员所接受，并在决策、评价排序、指标综合、预测等领域成功获得应用。层次分析法是一种把定性分析与定量分析有机结合起来的较好的科学决策方法。它通过两两比较，把人们依靠主观经验来判断的定性问题定量化，既有效地吸收了定性分析的结果，又发挥了定量分析的优势；既包含了主观的逻辑判断和分析，又依靠客观的精确计算和推演，从而使决策过程具有很强的条理性和科学性，能处理许多传统的最优化技术无法着手的实际问题，应用范围比较广泛。

9.1.2　层次分析法基本原理及基本步骤

对于水电工程扰动区植被修复而言，在没有准确掌握生态系统的变化规律时，所采取的方法均有无法避免的难点，即在没有理论和实践研究作为基础的前提下，对于系统诸要素的相互作用及其对整体的作用是无法明确表示的。层次分析法特点就是在对复杂问题的本质、影响因素及其内在关系等进行深入分析的基础上，利用较少的定量信息使决策的思维过程数学化，从而为多目标、多准则或无结构特性的复杂决策问题提供简便的评价(决策)方法。层次分析法将目标作为一个系统，按照目标分解、比较判断、综合分析进行决策，作为一种简便、灵活又实用的评价方法，适用于植被修复工程评价。

1. 层次分析法的基本原理

影响评价目标的因素很多，如果单独进行评价分析，整个评价过程会比较复杂，因此人们选用了层次分析法来对整个计算过程进行简化，即将影响评价目标的因素进行分层，建立一个层次结构，如：可以分为目标层、一级指标层、二级指标层等层次，之后再将整个层次结构中的定量与定性的问题结合进行总体分析。层次分析法运用相应的数学运算将难以量化的定性问题进行量化处理，将所有元素统一成一个整体后，再进行综合分析评价(许树柏，1988)。此方法适用于影响目标的因素很多，需要分层建模，且仅靠定量方法不能进行全面分析的复杂问题。层次分析法的分析过程符合人们正常的思维方式，即第一步进行分解判断，第二步进行综合分析，因此，此方法被很多学者广泛应用在评价排序、风险评估、人员评估等领域。

2. 层次分析法的基本步骤

运用层次分析法确定评价元素的权重，一般分为三个步骤。

1)建立层次结构模型

首先根据实际情况来确定影响综合评价目标的所有元素，在此基础上将与研究目标有关的各个影响因素按其不同的因果关系，自上而下地分解成不同的层次，从而构成递阶层次结构。一般情况下，递阶结构分为：

目标层，记为：U

一级指标层，记为：$U=\{B_1, B_2, B_3, \cdots, B_i\}$ $(i=1, 2, 3, \cdots, N)$

二级指标层，记为：$B_i=\{B_{i1}, B_{i2}, B_{i3}, \cdots, B_{ij}\}$ $(j=1, 2, 3, \cdots, n)$

其中，N 为二级评价因素的总数；n 为影响每一个二级评价指标的总数。

一级指标层中的各个因素从属于目标层或对其有影响，同时有支配二级指标层的因素的作用。目标层通常只有一个元素，二级指标层通常为影响总目标的所有因素或者可以对目标做出正确评价的所有影响因素，一级指标层则是根据目标评价体系列出的概括性的影响准则。

2)构造成对比较的判断矩阵

从层次结构模型的第 2 层开始，对于从属于(或影响及)上一层每个因素的同一层因素，用成对比较法和 1~9 比较尺度构造成对比较阵，直到最低层。构造判断矩阵是层次分析法的关键步骤,构造过程需要注意标度构建。在进行多因素的生态环境影响评价中,既有定性因素,又有定量因素,还有很多模糊因素,但是各个影响因素的相对重要性程度却不相同。针对层次分析法的这一特点,对其重要度做如下定义:①以相对比较为主,并将标度分为 1、3、5、7、9 共 5 个,而将 2、4、6、8 作为两标度之间的中间值(如下表 9.1);②遵循一致性原则,即当 C_1 比 C_2 重要、C_2 比 C_3 重要时,则认为 C_1 一定比 C_3 重要。

通过对判断矩阵的标度构建,我们可以得到以下判断矩阵,其特点是:①$b_{ij}>0$;②$b_{ij}=1/b_{ij}$;③$b_i=1$。

$$
A_k = \begin{pmatrix}
1 & b_{12} & b_{13} & ... & b_{1j} \\
b_{21} & 1 & b_{23} & ... & b_{2j} \\
b_{31} & b_{32} & 1 & ... & b_{3j} \\
... & ... & ... & 1 & ... \\
b_{i1} & b_{i2} & b_{i3} & ... & 1
\end{pmatrix}
$$

表 9.1　标度及其描述

重要性标度	定义描述
1	相比较的两因素同等重要
3	一因素比另一因素稍重要
5	一因素比另一因素明显重要
7	一因素比另一因素强烈重要
9	一因素比另一因素绝对重要
2、4、6、8	两标度之间的中间值
倒数	如果 B_i 比 B_j 得 B_{ij},则 B_j 比 B_i 得 $B_{ji}=1/B_{ij}$

3)计算权向量和一致性检验

对每一个判断矩阵进行最大特征值及对应特征向量的计算,此外每个专家对每个判断矩阵的构造不一致会造成所得结果不合理的情况,因此需要对判断矩阵进行一致性检验,若检验通过,归一化后的特征向量即为权向量;若不通过,则需要重新构造一致性较大的判断矩阵。

9.2　植被修复工程评价指标体系

9.2.1　指标选取原则

水电工程扰动区植被修复工程评价指标体系是一套能充分反映水土保持效

应、生态效应、基材改良效应的指标群体。在指标群体中，指标的选取关系到评价结果的可靠性。因此，科学、合理的设计评价指标体系是正确评价水电工程扰动区植被修复工程效应的前提和基础(陶晓燕等，2006；张洪军，2007)。

1. 科学性与客观性

植被修复工程评价指标体系必须立足于生态系统的实际状况，能较客观和真实地反映植被修复工程的内涵，各指标要尽量不受主观因素的影响，客观地分析所选指标的含义，根据其含义作出取舍，避免指标间的交叉与重复。

2. 综合性与主导因素

选取多种指标进行综合划分，全面、客观、准确地反映生态系统的各效应现状。但要全部概全，既不现实也无必要，因而需要选取能够反映植被修复效应特征的主导性因子作为评价指标，建立科学、完整的评价指标体系，既简便灵活又准确客观地进行植被修复工程效应评价。

3. 实用性与可操作性

构成评价指标体系的各成分要素要能够方便地为人们所计量和评价；不能量化的指标也要能够通过简单的方法得到有效的评价结果，做到切实可行、实用有效。指标的设置要避免过于繁琐，需具有可测性和可比性，计算方法简单，数据易于获得并能进行定性或定量表达。

4. 动态性与稳定性

扰动区植被生态系统是一个人为营造的动态系统，为了达到较好的拟自然状态，客观上需要指标体系具有一定的弹性，能够适应不同时期。但同时又应保持指标在一定时期内的稳定性，以便于评价工作的开展。

9.2.2　评价指标

本章根据上述评价指标体系的建立原则，建立由基材改良效应、生态效应、水土保持效应三大类指标组成的植被修复工程评价指标体系(图9.1)。具体指标及测量方法如下：

①坡面最大冲刷深度(C1)。大流量和高流速对坡面造成的侵蚀；采用测树根高度的方法测定。

②坡面侵蚀量(C2)。土壤及其母质在水力、风力、冻融、重力等外力作用下，被破坏、剥蚀、搬运和沉积的数量；采用侵蚀桩法观测。

③坡面裸露度(C3)。植被(包括叶、茎、枝)在单位面积内植被的垂直投影空

余面积所占百分比；采用样地群落调查方法观测。

④土壤根系干重增加率(C4)。采用样方采样、室内烘干，计算根系干重增加率。

⑤第一优势种重要值(C5)。在群落中地位和作用的综合数量指标。

⑥Gleason 丰富度指数(C6)。表明　定面积的生境内生物种类的数目。

计算公式：$dG_l=S/\ln A$

式中，S 为群落中物种数目；A 为单位面积。

⑦Shannon-Wiener 多样性指数(C7)。通过描述物种个体出现的紊乱和不确定性来反映物种多样性。

⑧Pielou 均匀度指数(C8)。以 Shannon-Wiener 多样性指数为基础计算出的群落均匀度。

⑨土壤有机质(C9)。指土壤中来源于生命的物质，包括土壤微生物和土壤动物及其分泌物以及土体中植物残体和植物分泌物；采用重铬酸钾氧化法测定。

⑩~⑫土壤速效氮(C10)、土壤速效磷(C11)、土壤速效钾(C12)。它们分别是土壤中可被植物吸收的氮、磷、钾组分，状态包括全部水溶性、部分吸附态及有机态，有的土壤中还包括某些沉淀态；分别采用扩散吸收法、0.5mol/L NaHCO₃浸提—钼锑抗比色法、醋酸铵浸—火焰光度法测定。

⑬土壤容重(C13)。一定容积的土壤(包括土粒及粒间的孔隙)烘干后的重量与同容积水重的比值；采用环刀法测定。

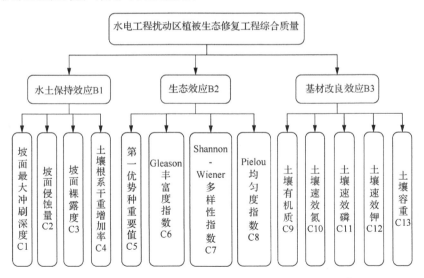

图 9.1　水电工程扰动区植被修复工程综合质量评价指标体系

所构建的指标体系中，既包含坡面裸露度、坡面最大冲刷深度等工程表观指标，又包含群落多样性、丰富度、均匀度等生态指标，还包含坡面侵蚀量、根系含量等水土保持功能指标，同时考虑生境基材有机质含量、优势物种、群落稳定性等生态修复潜力指标，能较全面反映生态修复工程的综合质量。

9.2.3 指标权重

采用 1~9 标度法，对每个判断矩阵中各元素重要值进行两两比较，构成相应矩阵。根据专家评分的统计结果，整理得到植被修复工程效应的 13 个评价因子的判断矩阵，水电工程扰动区植被修复工程的评价指标权重如表 9.2 所示。

表 9.2　水电工程扰动区植被修复工程的评价指标权重

类别	指标	权重	序值
水土保持效应 B1	坡面最大冲刷深度 C1	0.0748	6
	坡面侵蚀量 C2	0.1583	1
	坡面裸露度 C3	0.1173	3
	土壤根系干重增加率 C4	0.0748	6
生态效应 B2	第一优势种重要值 C5	0.1370	2
	Gleason 丰富度指数 C6	0.0616	8
	Shannon-Wiener 多样性指数 C7	0.0790	5
	Pielou 均匀度指数 C8	0.0479	10
基材改良效应 B3	土壤有机质 C9	0.0883	4
	土壤速效氮 C10	0.0505	9
	土壤速效磷 C11	0.0397	11
	土壤速效钾 C12	0.0397	11
	土壤容重 C13	0.0312	13

由上表可以看出，水电工程扰动区植被修复工程的评价指标体系中权重最大的四项依次为坡面侵蚀量、第一优势种重要值、坡面裸露度、土壤有机质，指标权重分别为 0.1583、0.1370、0.1173、0.0883。此外，Shannon-Wiener 多样性指数、土壤根系干重增加率、坡面最大冲刷深度、Gleason 丰富度指数、土壤速效氮五项指标权重均在 0.05 至 0.08 之间，Pielou 均匀度指数、土壤速效磷、土壤速效钾、土壤容重四项指标权重均在 0.05 以下。

9.2.4 评价对象数据值

1. 原始数据值

选择向家坝水电工程扰动区框格梁填土护坡技术样地、覆土植生技术样地、植被混凝土土态防护技术样地和厚层基材喷播技术样地为研究对象，对其进行植被修复效益评价和调控。所选择样地的基本情况如见第 7 章表 7.1。通过现场调查和室内实验，对所选样地的水土保持效应、生态效应和基材改良效应等指标进行测量，得到评价对象原始数据值如表 9.3 所示。

表 9.3　评价对象原始数据值

类别	指标	框格梁填土护坡技术	覆土植生技术	植被混凝土生态防护技术	厚层基材喷播技术
水土保持效应 B1	C1/(cm/a)	3.0	19.8	0.5	1.2
	C2/(kg/(m²·a))	10.16	37.56	2.83	8.18
	C3	12	90	0	5
	C4/(kg/m³)	0.49	0.09	0.70	0.29
生态效应 B2	C5	43.828	36.499	38.943	63.943
	C6	9.266	5.560	12.457	7.413
	C7	2.069	1.473	2.688	2.084
	C8	0.683	0.491	0.672	0.695
基材改良效应 B3	C9/(g/kg)	5.111	1.188	9.653	2.931
	C10/(mg/kg)	48.266	6.426	63.504	32.006
	C11/(mg/kg)	12.766	6.254	28.016	9.150
	C12/(mg/kg)	175.818	85.117	205.954	121.116
	C13/(g/cm³)	1.692	1.878	1.414	1.636

2. 极差标准法数据无量纲化处理

由于本评价体系所选用的指标涉及方面不同，单位和取值不尽相同。为了能比较各指标要素和计算指标的综合指数，需要进行数据的无量纲化处理。对于不具备量纲的定性指标要素不进行无量纲化处理。

数据无量纲化的过程实际上就是一个分级打分的过程，在划出某一指标要素的给分范围后，根据统计数据给指标分级，采用标准型法和等级法对所得数据进行无量纲化处理。通过不同标准型公式的应用，可以对系统发展有利和有害要素区别对待。另外通过较准确地确定分级标准，可以较明确地显示出所评估指标表现出的状态。

标准型无量纲化的公式为(饶扬德，2004)：

$$R_i = \begin{cases} 0 & x_i \leqslant b_i \\ \dfrac{x_i - b_i}{a_i - b_i} & b_i \leqslant x_i \leqslant a_i \\ 1 & x_i \geqslant a_i \end{cases} \tag{9.1}$$

$$R_i = \begin{cases} 0 & x_i \geqslant a_i \\ \dfrac{a_i - x_i}{a_i - b_i} & b_i \leqslant x_i \leqslant a_i \\ 1 & x_i \leqslant b_i \end{cases} \tag{9.2}$$

$$R_i = \begin{cases} \dfrac{x_i - a_i}{a - b_i} & b_i \leqslant x_i < a \\ \dfrac{x_i - b_i}{a_i - a_i} & a \leqslant x_i \leqslant a_i \\ 0 & x_i < b_i \text{或} x_i \geqslant a_i \end{cases} \tag{9.3}$$

式中，a_i 和 b_i 分别为第 i 个指标的上、下限；R_i 为基础数据无量纲化之后的结果，表示该指标值距理想状态值的接近程度，取值范围为 0~1。

对于发展型指标(土壤有机质、速效氮、速效磷、速效钾各含量、丰富度指数、多样性指数、均匀度指数、土壤根系干重)，当基础数据数 x_i 越大，对水电工程扰动区植被修复工程质量越具有促进作用，R_i 按公式(9.1)计算；对于制约型指标(土壤容重、坡面最大冲刷深度、侵蚀量、裸露度)，当基础数据数值 x_i 越大，对水电工程扰动区植被修复工程质量越具有阻碍作用，R_i 按公式(9.2)计算；对于发展与制约同时存在的指标(第一优势物种重要值)，当基础数据数值 x_i 在某个值时，所起作用最为积极有效，R_i 按公式(9.3)计算。

9.2.5　指标上下限

各指标上下限值均来源于所有样地同指标的最大和最小值，个别指标取值参照专业规范及实际情况，各指标的上下限值如表 9.4 所示。

表 9.4　各指标上下限值

限阈	C1 /(cm/a)	C2 /[kg/(m²·a)]	C3	C4/(kg/m³)	C5	C6	C7	C8	C9 /(g/kg)	C10 /(mg/kg)	C11 /(mg/kg)	C12 /(mg/kg)	C13 /(g/cm³)
上限	19.8	37.56	100	3.47	63.943	18.533	2.896	0.793	32.670	78.602	33.164	205.954	2.200
下限	0.0	0.16	0	0.29	21.687	5.560	1.473	0.491	1.188	5.377	6.254	74.600	1.100

9.3　评价与生态调控实例

9.3.1　框格梁填土护坡技术样地

1. 样地现状

框格梁样地后期出现的问题具体表现为：①基材营养元素值低，缺乏物质循环的元素,使生态系统功能运行存在难度;②坡面植被群落物种数少,致使水土流失较为严重;③边坡周围环境不能提供较好的资源,样地群落演替方向不明确。运用已建立的水电工程扰动区植被修复工程综合质量评价指标体系,对框格梁样地进行评价,评价结果如表 9.5 所示。

表 9.5　框格梁样地调控前后评价值对比

参数	水土保持效应 B1	生态效应 B2	基材改良效应 B3	评价总值
调控前	0.292	0.146	0.095	0.533
调控后	0.297	0.210	0.136	0.644

2. 调控措施

根据框格梁样地的实际情况及评价结果,采用生境调控、生物调控以及输入调控对样地进行人工调控,具体调控措施如下:①生境调控:通过在坡面铺设适量新鲜表土,利用表土中含有的植物种子及生长所需的多种营养元素,保证植物种子在不施加有机肥的情况下能顺利生长;②生物调控:针对该区域周围生态环境要素的成分特点,在坡面撒入狗牙根种子,同时移栽适量醉鱼草植株,增加坡面生态环境的丰富度指数和多样性指数,提高群落的抗干扰能力并加快演替进程;③输入调控:适量追加有机肥。

3. 调控前后对比分析

根据调控前后现场调查情况对比可知,当该样地输入符合系统的内部运行机制与规律时,其输出有利于环境质量的改善和系统功能的增强,其外在表现即为基材改良、坡面群落、水土保持均产生明显有利变化。植被修复工程中输入的光、热、水、气等因子难以人为控制,但输入的部分肥料、水源、土壤、种子等可以受到人工调控,调控前后效果如图 9.2 所示。

根据已建立的水电工程扰动区植被修复工程综合质量评价指标体系,从水土保持效应、基材改良效应和生态效应三方面对调控前后的评价值进行比较,对比结果如表 9.5 所示。增施有机肥使基材改良效应评价值变化明显,增幅为 43.2%。通过引入新物种,坡面植物群落外貌发生有利变化,生态效应评价值增幅为 43.8%。框格梁样地调控后评价总值较调控前增加了 20.8%。由此可见,通过采取有效的人工调控措施对框格梁样地进行调控,样地调控效果较为显著,与实地调查情况基本一致。

(a) 2009 年 5 月　　　　　　　　　　　　　　(b) 2009 年 10 月

图 9.2　框格梁样地全貌

9.3.2　覆土植生技术样地

1. 样地现状

覆土植生技术样地后期出现的问题具体表现为：①坡面客土流失严重，基质层贫瘠，植被立地生长环境尚不完全具备；②坡面初始物种退化严重，群落盖度极低。运用已建立的水电工程扰动区植被修复工程综合质量评价指标体系对覆土植生技术样地进行评价，评价结果如表 9.6 所示。

表 9.6　覆土植生技术调控前后评价值对比

参数	水土保持效应 B1	生态效应 B2	基材改良效应 B3	评价总值
调控前	0.012	0.089	0.013	0.114
调控后	0.302	0.207	0.070	0.578

2. 调控措施

根据覆土植生技术样地的实际情况及评价结果，采用生境调控、生物调控以及输入调控对样地进行人工调控，具体调控措施如下：①生境调控：增加客土，通过表层土壤整治使其获得更多的养分。既能满足生物生长发育需求，从而改善生态环境，又能通过加强土壤对养分的保持能力来阻止养分循环损失；②生物调控：引入新物种，其中包括灌木(如紫薇)，增加物种种类、数量的同时改善群落的结构；③输入调控：通过适量追加有机肥、合理灌溉的方式，进一步改善植被立地环境。通过直接给坡面土壤供给所需有机肥料，完善坡面生态系统的供给功能，及时地向系统输入缺损的能量、物质和信息。

3. 调控前后对比分析

根据调控前后现场调查情况对比可知，覆土植生技术样地作为退化严重的典型样地类型，样地在调控后较好地改善了植物的群落结构，充分发挥了生态系统的自我调节能力，景观效果改善明显，调控前后效果如图 9.3 所示。

(a) 2007 年 5 月　　　　　　　　　　　(b) 2008 年 10 月

图 9.3　覆土植生技术样地全貌

根据已建立的水电工程扰动区植被修复工程综合质量评价指标体系，从水土保持效应、基材改良效应和生态效应三方面对调控前后的评价值进行比较，对比结果如表 9.6 所示。由表可知，在采取人工调控措施后，覆土植生技术样地调控后生态效应、基材改良效应、水土保持效应评价值较调控前均发生了显著增加，增幅分别为 133%、438%、2417%，评价总值增幅为 407%。由此可见，通过采取有效的人工调控措施对覆土植生技术样地进行调控，样地调控效果显著，与实地调查情况一致。

9.3.3　植被混凝土生态防护技术样地

1. 样地现状

植被混凝土生态防护技术样地后期出现的问题具体表现为：①草本植物重要值最大，其中又以狼尾草占优势地位，群落稳定但弹性严重不足，不利于群落演替的正常发生；②灌木物种较少，无乔木层，垂直结构失调、群落空间生态位利用不够；③基材改良效应较好，样地周围植被环境良好，但自然演替使更多的灌木及乔木侵入所需时间过长。运用已建立的水电工程扰动区植被修复工程综合质量评价指标体系对植被混凝土生态防护技术样地进行评价，评价结果如表 9.7 所示。

2. 调控措施

根据植被混凝土生态防护技术样地的实际情况及评价结果，采用生物调控来对样地进行人工调控，具体调控措施如下：按照物种引进的适生、利大于弊、可控性原则，在坡面移栽一定数量的耐旱、耐贫瘠乔灌木幼苗或撒播乔灌木种子（2500m^2 坡面内人工栽植黄花槐 500 株、香花槐 550 株、金叶女贞 1000 株、三角梅 250 株、蔷薇 250 株)。通过补播、补植适宜植物物种增加地表生物的多样性，与原有物种形成互惠互生的关系，达到利于生产者固定能量及以此带动营养物质循环的目的，促成群落系统自发地由层次单调、结构简单状态向层次复杂、结构完善状态演替，最终达到加快群落正向演替和改善坡面景观效果的双重目的，使坡面群落发育成一个结构合理、功能高效的生态系统。

3. 调控前后对比分析

根据调控前后现场调查情况对比可知，本次人工调控一定程度上改善了该样地植物群落结构及坡面景观效果，但由于建群种狼尾草在群落中竞争能力过强，其优势地位明显，使得 60%左右的人工栽植植株未能存活，调控效果不显著，调控前后效果如图 9.4 所示。

(a) 2008 年 5 月   (b) 2008 年 10 月

图 9.4　植被混凝土生态防护技术样地全貌

根据已建立的水电工程扰动区植被修复工程综合质量评价指标体系，从水土保持效应、基材改良效应和生态效应三方面对调控前后的评价值进行比较，对比结果如表 9.7 所示。由于人为引进物种，生态效应评价值改变最大，增幅为 21.4%，而基材改良效应评价值增幅为 3.8%，水土保持效应评价值增幅仅为 0.9%，未能达到预期目的。由此可见，所采取的人工调控措施对植被混凝土生态防护技术样地调控效果不显著，主要是由于自然群落是一个复杂的有机整体，很难把握调控后群落的发展方向，为调控工作带来难度。此后仍需采取更为积极有效的调控手段，全面考虑调控区域的各个因素，如坡面植物优势物种和建群种的生态特性、群落结构的优化搭配、周边环境的影响等。

表 9.7　植被混凝土生态防护技术样地调控前后评价值对比

参数	水土保持效应 B1	生态效应 B2	基材改良效应 B3	评价总值
调控前	0.351	0.210	0.158	0.719
调控后	0.354	0.255	0.164	0.773

9.3.4　厚层基材喷播技术样地

1. 样地现状

厚层基材喷播技术样地后期出现的问题主要有生物群落垂直结构不完善、水平结构失稳等,具体表现为:①垂直结构中仅有草本层,此种结构不利于群落结构稳定。典型情况是紫花苜蓿占绝对优势地位,一方面不利于其他物种的侵入生长,另一方面若遭受病虫害,样地内植被群落将受到致命打击。若人为破坏该区域,就会容易造成土壤肥力下降、坡面植被逐渐丧失并带来水土保持功能缺乏的后果。②水平结构的失稳体现在区域内生物类群、景观单元在水平方向上异质性差。典型问题是紫花苜蓿作为建群种重要值过高,占绝对优势地位,使水平方向均质化问题严重,不利于向顶级群落演替。运用已建立的水电工程扰动区植被修复工程综合质量评价指标体系对厚层基材喷播技术样地进行评价,评价结果如表9.8 所示。

2. 调控措施

根据厚层基材喷播技术样地的实际情况及评价结果,采用生物调控和系统结构调控对样地进行人工调控,具体调控措施如下,①生物调控:采用间苗措施,对坡面紫花苜蓿进行部分的直接干预甚至去除,同时撒播一定量其他草本植物种子。通过生物引入栽培手段,实现生物与生物、生物与生境之间的相协关系;②系统结构调控:通过移栽一定数量的耐旱、耐贫瘠乔灌木幼苗,促进样地内物种丰富度、多样性、均匀度等指标的增加。其一是用不同种群合理组装,建立新的复合群体,使系统各组成成分间的结构与机能更加协调,系统的能量流动、物质循环更趋合理。在充分利用和积极保护资源的基础上,获得最高的系统生产力,发挥最大的综合效益;其二是通过建立合理的群落结构和景观单元的镶嵌关系,形成种群与种群、种群与环境之间的协调关系,以实现资源的合理利用和种群的持续发展。

3. 调控前后对比分析

根据调控前后现场调查情况对比可知,厚层基材喷播技术样地的调控工作取得了较好的效果,坡面植被生长较调控前为优,调控后的优势物种由调控前的紫花苜蓿转为本地优势物种黄花槐,且物种均匀度增加。调控前后,坡面植物群落物种由 12 种变为 26 种,更有利于坡面群落的正向演替,调控前后效果如图 9.5 所示。

(a) 2007 年 12 月　　　　　　　　　　(b) 2008 年 10 月

图 9.5　厚层基材喷播技术样地全貌

根据已建立的水电工程扰动区植被修复工程综合质量评价指标体系，从水土保持效应、基材改良效应和生态效应三方面对调控前后的评价值进行比较，对比结果如表 9.8 所示。由上表可知，厚层基材喷播技术样地两次调查期间在水土保持、坡面群落、基材改良方面改变十分明显。厚层基材喷播技术样地调控后评价值增幅由大到小依次为：生态效应、基材改良效应、水土保持效应，较调控前分别增加了 308%、262%、37%，评价总值增幅为 112%。由此可见，通过采取上述人工调控措施对厚层基材喷播技术样地进行调控，样地调控效果显著，与实地调查情况基本一致。

表 9.8　厚层基材喷播技术样地调控前后评价值对比

参数	水土保持效应 B1	生态效应 B2	基材改良效应 B3	评价总值
调控前	0.310	0.075	0.058	0.443
调控后	0.423	0.306	0.210	0.939

9.3.5　调控成效

（1）采用上述生态修复技术治理的样地水土保持功能基本具备，而水土保持功能也依赖于基材物理特性以及植物地下、地上部分，因此，问题关键在于增强技术实施后坡面群落的生态功能与坡面基材改良。随着时间的增加，植物分解后土壤有机质含量不断提高，土壤肥力和养分条件得到改善，为一些对土壤要求较高的植物种类提供了定居和繁殖地，有利于群落更好地发生正向演替。因此，建议把生物调控和生境调控两种实用性强的手段结合起来，需要考虑调控对象的相似性与特殊性、调控手段的多样性、区域周围环境因素的影响等。同时，为增加群落生态系统物质和能量的循环及拟自然程度，应结合实际情况，做到多种调控方法的综合应用，保证人工调控的成功率。

（2）人工植被的恢复演替过程受内外两方面因素作用：一方面是由现有植被和

基材所决定的边坡群落基本演替能力，另一方面是区域环境对边坡植被恢复进程的影响。例如，覆土植生技术样地由于周围区域为水泥坡地，与周围环境资源交流存在较大难度，而厚层基材喷播技术样地由于山顶边缘存在自然树林，坡面植被种类显著增加，调控效果更为显著。因此，调控工作需与周围环境因素相结合，以保证植被修复工程的调控效果。

(3) 根据已建立的水电工程扰动区植被修复工程综合质量评价指标体系，对各样地进行评价，结合样地的实际情况及评价结果，选取适宜的人工调控措施，并从水土保持效应、基材改良效应和生态效应三方面对调控前后的评价值进行对比分析。通过采取有针对性的人工调控措施，框格梁填土护坡技术样地、覆土植生技术样地、植被混凝土生态防护技术样地和厚层基材喷播技术样地的评价值均出现不同程度的增大，表明所采取的调控措施具有一定的成效。

参 考 文 献

阿力坦巴根那, 余海龙. 2009. 厚层基材喷附技术在半干旱山区高速公路边坡防护中的应用. 防护林科技, (6): 77~79.

鲍坦. 2000. 土壤农化分析. 北京: 中国农业出版社.

北京农业大学主编. 1990. 农业化学总论. 北京: 农业出版社.

蔡强国, 黎四龙. 1998. 植物篱笆减少侵蚀的原因分析. 土壤侵蚀与水土保持学报, 4(2): 54~60.

曹承绵, 严长生, 张志明, 等. 1983. 关于土壤肥力数值化综合评价的探讨. 土壤通报, (4): 13~15.

曹凑贵. 2002. 生态学概论. 北京: 高等教育出版社.

曹永强, 倪广恒, 胡和平. 2005. 水利水电工程建设对生态环境的影响分析. 人民黄河, 27(1): 56~58.

陈昌富, 刘怀星, 李亚平. 2006. 草根加筋土的护坡机理及强度准则试验研究. 中南公路工程, 31(2): 14~17.

陈昌富, 刘怀星, 李亚平. 2007. 草根加筋土的室内三轴试验研究. 岩土力学, 28(10): 2041~2045.

陈芳清, 陈丽萍, 谢宗强. 2004. 三峡地区废弃地植被生态恢复与重建的生态学研究. 长江流域资源与环境, 13(3): 186~290.

陈根云, 陈娟, 许大全. 2010. 关于净光合速率和胞间 CO_2 浓度关系的思考. 植物生理学报, (1): 64~66.

陈立松, 刘星辉. 1998. 水分胁迫对荔枝叶片活性氧代谢的影响. 园艺学报, 25(3): 241~246.

陈丽华. 1996. 湖北宜昌风化花岗岩区林草植被改良土壤作用的定量化分析. 中国水土保持, (2): 35~38.

陈隆隆, 潘振玉. 2008. 复混肥料和功能性肥料技术与装备. 北京: 化学工业出版社.

陈晓年, 李颖, 张威奕. 2010. 大型水电工程的社会经济影响及生态环境影响分析. 中国农村水利水电, (11): 161~163.

程洪, 颜传盛, 李建庆, 等. 2006. 草本植物根系网的固土机制模式与力学试验研究. 水土保持研究, 13(1): 62~65.

戴全厚, 薛萐, 刘国彬, 等. 2008. 侵蚀环境撂荒地植被恢复与土壤质量的协同效应. 中国农业科学, 41(5): 1390~1399.

邓卫东, 周群华, 严秋荣. 2007. 植物根系固坡作用的试验与计算. 中国公路学报, 20(5): 7~12.

杜娟. 2000. 客土喷播施工法在日本的应用与发展. 公路, (7): 72~73.

封金财. 2005. 植物根系对边坡的加固作用模拟分析. 江苏工业学院学报, 17(3): 27~29.

高勖. 2015. 浅谈高速公路边坡人工撒播植草技术. 公路交通科技, (6): 44~45.

巩杰, 陈利顶, 傅伯杰, 等. 2004. 黄土丘陵区小流域土地利用和植被恢复对土壤质量的影响. 应用生态学报, 15(12): 2292~2296.

顾晶. 2003. 三维植被网喷播植草技术在高速公路边坡上的应用. 生态环境, 12(2): 155~156.

关松荫. 1986. 土壤酶及其研究法. 北京: 农业出版社.

郭连生, 田有亮. 1992. 八种针阔叶幼树清晨叶水势与土壤含水量的关系及其抗旱性研究. 生态学杂志, 11(2): 4~7.

哈德逊 N W, 1975. 土壤保持. 窦葆璋, 译. 北京: 科学出版社.

郝彤琦, 谢小妍, 洪添胜. 2000. 滩涂土壤与植物根系复合体抗剪强度的试验研究. 华南农业大学学报, 21(4): 78~80.

郝余祥. 1982. 土壤微生物. 北京: 科学出版社.

郝云庆, 何丙辉, 李旭光. 2006. 巫溪县红池坝不同植被恢复阶段土壤养分评价. 西南农业大学学报(自然科学版), 28(1): 149~153.

何东进, 洪伟. 1999. 植被截留降水量公式的改进. 农业系统科学与综合研究, 15(3): 200~202.

何东进. 2013. 景观生态学. 北京: 中国林业出版社.

何同康. 1983. 土壤(土地)资源评价的主要方法及其特点比较. 土壤学进展, 11(6): 1~12.

侯扶江, 肖金玉, 南志标. 2002. 黄土高原退耕地的生态恢复. 应用生态学报, 13(8): 923~929.

胡实, 谢小立, 王凯荣, 等. 2008. 红壤坡地生态系统恢复过程植被群落的演变. 生态环境, 17(1): 327~333.

胡双双. 2006. 岩质边坡生态护坡基材研究. 武汉: 武汉理工大学硕士学位论文.

胡夏嵩, 李国荣, 朱海丽, 等. 2009. 寒旱环境灌木植物根—土相互作用及其护坡力学效应. 岩石力学与工程学报, 3(28): 613~620.

胡在良. 2005. 生态护坡材料微孔分形特性的试验研究. 武汉: 武汉理工大学硕士学位论文.

黄贯虹, 方刚. 2005. 系统工程方法与应用. 广州: 暨南大学出版社.

黄海涛. 2014. 水电开发中的生态风险评价与管理研究. 北京: 华北电力大学.

江锋, 张俊云. 2008. 植物根系与边坡土体间的力学特性研究. 地质灾害与环境保护, 19(1): 57~61.

江源, 陶岩, 顾卫, 等. 2007. 高速公路边坡植被恢复效果研究. 公路交通科技, 24(7): 147~152.

姜志强, 孙树林. 2004. 堤防工程生态固坡浅析. 岩石力学与工程学报, 23(12): 2133~2136.

蒋高明, 常杰, 高玉葆, 等. 2004. 植物生理生态学. 北京: 高等教育出版社.

蒋先军, 黄昭贤, 谢德体, 等. 2000. 硅酸盐细菌代谢产物对植物生长的促进作用. 西南农业大学学报, 22(2): 116~119.

金钟. 2001. 喷砼植草技术在惠河高速公路高边坡防护中的试验应用. 广东公路交通, (2): 18~19.

阚文杰, 吴启堂. 1994. 一个定量综合评价土壤肥力的方法初探. 土壤通报, (6): 245~247.

康才周. 2006. 四翅滨藜在不同土壤水分胁迫下的生理生态响应. 兰州: 甘肃农业大学硕士学位论文.

匡旭华. 2003. 浅谈乳液喷播建植技术的应用. 石河子科技, (2): 43~44.

来璐, 郝明德, 彭令发. 2003. 土壤磷素研究进展. 水土保持研究, 10(1): 65~67.

黎华寿, 蔡庆. 2007. 水土保持工程植物运用图解. 北京: 化学工业出版社.

李登武, 刘国彬, 张文辉, 等. 2003. 秦巴山地栓皮栎所在群落主要乔木树种种间联结性的研究. 西北植物学报, 23(6): 901~905.

李国荣, 毛小青, 倪三川, 等. 2007. 浅析灌木与草本植物护坡效应. 草业科学, 24(6): 86~89.

李合生, 孟庆伟, 夏凯, 等. 2002. 现代植物生理学. 北京: 高等教育出版社.

李和平, 张瑞强, 张文秀, 等. 1999. 水力喷播技术引进及试验研究. 水土保持通报, 19(2): 27~30.

李俊庆. 2004. 不同生育时期干旱处理对夏花生生长发育的影响. 花生学报, 33(4): 33~35.

李少丽, 许文年, 丰瞻, 等. 2007. 边坡生态修复中植物群落类型设计方法研究. 中国水土保持, (12): 53~55.

李绍才, 孙海龙, 杨志荣, 等. 2006a. 岩石边坡基质——植被系统的养分循环. 北京林业大学学报. 28(2): 85~90.

李绍才, 孙海龙, 杨志荣, 等. 2006b. 护坡植物根系与岩体相互作用的力学特性. 岩石力学与工程学报, 25(10): 2051~2057.

李天斌, 徐华, 周雄华, 等. 2008. 高寒高海拔地区岩质陡边坡 JYC 生态基材护坡技术. 岩石力学与工程学报, 27(11): 2332~2339.

李翔宏, 刘斌, 叶华, 等. 2005. 高速公路边坡喷播绿化施工技术简介. 草业科学, 22(6): 118~120.

李新荣, 张景光, 刘立超, 等. 2000. 我国干旱沙漠地区人工植被与环境演变过程中植物多样性的研究. 植物生态学报, 24(3): 257~261.

李学垣. 2001. 土壤化学. 北京: 高等教育出版社.

李义强, 王英宇, 宋桂龙, 等. 2012. 厚层基材喷播技术在北方半干旱区岩石边坡植被恢复中的应用—以京承高速公路(三期)植被恢复工程为例. 草原与草坪, 32(3): 58~64.

李勇, 武淑霞, 夏候国风等. 1998. 紫色土区刺槐林根对土壤结构的稳定作用. 土壤侵蚀与水土保持学报, 4(2): 1~7.

李云峰, 李志国, 郑刚. 2004. 纤维水泥土力学性能试验研究. 建筑科学, 20(6): 56~60.

李振高, 骆永明, 滕应. 2008. 土壤与环境微生物研究法. 北京: 科学出版社.

梁君瑛. 2008. 水分胁迫对桑树苗生长及生理生化特性的影响. 北京: 北京林业大学. 硕士学位论文.

刘春霞, 韩烈保. 2007. 高速公路边坡植被恢复研究进展. 生态学报, 27(5): 2090~2098.

刘春霞. 2006. 高速公路裸露坡面植被恢复机理的研究. 北京: 北京林业大学.

刘慧佳. 2006. 水分胁迫下白榆幼苗的生理形态反应. 济南: 山东师范大学. 硕士学位论文.

刘小阳, 吴开亚. 1999. 天童森林植被的群落稳定性与物种多样性关系的研究. 生物学杂志, 16(5): 17~18.

刘中奇, 朱清科, 秦伟, 等. 2010. 半干旱黄土区自然恢复与人工造林恢复植被群落对比研究. 生态环境学报, 19(4):
　　857~863.

鲁如坤. 1998. 土壤—植物营养学. 北京: 化学工业出版社.

吕晓男, 陆允甫. 1994. 土壤肥力综合评价初步研究. 浙江大学学报(农业与生命科学版), (4): 378~382.

吕新, 寇金梅, 李宏伟. 2004. 模糊评判方法在土壤肥力综合评价中的应用研究. 干旱地区农业研究, 22(03): 56~59.

罗永忠, 成自勇. 2001. 水分胁迫对紫花苜蓿叶水势、蒸腾速率和气孔导度的影响. 草地学报, 2(2): 215~221.

骆伯胜, 钟继洪, 陈俊坚. 2004. 土壤肥力数值化综合评价研究. 土壤, 36(01): 104~106.

骆东奇, 白洁, 谢德体. 2002. 论土壤肥力评价指标和方法. 土壤与环境, 11(2): 202~205.

马强, 叶建军, 万娟, 等. 2015. 水泥泥炭与纤维基干喷生态护坡基材配方优化及现场试验. 农业工程学报, (2): 221~227.

马世震, 陈桂琛, 彭敏, 等. 2004. 青藏公路取土场高寒草原植被的恢复进程. 中国环境科学, 24(2): 188~191.

潘发明. 1997. 森林土壤肥力的综合分析评价. 四川林勘设计, (1): 33~39.

戚国庆, 胡利文. 2006. 植被护坡机制及应用研究. 岩石力学与工程学报, 25(11): 2220~2225.

钦佩, 安树青, 颜京松, 等. 1998a. 生态工程学. 南京: 南京大学出版社.

钦佩, 张晟途. 1998b. 生态工程及其研究进展. 自然杂志, (1): 24~28.

冉大川, 姚文艺, 吴永红, 等. 2014. 延河流域1997—2006年林草植被减洪减沙效应分析. 中国水土保持科学, 12(1): 1~9.

饶扬德. 2004. 企业经营绩效的熵权系数评价方法及其应用. 工业技术经济, 23(4): 100~102.

任海, 蔡锡安, 饶兴权, 等. 2001. 植被群落的演替理论. 生态科学, 20(4): 59~67.

任海, 王俊, 陆宏芳. 2014. 恢复生态学的理论与研究进展. 生态学报, 34(15): 4117~4124.

申新山. 2003. 岩石边坡植生基质生态防护工程技术的研究与应用. 中国水土保持, (10): 26~28.

沈汉, 邹国元. 1990. 菜地土壤评价中参评因素的选定与分级指标的划分. 土壤通报, 35(3): 63~69.

盛连喜, 许嘉巍, 刘惠清. 2005. 实用生态工程学. 北京: 高等教育出版社.

史作民, 刘世荣, 程瑞海, 等. 2001. 宝天曼落叶阔叶林种间联结性研究. 林业科学, 37(2): 292~235.

宋永昌. 2001. 植被生态学. 上海: 华东师范大学出版社.

孙超, 郭萍. 2008. 防冲刷基材生态护坡技术在边坡工程中的应用. 灾害与防治工程, (2): 5~9.

孙超, 许文年, 周明涛, 等. 2009. 防冲刷基材生态护坡技术的研究与应用. 水利水电技术, 40(1): 37~40.

孙立达, 朱金兆. 1995. 水土保持林体系综合效益研究与评价. 北京: 中国科学技术出版社.

孙彦, 周禾, 杨青川. 2001. 草坪实用技术手册. 北京: 化学工业出版社.

陶菊. 2002. 谈城市绿地的植物配置. 工程建设与档案, (4): 4~5.

陶晓燕, 章仁俊, 徐辉. 2006. 基于改进熵值法的城市可持续发展能力的评价. 干旱区资源与环境, 20(5): 38~41.

汪东, 肖飙. 2003. 有机基材喷播绿化技术在高速公路岩质边坡的应用. 草坪与绿化, (5): 24~25.

王兵, 刘国彬, 薛萐, 等. 2009. 黄土丘陵区撂荒对土壤酶活性的影响. 草地学报, 17(3): 282~287.

王伯荪. 1987. 植被群落学. 北京: 高等教育出版社.

王迪海, 唐德瑞, 赵鸿雁. 1999. 防护林水土保持功能持续提高的机制及对策. 土壤侵蚀与水土保持学报, 5(5): 132~136.

王根绪, 沈永平, 钱鞠, 等. 2003. 高寒草地植被覆盖变化对土壤水分循环影响研究. 冰川冻土, 25(6): 653~659.

王可钧, 李焯芬. 1998. 植物固坡的力学简析. 岩石力学与工程学报, 17(6): 687~691.

王克孟, 马玉军. 1992. 生态指数法在土壤评价中的应用. 土壤, (6): 289~292.

王礼先. 1990. 森林水文学研究发展概况. 北京: 北京林业大学出版社.

王明怀, 陈建新. 2005. 红锥等 8 个阔叶树种抗旱生理指标比较及光合作用特征. 广东林业科技, 21(2): 1~5.

王琼, 柯林, 辜再元, 等. 2009. PMS 技术在高速公路岩石边坡生态防护工程中的应用. 公路, (2): 180~185.

王天元, 宋雅君, 滕鹏起. 2004. 土壤脲酶及脲酶抑制剂. 化学工程师, 107(8): 22~24.

王文军, 朱向荣, 方鹏飞. 2005. 纳米硅粉水泥土固化机理研究. 浙江大学学报, 39(1): 148~153.

王文军, 朱向荣. 2004. 纳米硅粉水泥土的强度特性及固化机理研究. 岩土力学, 25(6): 922~926.

王英. 2007. 水电工程陆生生态环境影响评价与生态管理研究——以拟建的乌龙山抽水蓄能电站建设项目为例. 西安: 西北大学.

王英宇, 宋桂龙, 韩烈保, 等. 2013. 京承高速公路岩石边坡植被重建 3 年期群落特征分析. 北京林业大学学报, 35(4): 74~80.

王云才. 2007. 景观生态规划原理. 北京: 中国建筑工业出版社.

王占军, 王顺霞, 潘占兵, 等. 2005. 宁夏毛乌素沙地不同恢复措施对物种结构及多样性的影响. 生态学杂志, 24(4): 464~466.

王子龙, 付强, 姜秋香. 2007. 土壤肥力综合评价研究进展. 农业系统科学与综合研究, 23(01): 15~18.

尉秋实. 2004. 沙漠蔚对土壤水分变化的生理生态响应. 兰州: 西北师范大学. 硕士学位论文.

魏黎, 李绍才, 孙海龙, 等. 2010. 锦屏水电站岩土渣场植被恢复的动态特征. 生态学杂志, 29(2): 250~255.

魏媛, 张金池, 俞元春, 等. 2010. 退化喀斯特植被恢复对土壤微生物数量及群落功能多样性的影响. 土壤, 42(2): 230~235.

温延臣, 李燕青, 袁亮, 等. 2015. 长期不同施肥制度土壤肥力特征综合评价方法. 农业工程学报, 31(7): 91~97.

温仲明, 焦锋, 卜耀军, 等. 2005. 植被恢复重建对环境影响的研究进展. 西北林学院学报, 20(1): 10~15.

吴景海, 王德群, 陈环. 2000a. 土工合成材料加筋砂土三轴试验研究. 岩土工程学报, 22(2): 199~204.

吴钦孝, 赵鸿雁, 刘向东. 2000c. 黄河中游地区防护林体系水土保持功能持续提高综合配套技术研究. I. 森林保持水土功能的条件. 黄河中游防护林体系建设与水土保持. 西安: 西北大学出版社: 50~54.

吴钦孝, 赵鸿雁. 2000b. 沙棘林的水土保持功能及其在治理和开发黄土高原中的作用. Forest Ecosystems(森林生态系统(英文)), 15(2): 27~30.

吴钦孝, 赵鸿燕, 刘向东, 等. 1998. 森林枯枝落叶层涵养水源保持水土的作用评价. 土壤侵蚀与水土保持学报, 4(2): 23~28.

武维华. 2003. 植物生理学. 北京: 科学出版社.

夏北成. 1998. 植被对土壤微生物群落结构的影响. 应用生态学报, 9(3): 296~300.

肖飙, 王良武. 2001. 喷播绿化技术在成绵高速公路的应用. 草原与草坪, (4): 39~40.

肖盛燮, 周辉, 凌天清. 2006. 边坡防护工程中植物根系的加固机制与能力分析. 岩石力学与工程学报, 25(增 1): 2670~2674.

谢宝平, 牛德奎. 2000. 华南严重侵蚀地植被恢复对土壤条件影响的研究. 江西农业大学学报, 22(1): 135~139.

谢春华, 关文彬, 张东升, 等. 2002. 长江上游暗针叶林生态系统主要树种的根系结构与土体稳定性研究. 水土保持学报, 16(2): 76~79.

谢建昌, 杜承林. 1988. 土壤钾素的有效性及其评定方法的研究. 土壤学报, 25(3): 269-280.

解明曙. 1990a. 林木根系固坡力学机制研究. 水土保持学报, 4(3): 7~14.

解明曙. 1990b. 乔灌木根系固坡力学强度的有效范围与最佳构成方式. 水土保持学报, 4(1): 17~23.

熊芸. 2005. 关于水利水电施工工地环境保护管理的探讨. 中国三峡, (4): 55~56.

徐胜, 何兴元, 陈玮, 等. 2007. 高羊茅对高温的生理生态响应. 应用生态学报, 18(10): 2219~2226.

徐永荣. 1997. 城市植物配置中的生态学原则. 广东园林, (4): 15~18.

徐则民, 黄润秋, 唐正光, 等. 2005. 植被护坡的局限性及其对深层滑坡孕育的贡献. 岩石力学与工程学报, 24(3): 438~450.

许大全. 2002. 光合作用效率. 上海: 上海科学技术出版社.

许静. 2014. 青藏高原东缘高寒草甸植物种子的萌发行为及其对环境因素的响应. 兰州: 兰州大学. 博士学位论文.

许木启, 黄玉瑶. 1998. 受损水域生态系统恢复与重建研究. 生态学报, 18(5): 547~558.

许树柏. 1988. 层次分析法原理. 天津: 天津大学出版社.

许文年, 王铁桥, 叶建军. 2001. 工程边坡绿化技术初探. 三峡大学学报(自然科学版), 06: 512~513, 542.

许文年, 夏振尧, 周明涛, 等. 2012. 植被混凝土生态防护技术理论与实践. 北京: 中国水利水电出版社.

严昶升. 1988. 土壤肥力研究方法. 北京: 农业出版社.

阳小成, 陈章和, 周先叶. 2008. 黑石顶山区植被恢复过程中物种多样性的变化. 成都理工大学学报(自然科学版), 35(2): 220~223.

杨大文, 雷慧闽, 丛振涛. 2010. 流域水文过程与植被相互作用研究现状评述. 水利学报, 41(10): 1142~1149.

杨果林, 王永和. 1999. 钢筋(煤矸石)混凝土网格式加筋土挡土结构强度特性与试验研究. 岩土工程学报, 21(5): 534~539.

杨京平. 2005. 生态工程学导论. 北京: 化学工业出版社.

杨璞, 向志海, 胡夏嵩, 等. 2009. 根对土壤加强作用的研究. 清华大学学报(自然科学版), 2 (49): 305~308.

杨清, 许再après, 易国南, 等. 2004. 生态园林的特征及构建原则综述. 广西农业科学, (1): 11~14.

杨书运, 严平, 梅雪英. 2007. 水分胁迫对冬小麦抗性物质可溶性糖与脯胺酸的影响闭. 中国农学通报, 23(12): 229.

杨望涛, 杜娟, 杨钦伦. 2006. 客土喷播防护技术的应用与研究. 公路, (7): 298~300.

杨新兵, 余新晓, 孙庆艳, 等. 2007. 植被对流域水文特征响应研究. 水土保持学报, 21(3): 170~172.

杨亚川, 莫永京, 王芝芳, 等. 1996. 土壤—草本植被根系复合体抗水蚀强度与抗剪强度的试验研究. 中国农业大学学报, 1(2): 31~38.

杨永红, 刘淑珍, 王成华, 等. 2007. 含根量与土壤抗剪强度增加值关系的试验研究. 水土保持研究, 14(3): 287~289.

杨云富. 2008. 药用白菊花花芽分化及花期耐旱性研究. 南京: 南京农业大学. 硕士学位论文.

杨泽粟, 张强, 郝小翠, 等. 2014. 半干旱雨养地区春小麦气孔导度和胞间 CO_2 浓度对环境因子的响应. 科学技术与工程, 14(33): 20~27.

姚正学, 杨军. 2005. 岩石坡面土壤菌永久绿化法原理. 甘肃科学学报, 17(4): 37~39.

仪垂祥, 刘开瑜, 周涛. 1996. 植被截留降水量公式的建立. 土壤侵蚀与水土保持学报, 2(2): 47~49.

尹淑霞, 李宪友, 陈峻崎, 等. 2001. 液压喷播植草新技术. 草原与草坪, (04): 48~49.

游珍, 李占斌, 蒋庆丰. 2003. 植被对降雨的再分配分析. 中国水土保持科学, 1(3): 102~105.

余海龙, 顾卫, 江源, 等. 2007. 半干旱区高速公路边坡不同年代人工植被群落特征及其土壤特性研究. 中国农业生态学报, 15(6): 22~25.

虞晓芬, 傅玳. 2004. 多指标综合评价法综述. 统计与决策, 11: 119~121.

云正明, 刘金铜. 1999. 生态工程. 北京: 气象出版社.

张飞, 陈静曦, 陈向波. 2005. 边坡生态防护中表层含根土抗剪试验研究. 土工基础, 19(3): 25~27.

张光灿, 胡海波, 王树森. 2011. 水土保持植物. 北京: 中国林业出版社.

张红丽, 张洪江, 江玉林. 2008. 高速公路植物措施保土效益初探——以云南省安宁至楚雄段为例. 水土保持研究, 15(1): 190~193.

张洪江, 北原曜, 远藤泰造. 1994. 几种林木枯落物对粗糙率系数 n 值的影响. 水土保持学报, 8(4): 4~10.

张洪军. 2007. 生态规划——尺度、空间布局与可持续发展. 北京: 化学工业出版社.

张华篇. 1989. 植被恢复过程与防止水土流失效果的研究. 林业科学, 25(1): 40~50.

张健, 刘国彬. 2010. 黄土丘陵区不同植被恢复模式对沟谷地植物群落生物量和物种多样性的影响. 自然资源学报, 25(2): 207~215.

张金屯. 2000. 黄土沟壑区小流域治理中的生态学理论及应用. 山西大学学报, 23(增刊): 18~21.

张金屯. 2004. 数量生态学. 北京: 科学出版社.

张俊华, 常庆瑞, 贾科利. 2003. 黄土高原植被恢复对土壤肥力质量的影响研究. 水土保持学报, 17(4): 38~41.

张俊云, 冯俊德. 2000. 岩石边坡植被护坡技术(3)——厚层基材喷射植被护坡设计及施工. 路基工程, (6): 1~3.

张俊云, 周德培, 李绍才. 2001. 岩石边坡生态种植试验研究. 岩石力学与工程学报, 20(2): 239~242.

张俊云, 周德培, 武小菲. 2005. 厚层基材喷射植被护坡的水分常数分析. 水土保持通报, (1): 44~47.

张丽, 孙书娥. 2010. 利用微生物防治植物病害研究进展. 农药研究与应用, 14(6): 10~13.

张清春, 刘宝元, 翟刚. 2002. 植被与水土流失研究综述. 水土保持研究, 9(4): 96~101.

张庆费, 宋永昌. 由文辉. 1999a. 浙江天童植物群落次生演替与土壤肥力的关系. 生态学报, 19(2): 174~177.

张庆费, 由文辉, 宋永昌. 1999b. 浙江天童植物群落次生演替与土壤土壤化学性质的影响. 应用生态学报, 10(1): 19~22.

张全发, 郑重, 金义兴. 1990. 植被群落演替与土壤发展之间的关系. 武汉植物学研究, 8(4): 325~334.

张锐, 张洪江, 江玉林, 等. 2007. 高速公路水土保持措施及其生态效益分析—以沪蓉西高速公路湖北宜长Ⅳ标段为例. 水土保持研究. 14(5): 142~145.

张相锋, 马闯, 董世魁, 等. 2009. 不同草灌配比对泌桐高速公路护坡植被群落特征的影响. 草业学报, 18(4): 27~34.

张兴昌. 1993. 土壤肥力的数学评价初探. 陕西农业科学, (4): 8~11.

张祖荣, 古德洪. 2008. 重庆四面山次生植被不同演替阶段土壤理化性质的比较研究. 林业科技, 33(6): 21~25.

章恒江, 章梦涛, 付奇峰. 2000. 岩质坡面喷混快速绿化新技术. 中外公路, 20(5): 30~32.

章恒江, 邹东平, 史文飞. 2004. 客土喷播绿化防护技术的实践与探索. 公路, (11): 210~212.

章家恩. 2007. 生态学常用实验研究方法与技术. 北京: 化学工业出版社.

章家恩, 徐琪. 1999. 恢复生态学研究的一些基本问题探讨. 应用生态学报, 10(1): 109~113.

章梦涛, 邱金淡, 颜冬. 2004. 客土喷播在边坡生态修复与防护中的应用. 中国水土保持, 2(3): 10~12.

赵丽兵, 张宝贵, 苏志珠. 2008. 草本植物根系增强土壤抗剪切强度的量化研究. 中国生态农业学报, 16(3): 718~722.

赵跃龙, 张铃娟. 脆弱生态环境定量评价方法的研究. 地理科学, 1998, 18(1): 73~79.

赵志明, 吴光, 王喜华. 2006. 工程边坡绿色防护机制研究. 岩石力学与工程学报, 25(2): 299~305.

郑文宁. 2005. 植物防护对边坡稳定性的影响. 中外公路, 25(4): 218~220.

郑元润. 2000. 森林群落稳定性研究方法初探. 林业科学, 36(5): 28~32.

中国水电顾问集团中南勘测设计研究院. 2005. 金沙江向家坝水电站环境影响报告书. 长沙.

中国水电顾问集团中南勘测设计研究院. 2006. 金沙江向家坝水电站水土保持方案报告书. 长沙.

中国水土保持学会水土保持规划设计专业委员会. 2011. 生产建设项目水土保持设计指南. 北京: 中国水利水电出版社.

钟晓娟, 孙保平, 赵岩, 等. 2011. 基于主成份分析的云南省生态脆弱性评价. 生态环境学报, 1: 109~113.

周诚. 1996. 土地经济研究. 北京: 中国大地出版社.

周德培, 张俊云. 2003. 植被护坡工程技术. 北京: 人民交通出版社: 44~47.

周群华, 邓卫东. 2007. 植物根系固坡的有限元数值模拟分析. 公路, (12): 132~136.

周小勇, 黄忠良, 史军辉, 等. 2004. 鼎湖山针阔混交林演替过程中群落组成和结构短期动态研究. 热带亚热带植物学报, 12(4): 323~33.

周颖, 曹映泓, 廖晓瑾, 等. 2001. 喷混植生技术在高速公路岩石边坡防护和绿化中的应用. 岩土力学. 22(3): 353-356.

周跃, 李宏伟, 徐强. 2000. 云南松幼树垂直根的土壤增强作用. 水土保持学报, 14(5): 110~113.

周跃, 徐强, 络华松, 等. 1999a. 乔木侧根对土体的斜向牵引效应研究~（Ⅰ）原理和数学模型. 山地学报, 17(1): 4~9.

周跃, 徐强, 络华松, 等. 1999b. 乔木侧根对土体的斜向牵引效应研究~（Ⅱ）野外直测. 山地学报, 17(1): 10~15.

周跃, 张军, 林锦屏, 等. 2002. 西南地区松属侧根的强度特征对其防护林固土护坡作用的影响. 生态学杂志, 21(6): 1~4.

周中, 巢万里. 2005. 岩石边坡生态种植基强度的正交试验. 中南大学学报(自然科学版), 36(6):1112~1116.

朱能维, 邹显华, 和力. 1998. 赣粤高速公路南昌至樟树段液压喷播植草护坡的探讨. 华东公路, (5): 72~73.

朱峪增. 2003. 客土喷播施工工艺技术要点. 草业科学, 20(11): 76~78.

塚本良則.樹木根系の崩壊防止効果に関する研究.東京農工大学農学部演習林報告,1987,(23).

仓田益二郎. 1979. 绿化工技术. 东京: 森北出版.

山寺喜成, 安保昭, 吉田宽. 1997. 恢复自然环境绿化工程概论——坡面绿化基础与模式设计. 北京: 中国科学技术出版社.

Auclair A N, Goff G F. 1972.Diversity relations of upland forests in the western great lakes area.Amer Nat,105:499~528.

Baker D H. 1986.Enhancement of slope stability by vegetation.Ground Engineering, 19(3):11~15.

Bishop D M, Stevens M E. 1964.Landslides on logged areas in southeast Alaska: USDA. For. Serv. Pacific Northwest For. Range Exp.Sta, RP-NOR-1.juneau,Ak17p.

Bradshaw A D. 1993.Restoration ecology as science.Restoration Ecology. 1(2):71~73.

Croft A R,Adams J A. 1950. Landslides and sedimentation in the North Fork of Ogden River. U. S. Forest Serv. Intermountain Forest and Range Exp. Sta. Res, 21:4.

Drury,William H, Nisbet,et al.1973. Succession.Journal of the Arnold Arboretum, 54:331~368.

Ekanayake J C,Philips C J A. 1999.Method for stability analysis of vegetated hillslopes：an energy approach.Canadian Geotechnical Journal,36(6):1172~184.

Fransesco,Ferraiolo. 1999.Application of inert materialism bioengineering. Proceedings of the First Asia Pacific Conference on Ground and Water. Bioengineering Erosion Control and Slope Stabilization.18~53.

Godron M. 1972.Some aspects of heterogeneity in grasslands of Cantal. Statistical Ecology, 3:397~415.

Gray D H. 1973.Effects of forest clear-cutting on the stability of natural slopes: results of field studies.University of Michigan, Dept. of Civil Engineering Report. 119.

Gray D H. 1986. Al-Refeai T.T. Behavior of fabric vs, fiber-reinforced sand.Journal of the Geotechnical Engineering. ASCE, 112(8):804~820.

Grayston S,Griffith G,Mawdsley J, et al.2001.Accounting for variability in soil microbial communities of temperate upland grassland ecosystems.Soil Biol Biochem,33:533~551.

Holch A E. 1931.Development of roots and shoots of certain deciduous tree seedlings in different forest sites.Ecology ,12(2):259~298.

Hotelling H.1933. Analysis of a complex of statistical variables into principal components. Journal of Educational Psychology, 24(7): 498~520.

Hussein M H. 1982.Effects of Cropy and Residue on Rill and Interrill Soil Erosion. TRANSACTIONS of the ASAE.

Jordan,W R, et al. 1987. Restoration Ecology. London: Cambridge University Press.

Kassiff G,Kopelovitz A. 1968. Strength properties of soil-root systems. Israel Institute of Technology, CV-256:44

Li W H, Zhang C B,Gao G J.2007.Realtionship between Mikania micrantha invasion and soil microbial biomass, respiration and functional diversity.Plant Soil,296:197~207.

Manzi A O, Planton S. 1994. Implementation of the ISBA parametrization scheme for land surface processes in a GCM - an annual cycle experiment. Journal of Hydrology, 155(155): 353~387.

Margalef R. 1963.On certain unifying principles in ecology.Amer Naturalist, 97:357~374.

Margalef R.1968.Perspectives in Ecological Theory.Chicago:Univ.Chicago Press.

Mclntosh R P. 1981.Succession and Ecological Theory. Forest Succession: Concepts and Application. NewYork: Springer-Veriag: 10~23.

Mclntosh R P.1982.Succession and Ecological Theory.Forest Succession:Concepts and Application. NewYork: Springer - Veriag:10~23.

Mintz Y, Walker G K. 1993.Global fields of soil moisture and land surface evapotranspiration derived from observed precipitation and surface air temperature. J. Appl. Meteor, 32(8):1305~1334.

Morgan R P C., Mclntyre K. 1997.A rainfall simulation study of soil erosion on rangeland in Swaziland.Soil Technology,11: 291~299.

O'Toole J C, Bland W L. 1987.Genotypic Variation in Crop Plant Root Systems. Advances in Agronomy,41:91~145.

Rentch J S,Fortney R H,StepHenson S L,et al. 2005.Vegetation-site relationships of roadside plant communities in West Virginia,USA.Journal of Applied Ecology, 42:129~138.

Steven G W. 2008. 受损自然生境修复学. 赵忠, 译. 北京: 科学出版社.

Saaty T L, Vargas LG.1979. Estimating technological coefficients by the analytic hierarchy process. Socio-Economic Planning Sciences,13(6) :333~336.

Saaty T L.1987.How to handle dependence with the analytic hierarchy process. Mathematical Modelling,9(3-5): 369~376.

Shuttleworth W J. 1983. Evaporation Models in the Global Water Budget. Variations in the Global Water Budget:147~171.

Sparks D L. 1987. Potassium dynamics in soil. Advances in Soil Science, 6: 1~63.

Swanston, Douglas N. 1969.Mass wasting in coastal Alaska. U.S. Department of Agriculture.Forest Service Research Paper PNW83,15.

Swanston,D No, Swanson F J. 1976.Timber harvesting,mass erosion and steepland forest geomorphology in the Pacific Northwest. Geomorphology and Engineering,Van Nostrand Reinhold,New York.199~221.

Waldron L J. 1977.The shear resistance of root-permeated homogenous and stratified soil.Soil Science Society of America Joumal,41:843~849.

Waldron L J. Dakessin S. 1981.Soil Reinforcement by roots: Calculations of increased soil shear resistance from root property.Soil science, 132(6):427~435.

Whittaker R H. 1957.Recent evolution of ecological concepts in relation to the eastern forests of North America.Am.I.Bot,44:197~206.

Wu T H,Macomber R M,et al. 1988. Study of soil-root interaction.Journal of Geotechnical Engineering, ASCE, 114(12):1351~1357.

Wu T H,McKinnell W P,Swanston D N. 1979.Strength of tree roots and landslides on Prince of Wales Island,Alaska. Canadian Geotechnical Journal,16(1):19~33.

Xia Z Y,Xu W N,Wang J Z. 2009,Ecological characteristics of artificial vegetation community on the excavated slope at the Xiangjiaba hydroelectric power station.Journal of Chongqing University(English Edition), 8(2):75~81.

Zadeh L A.1976.A fuzzy-algorithmic approach to the definition of complex or imprecise concepts. International Journal of Man-Machine Studies, 8(3): 249~291.

Ziemer R R. 1981. Roots and the Stability of Forested Slopes. Publication No. 132: Int. Assoc of Hydrologic Sciences.

Ziemer R. 1981. Roots and the Stability of Forested Slopes. Timothy R. H. Davies and Andrew J. Pearce.

附表 1　A 样地不同时期群落物种组成及重要值

序号	植物名称	拉丁名	生长型	样地编号						
				A1	A2	A3	A4	A5	A6	A7
1	艾蒿	Artemisia argyi	P	5.40	5.04	5.17	5.99	4.04	2.76	2.68
2	白草	Pennisetum centrasiaticum	P	6.60	9.07	1.90	5.48	9.40	0.82	0.65
3	白酒草	Conyza japonica	A/B	27.26	13.54				8.98	5.56
4	扁穗冰草	Agropyron cristatum	P			1.40			1.22	1.58
5	臭牡丹	Clerodendrum bungei	S/SS						0.76	0.85
6	鼠尾草	Salvia japonica	A/B			0.47			0.53	0.29
7	酢浆草	Oxalis corniculata	P		0.31					
8	算盘子	Glochidion puberum	S/SS						1.67	2.72
9	大碗豌花	Semen pharbitidis	A/B		0.74	0.70	0.86	1.09		
10	飞蓬	Erigeron acer	P					0.61	0.34	0.57
11	狗尾草	Setaria viridis	P			0.95	1.18	1.69		
12	狗牙根	Cynodondactylon	P	26.21	13.28	6.07	10.75	15.03	18.74	16.85
13	构树	Broussonetia papyrifera	AS						1.80	2.42
14	海金沙	Lygodium japonicum	P					3.39	7.73	6.48
15	小丽草	Coelachne simpliciuscula	A/B						1.22	0.73
16	黑麦草	Lolium perenne	P	15.97	5.23					
17	红蓼	Polygonum orientale	A/B			2.24				
18	黄花蒿	Artemisia annua	P	7.11	9.37	6.00	7.04	4.52	2.18	2.52
19	蓟	Cirsium japonicum	P			1.67	3.77	1.05		0.47
20	荩草	Arthraxon hispidus	A/B		1.20					
21	一点红	Emilia sonchifolia	A/B			0.54	0.66		1.22	0.87

续表

序号	植物名称	拉丁名	生长型	样地编号						
				A1	A2	A3	A4	A5	A6	A7
22	空心莲子草	Alternanthera philoxeroides	P					1.81	1.73	1.65
23	苦苣苔	Conandron ramondioides	P						0.65	0.65
24	苦楝	Melia azedarach	AS						1.31	1.52
25	魁蓟	Cirsium leo	P					0.77		
26	葎草	Humulus japonicus	L	7.91	14.50	20.76	28.98	32.49	12.11	16.04
27	栾树	Koelreuteria paniculata Laxm	AS						1.11	1.22
28	马唐	Digitaria sanguinalis	A/B	3.55	3.56	15.80	6.81	2.24	0.76	0.82
29	木蓝	Indigofera tinctoria	S/SS			1.66	2.07	2.33	2.01	1.39
30	马桑	Coriaria nepalensis	S/SS						1.47	1.51
31	爬山虎	Parthenocissus tricuspidata	L							0.39
32	青蒿	Artemisia carvifolia	P		6.00	4.88	5.70	3.97	0.42	
33	乳白香青	Anaphalis lactea	P						0.85	0.52
34	三叶鬼针草	Bidens pilosa	A/B		6.46	13.43	9.14	4.80	2.54	2.55
35	莎草	Cyperus microiria	A/B		0.95	4.54	5.11	1.44	6.16	4.61
36	商陆	Phytolacca acinosa	P						1.27	1.23
37	蛇床	Cnidium dahuricum	S/SS							1.16
38	肾蕨	Nephrolepis cordifolia	P					3.25	6.45	6.71
39	黍	Panicum miliaceum	A/B			1.31				
40	乌桕	Sapium sebiferum	AS						1.05	1.29
41	母草	Lindernia crustacea	A/B		1.48					
42	鸭跖草	Commelinaceae	A/B		3.06	1.56				
43	燕麦	Arrhenatherum elatius	A/B		1.80					
44	叶下珠	Phyllanthus urinaria	A/B			0.67	0.82	0.97	0.79	0.49
45	油菜	Brassica campestris	A/B		2.65					
46	油桐	Vernicia fordii	AS							1.41
47	止血马唐	Digitaria sanguinalis	A/B		1.76	6.23	3.19	1.81	0.82	0.72
48	紫花苜蓿	Medicago sativa	P			1.18	1.46	1.25		
49	紫苏	Perilla frutescens	A/B						2.89	3.09
50	醉鱼草	Buddleia lindleyana	S/SS				0.98	2.05	4.28	5.12

附表 2 B样地不同时期群落物种组成及重要值

序号	植物名称	拉丁名	生长型	样地编号						
				B1	B2	B3	B4	B5	B6	B7
1	艾蒿	Artemisia argyi	P		7.19	4.43			5.53	
2	白酒草	Conyza japonica	A/B	31.48	26.84	12.30	14.65	18.11	4.33	5.92
3	酢酱草	Oxalis corniculata	P					0.71		
4	狗尾草	Setaria viridis	A/B			8.70		1.95		
5	黑麦草	Lolium perenne	P	68.52	39.56	25.18	27.38	20.81	13.83	18.26
6	黄花蒿	Artemisia annua	P		7.70	8.21	13.53	14.58	3.60	5.56
7	灰藜	Chenopodium album	S/SH			2.27		0.89		
8	蓟	Cirsium japonicum	S/SH		3.24	1.42	10.36	10.04	17.48	20.86
9	蒲公英	Taraxacum mongolicum	A/B			2.98				
10	一点红	Emilia sonchifolia	A/B			0.52	0.76	0.57		
11	千里光	Senecio scandens	P							3.66
12	苦苣苔	Conandron ramondioides	P				6.28	1.95	0.84	
13	魁蓟	Cirsium leo	P				2.09	4.19	13.78	14.30
14	马唐	Digitaria sanguinalis	A/B				4.67	1.40	1.64	1.58
15	猫眼草	Euphorbia lunulata	P				3.40			
16	美丽胡枝子	Lespedeza formosa	S/SH			2.98	7.99	8.66	13.26	12.82
17	婆婆纳属	Veronica didyma	P					1.21		
18	荨麻	Urtica fissa	P			9.97				
19	乳白香青	Anaphalis lactea	P				1.20			
20	三叶鬼针草	Bidens pilosa	A/B		15.48	17.99	6.72	11.55	15.66	8.49
21	蛇床	Cnidium dahuricum	P						1.90	2.03
22	蛇胆草	Tylophora secamonoides	P				0.98	1.30	1.73	
23	芊	Capsella bursa-pastoris	A/B			0.77				
24	野胡萝卜	Daucus carota	A/B							1.26
25	竹叶椒	Zanthoxylum planispinum	P			2.27				
26	醉鱼草	Buddleia lindleyana	S/SH					2.09	5.14	5.27

附表 3　C 样地不同时期群落物种组成及重要值

序号	植物名称	拉丁名	生长型	样地编号						
				C1	C2	C3	C4	C5	C6	C7
1	艾蒿	Artemisia argvi	P			1.08	3.48	3.93	3.44	4.79
2	白酒草	Conyza japonica	A/B		7.83	3.76	0.71			
3	蓖麻	Ricinus communis	P		2.58	2.91	5.93	5.14	3.85	3.51
4	鼠尾草	Salvia japonica	A/B		2.23					
5	鼠尾草原变种	Salvia japonica var.	A/B			1.59				
6	酢浆草	Oxalis corniculata	P				0.64			
7	多花木蓝	Indigofera amblyatha	S/SS	8.62	8.42	8.95	10.21	8.52	8.80	7.26
8	高羊茅	Festuca arundinacea	P	12.58	6.53	1.73				
9	葛藤	Pueraria lobata	L	3.88	6.96	6.75	7.63	7.80	9.25	9.62
10	狗牙根	Cynodondactylon	P	18.25	10.50	6.53	0.74			
11	黄花蒿	Artemisia annua	P			1.53	2.62	2.46	2.21	2.81
12	黄花槐	Sophora xanthantha	S/SS					1.59	1.77	1.45
13	黄荆	Vitex negundo	S/SS			1.18	4.12	2.47	2.74	2.70
14	黄栌	Cotinus coggygria	S/SS					0.68	1.18	1.32
15	荩草	Arthraxon hispidus	A/B			1.40	3.50	3.59	4.33	5.22
16	山黄菊	Amisopappus chinensis	A/B			0.57				
17	空心莲子草	Alternanthera philoxeroides	P				0.54	0.48	0.53	
18	狼尾草	Pennisetum alopecuroides	P	31.84	33.36	33.54	33.64	29.96	30.37	29.70
19	马唐	Digitaria sanguinalis	A/B	8.25	11.20	9.60	3.66	2.17	0.97	0.89
20	芒草	Miscanthus sinensis	P				1.36	1.16	1.08	1.10
21	芒萁青	Dicranopteris linearis	P					0.98	0.99	0.96
22	美人蕉	Canna indica	P					2.26	2.49	2.08
23	女贞	Ligustrum lucidum	S/SS					1.66	1.90	2.13
24	蔷薇	Rosa spp.	S/SS					2.08	2.13	2.37
25	青茅	Gramineae	A/B					3.47	3.32	3.18
26	三角梅	bougainvillea	S/SS					3.55	4.26	4.04

续表

序号	植物名称	拉丁名	生长型	样地编号						
				C1	C2	C3	C4	C5	C6	C7
27	三叶鬼针草	Bidens pilosa	A/B			1.69	0.99	1.58	0.66	0.63
28	莎草	Cyperus microiria	A/B				1.04	0.76	0.66	0.89
29	肾蕨	Nephrolepis cordifolia	P				1.01	0.91	0.95	
30	薯蓣	Dioscorea opposita	L			1.34	1.73	1.46	1.52	1.52
31	香茅	Citronella	A/B			3.63	3.57	3.15	3.21	2.77
32	马先蒿	Pedicularis	P					1.50	1.33	1.16
33	野茄	Solanum nigrum	A/B					0.45		
34	竹叶草	Microstegium ciliatum	P				0.86	0.88	2.32	3.26
35	紫花苜蓿	Medicago sativa	P	16.58	10.39	7.02	6.46	4.69	3.62	3.53
36	紫茎泽兰	Eupatorium Adenophorum	P			3.42	0.91			
37	紫穗槐	Amorpha fruticosa	S/SS				1.18	0.83	1.00	1.16

附表 4　D 样地不同时期群落物种组成及重要值

序号	植物名称	拉丁名	生长型	样地编号						
				D1	D2	D3	D4	D5	D6	D7
1	艾蒿	*Artemisia argyi*	P		6.37	5.18	7.78	10.90	13.04	15.94
2	白酒草	*Conyza japonica*	A/B	7.59	5.80	3.65	2.96	2.52	2.35	
3	苍耳	*Xanthum mongolicum*	A/B				1.72	1.19		
4	车前草	*Plantagoasiatica*	A/B					0.76	1.12	1.74
5	鼠尾草	*Salvia japonica*	A/B		9.20	14.10	3.51	2.14	0.97	
6	酢浆草	*Oxalis corniculata*	P			0.28	1.35	1.57		
7	大叶胡枝子	*Lespedeza bicolor*	S/SS			1.25	1.96	2.36	3.42	3.87
8	高羊茅	*Festuca arundinacea*	P	22.94	4.02	1.27	2.91	1.57		
9	狗尾草	*Setaria viridis*	P			1.70				
10	狗牙根	*Cynodondactylon*	P	19.99	20.54	11.52	9.49	3.23		
11	海金沙	*Lygodium japonicum*	P		0.93	2.40	1.67	1.33	0.77	2.09
12	红苋	*Alternanthera bettzickiana*	P				0.57			
13	黄花蒿	*Artemisia annua*	P	10.02	6.83	5.11	6.21	7.73	8.50	10.51
14	灰藜	*Chenopodium album*	S/SS					1.28	1.31	
15	荩草	*Arthraxon hispidus*	A/B			1.58	3.59	7.81	6.08	4.86
16	蒲公英	*Taraxacum mongolicum*	P		3.53	4.01				
17	空心莲子草	*Alternanthera philoxeroides*	P			3.36	2.99	2.07	1.39	
18	葎草	*Humulus japonicus*	L	3.22	7.25	9.00	7.03	2.29	2.12	
19	马唐	*Digitaria sanguinalis.*	A/B			1.70	7.07	13.80	20.76	21.75
20	芒萁骨	*Dicranopteris linearis*	P			2.06	2.84	2.17	2.55	2.92

续表

序号	植物名称	拉丁名	生长型	样地编号						
				D1	D2	D3	D4	D5	D6	D7
21	牛至	*Origanum vulgare Rogeukuppel*	A/B				0.81	0.54		
22	全缘金粟兰	*holostegius*	A/B			1.22	2.65	0.78		
23	乳白香青	*Anaphalis lactea*	P			0.50	0.41	0.78		
24	三叶鬼针草	*Bidens pilosa* Linn.	A/B		2.84	2.54	2.37	2.41	1.70	1.37
25	莎草	*Cyperus microiria*	A/B				1.90		1.04	
26	蛇床	*Cnidium dahuricum*	S/SS							1.64
27	蛇胆草	*Tylophora secamonoides*	P			1.34	1.93	1.23		
28	芥	*Capsella bursa-pastoris*	A/B			1.89	1.44			
29	石竹	*Dianthus chinensis*	P				1.05	0.67		
30	苋	*Amaranthus tricolor*	A/B					0.71		
31	新银合欢	*Leucaena leucocephala*	S/SS	5.78	9.02	12.66	15.63	16.63	24.77	27.28
32	母草	*Lindernia crustacea*	A/B					4.04		
33	马先蒿	*Pedicularis*	P					2.30	4.67	4.50
34	鸭蹠草	*Commelinaceae*	A/B		6.29	8.41	3.11	1.48		
35	野拔子	*Elsholtzia rugulosa*	P				1.84			
36	野草木犀	*Melilotus officinalis*	A/B					1.28		
37	野茄	*Solanum nigrum*	A/B		1.29					
38	益母草	*Leonurusheterophyllus*	P							1.54
39	紫花苜蓿	*Medicago sativa*	P	30.46	16.09	3.26	3.23	2.42	3.45	

附录Ⅱ 水电工程陡边坡植被混凝土生态修复技术规范

前　言

根据《国家能源局关于下达 2014 年第一批能源领域行业标准制(修)订计划的通知》(国能科技〔2014〕298 号)的要求，规范编制组经广泛调查研究，认真总结实践经验，参考有关国内标准和国外先进标准，并在广泛征求意见的基础上，制定本规范。

本规范的主要技术内容是：基本资料、截排水、灌溉、加固、植物、植被混凝土、施工、养护管理、检验。

本规范由国家能源局负责管理，由水电水利规划设计总院提出并负责日常管理，由能源行业水电规划水库环保标准化技术委员会负责具体技术内容的解释。执行过程中如有意见或建议，请寄送水电水利规划设计总院(地址：北京市西城区六铺炕北小街 2 号，邮编：100120)。

本规范主编单位：三峡大学
本规范参编单位：水电水利规划设计总院
　　　　　　　　水利部水土保持植物开发管理中心
　　　　　　　　中国水利水电第七工程局有限公司
　　　　　　　　中国电建集团昆明勘测设计研究院有限公司
　　　　　　　　中国葛洲坝集团三峡建设工程有限公司
　　　　　　　　中国葛洲坝集团勘测设计有限公司
　　　　　　　　中国葛洲坝集团第六工程有限公司
　　　　　　　　中国葛洲坝集团基础工程有限公司

本规范主要起草人员：许文年　周明涛　夏振尧　刘大翔　丁　瑜　许　阳
　　　　　　　　　　崔　磊　赵冰琴　杨悦舒　李铭怡　夏　栋　陈芳清
　　　　　　　　　　王建柱　李桂媛　张文丽　赵家成　裴得道　吴江涛
　　　　　　　　　　郭　萍　李少丽　吴少儒　孙　超　黄晓乐　席　敬
　　　　　　　　　　邰源临　陈玉英　姜　昊　朱士江　单　婕　杨晓涛
　　　　　　　　　　魏　平　李正兵　陈平平　姚明辉　王　衡　马经春

本规范主要审查人员：孙昌忠　焦家训　李汉涛　黄　蒙　张玉莉　林本华
　　　　　　　　　　　毛　羽　艾　磊
　　　　　　　　　　万文功　喻卫奇　李建林　陈胜利　卢兆钦　赵心畅
　　　　　　　　　　操昌碧　张习传　陈求稳　常剑波　谭少华　毛跃光
　　　　　　　　　　张国栋　周宜红　李仕胜

1　总　　则

1.0.1　为规范水电工程陡边坡植被混凝土生态修复工程的设计与施工，制定本规范。

1.0.2　本规范适用于水电工程坡度为 45°~85°的稳定边坡，亦可用于其他工程同类边坡。

1.0.3　植被混凝土生态修复应在边坡安全稳定的基础上开展，其边坡稳定性应考虑植被混凝土生态修复工程对坡体产生的附加荷载及作用。

1.0.4　水电工程陡边坡植被混凝土生态修复应遵循可持续原则。

1.0.5　水电工程陡边坡植被混凝土生态修复应综合考虑水文气象条件、边坡状况、植被、施工条件、工程投资等因素，因地制宜、合理设计、精心施工、加强养护与管理。

1.0.6　边坡分为硬质边坡、软质边坡、土石混合边坡、瘠薄土质边坡四类，不同边坡应不同处理。

1.0.7　水电工程陡边坡植被混凝土生态修复，除应符合本规范外，尚应符合国家现行有关标准的规定。

2　术　　语

2.0.1　植被混凝土　vegetation concrete

由种植土、水泥、生境基材有机料、生境基材改良剂、植物种子和水混合而成的拌合物，具有抗冲刷性强、肥力高以及固液气三相分布合理的特性，是一种典型的生境基材。

2.0.2　生境基材有机料　organism of habitat material

以农家肥、秸秆、谷糠、锯末、糟粕等天然有机料的若干种为原材料，经粉碎、混配、堆置发酵等工序处理后，用做植被混凝土配料的颗粒状物质。

2.0.3　生境基材改良剂　amendment of habitat material

用于改善植被混凝土微生物环境和 pH 值、肥力、保水性、结构等理化性状的细粒状物质。

2.0.4 坡顶集水区 watershed of slope crest

为了补给边坡植物生态用水，在坡顶截水沟至修复坡面上缘之间设置的集水区域。

3　基本资料

3.0.1 工程设计前应对项目区域的基本资料进行调查，掌握气象、地质、水源、表土资源、天然有机料、植物等信息。

3.0.2 气象资料调查应符合下列要求：

1　调查内容主要应包括地带类型、气候类型、多年平均年日照时数、多年平均气温、极端最高气温、极端最低气温、多年平均年降水量、多年平均年蒸发量、无霜期、冰冻期、大于等于10℃有效积温、风速情况。

2　调查方法宜以收集和分析资料为主，辅以必要的现场调查。

3.0.3 地质资料调查应符合下列要求：

1　调查内容主要应包括边坡岩土类型、边坡面积、边坡坡向、最大坡度、最大垂直高度、地下水状况、坡面渗水状况、坡体稳定状况、边坡形态。

2　调查方法宜以收集和分析资料为主，辅以必要的现场调查。

3.0.4 水源资料调查应符合下列要求：

1　调查内容主要应包括自来水、井水、河湖水等水源类型，以及其供水量、距离、落差、取用成本。

2　调查方法宜以现场调查为主，辅以资料分析。

3.0.5 表土资源资料调查应符合下列要求：

1　调查内容主要应包括类型、质地、结构、取用成本及可供量，应优先调查工程占压或扰动区的耕植土。

2　调查方法宜以现场调查为主，辅以资料分析。

3.0.6 天然有机料资料调查应符合下列要求：

1　调查内容主要应包括农家肥、秸秆、谷糠、锯末、糟粕等天然有机料类型、可获取量、取用成本。

2　调查方法宜以现场调查为主，辅以资料分析。

3.0.7 植物资料调查应符合下列要求：

1　调查内容主要应包括坡面周边地带性植被类型、乡土植物种类。

2　调查方法宜以现场调查为主，必要时辅以样方调查。

3.0.8 基本资料调查内容及记录格式应符合本规范附录 A 的规定。

4 截 排 水

4.0.1 在截排水设计时，对于具备条件的边坡应在坡面上缘与坡顶截水沟之间设置坡顶集水区(图 4.0.1)，用于补充坡面植被生态用水需求。

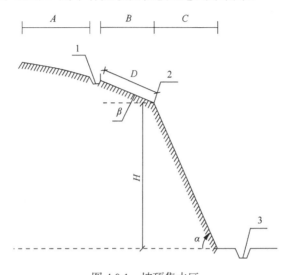

图 4.0.1　坡顶集水区

1—坡顶截水沟；2—坡面上缘；3—坡脚排水沟；

α —边坡坡度；β —坡顶集水区坡度；A—自然边坡；B—坡顶集水区；

C—边坡；H —边坡垂直高度；D —坡顶截水沟下缘至坡面上缘距离

4.0.2 设置坡顶集水区时，坡顶截水沟下缘至坡面上缘的距离宜按下式计算：

$$D = \frac{2.94\eta\psi H^{0.32}}{(\cos\alpha)^{0.06}\cos\beta} \tag{4.0.2}$$

式中：D——坡顶截水沟下缘至坡面上缘距离(m)，若计算值小于 5m 取 5m，若计算值大于 15m 取 15m；

η——多年平均年降水量相关系数，多年平均年降水量 400~600mm 时取 1.15~1.10，600~800mm 时取 1.10~1.05，800~1200mm 时取 1.05~1.00，1200~1600mm 时取 1.00~0.95，1600~2000mm 时取 0.95~0.90，大于 2000mm 时取 0.90~0.85；

ψ——边坡目标植被相关系数，纯草本群落取 0.8，草灌群落取 1.0，纯灌木群落取 1.2；

　　　H——边坡垂直高度(m)，多级坡取最高一级边坡的垂直高度值；

　　　α——边坡坡度(°)；

　　　β——坡顶集水区坡度(°)。

4.0.3　边坡排水设计应按现行行业标准《水电水利工程边坡设计规范》DL/T 5353 有关规定执行。

4.0.4　坡面的截排水设计应符合现行国家标准《水土保持综合治理技术规范 小型蓄排引水工程》GB/T 1645 和《水土保持工程设计规范》GB 51018 的有关规定。

5　灌　　溉

5.0.1　植被混凝土生态修复工程应设置灌溉系统，灌溉系统宜采用固定式喷灌或滴灌的形式。

5.0.2　灌溉用水水质应符合现行国家标准《农田灌溉水质标准》GB 5084 的有关规定，必要时应进行过滤处理。

5.0.3　宜将浇水、施肥、喷洒药剂防治病虫害等工作结合起来组合灌溉。

5.0.4　灌溉系统的选材、布设应符合现行国家标准《农田低压管道输水灌溉工程技术规范》GB/T—20203 的有关规定。

5.0.5　灌溉基本参数应符合表 5.0.5 的有关规定。

表 5.0.5　灌溉基本参数

序号	基本参数	测定方法	指标
1	灌溉强度	水量收集法	12～18mm/h
2	灌溉均匀度	目测法	≥0.85
3	灌溉覆盖率	目测法	≥0.98
4	水滴直径	滤纸法	1.0～3.0mm

5.0.6　灌溉应符合下列要求：

　　1　应结合自然降水、坡面蒸发来确定灌溉时间和水量，以满足植物生长需要。

　　2　灌溉应遵循适量、多次、均匀的原则。

　　3　夏季和早秋应避免在午后强烈的阳光下灌溉；为预防病虫害，夏季应避免在傍晚灌溉。

6　加　　固

6.0.1　应在植被混凝土中设置锚钉和挂网，使植被混凝土固定在坡面上。

6.0.2 锚钉设置应满足植被混凝土的安全稳定要求，并应符合下列规定：

1 锚钉宜选择热轧带肋钢筋。

2 锚钉直径不应小于 18mm。

3 坡面锚钉间距最大值宜按下式进行计算：

$$d = 30\left[K + \frac{1}{\sin(a-30°)}\right] - 20 \qquad (6.0.2-1)$$

式中：d ——坡面锚钉间距(cm)；

$\quad\quad K$ ——边坡类型相关系数，硬质岩边坡取 2.0，软质岩边坡取 1.5，土石混合边坡取 1.3，瘠薄土质边坡取 1.1。

符合现行国家标准《工程岩体分级标准》GB 50218 基本质量级别中的Ⅰ、Ⅱ、Ⅲ级边坡及混凝土边坡、浆砌块料边坡划归为硬质岩边坡。符合现行国家标准《工程岩体分级标准》GB 50218 基本质量级别中的Ⅳ、Ⅴ级边坡划归为软质岩边坡。由坚硬岩石碎块和砂土颗粒或砾质土组成的边坡划归为土石混合边坡。黏性土边坡、砂性土边坡、黄土边坡等划归为瘠薄土质边坡。

4 边坡周边锚钉间距应取式(6.0.2-1)计算值的 1/2。

5 坡面锚钉长度最小值宜按下式计算：

$$L = \frac{35}{(K-0.2)^2} + 45\sin(a-30°) + 10 \qquad (6.0.2-2)$$

式中：L ——坡面锚钉长度(cm)。

6 边坡周边锚钉长度应在式(6.0.2-2)计算值的基础上增加 20cm。

7 锚钉应进行防腐处理。

8 锚钉应安装稳固，出露坡面长度应控制在 8~12cm，且倾角宜为 5°~20°。

6.0.3 挂网设置应符合下列规定：

1 应选料丝直径不小于 2.0mm 的机编活络铁丝挂网，或最大拉伸力不小于 6.0kN/m 且抗老化性不小于 15a 的柔性塑料挂网。

2 网孔直径宜为 50~75mm。

3 机编活络铁丝挂网应过塑或镀锌防腐。

4 相邻挂网搭接宽度宜为 100~150mm。

6.0.4 挂网与锚钉、挂网与挂网之间均应绑扎牢固，且挂网与坡面的间距宜为喷植总厚度的 2/3。

7 植 物

7.0.1 植物筛选应遵循下列原则：

1 应优先选用乡土护坡植物，不应使用外来入侵植物。

2 应结合所调查的基本资料，选择抗逆、繁殖、改良土壤和固土能力强的植物。

3 应符合生物多样性和可持续性原则。

4 可结合景观要求选择观赏性较好的植物。

7.0.2 植物种苗应符合下列规定：

1 植物种子应注明品系、产地、生产单位、采收年份、纯净度、发芽率、千粒重。

2 苗木应根系发达，株型苗壮，无伤苗，茎、叶无污染，无病虫害。

3 采购的植物种苗应有国内检验检疫合格证。

7.0.3 植物配置应遵循下列原则：

1 宜与周边环境相协调，草、灌及藤本植物合理搭配，硬质岩边坡、软质岩边坡宜以草本植物为主，土石混合边坡、瘠薄土质边坡宜以灌木为主。

2 宜根据所调查的基本资料，进行冷季型与暖季型植物的组合配置。

3 应避免选用相互排斥的植物物种。

7.0.4 植物种苗预处理应满足下列要求：

1 应复核植物种子的纯净度、发芽率、千粒重。

2 应对植物种子进行消毒、浸种，必要时应进行破壳处理。

3 非容器苗木进场移栽前，应按现行行业标准《园林绿化工程施工及验收规范》CJJ 82 进行假植。

7.0.5 植物种子播种量宜按下列公式计算：

$$A = \sum k_i A_i \tag{7.0.5-1}$$

$$A_i = \frac{N_i \cdot Z_i}{(1 - R_i) \cdot C_i \cdot F_i} \times 10^{-3} \tag{7.0.5-2}$$

式中：A —总播种量（g/m²）；

A_i —单播时播种量（g/m²）；

k_i —混播比例（%），$\sum k_i = 1$，根据植物配置方案以及要求、气候条件、边坡特征、景观要求等综合确定；

N_i —单播时单位面积播种籽数（粒/m²）；

Z_i—单种植物种子千粒重(g);

R_i—单种植物种子喷植损失率(%),种子千粒重小于 0.5g 取 5%,种子千粒重 0.5~1.0g 取 10%,种子千粒重 1.0~5.0g 取 15%,种子千粒重大于 5.0g 取 20%;

C_i—单种植物种子纯净度(%);

F_i—单种植物种子发芽率(%)。

C_i 和 F_i 检验方法应按现行国家标准《林木种子检验规程》GB 2772 的相关规定执行。

8 植被混凝土

8.1 材 料

8.1.1 植被混凝土应由种植土、生境基材有机料、水泥、生境基材改良剂、植物种子和水等材料按需配制而成。

8.1.2 种植土应符合下列要求:

1 应根据所调查的表土资源资料,选取适宜表土土源。

2 取用的表土经风干、粉碎、过筛等工序处理后,主要理化指标及要求宜符合表 8.1.2 的规定。

表 8.1.2 种植土主要理化指标及要求

序号	项目	指标要求
1	总镉	≤1.5mg/kg
2	总汞	≤1.0mg/kg
3	总铅	≤$1.2×10^2$mg/kg
4	总铬	≤70mg/kg
5	总砷	≤10mg/kg
6	总镍	≤60mg/kg
7	总锌	≤$3.0×10^2$mg/kg
8	总铜	≤$1.5×10^2$mg/kg
9	pH 值	5.5~8.5
10	含盐量	≤1.5g/kg
11	总养分	≥0.20%

序号	项目	指标要求
12	粒径	≤8.0mm
13	含水率	≤20%

注：1 重金属指标以土壤烘干质量计。

    2 重金属、pH 值、含盐量、总养分的检验方法应按现行国家标准《土壤环境监测技术规范》HJ/T 166 的相关规定执行；粒径采用吸管法检测；含水率采用烘干法检测。

    3 总养分=全氮(以 N 计)+全磷(以 P_2O_5 计)+全钾(以 K_2O 计)。

8.1.3 生境基材有机料应符合下列要求：

1 根据所调查的天然有机料资料，宜选用若干种组成。

2 选用的天然有机料经粉碎、混合、堆置发酵等工序处理后，主要指标及要求宜符合表 8.1.3 的规定：

表 8.1.3 生境基材有机料主要指标及要求

序号	项目	指标要求
1	粒径	≤8.0mm
2	pH 值	5.5 ~ 8.5
3	EC 值	0.50 ~ 3.0mS/cm
4	总养分	≥1.5%
5	含水率	≤20%
6	通气孔隙度	≥15%

注：表中各指标的检测方法应按现行行业标准《绿化用有机基质》LY/T 1970 的相关规定执行。

8.1.4 水泥宜选用普通硅酸盐水泥，标号宜采用 P.O 42.5，主要性能指标应符合现行国家标准《通用硅酸盐水泥》GB 175 的有关规定。

8.1.5 生境基材改良剂主要指标及要求应符合表 8.1.5 的规定：

表 8.1.5 生境基材改良剂主要指标及要求

序号	项目	指标要求
1	比表面积	≥$1.5×10^2 m^2$/kg
2	保水力	13 ~ 15kg/cm^2
3	微生物数目	$1.0×10^8$ ~ $1.0×10^9$CFU/g
4	总养分	≥8.5%
5	pH 值	≤4.5

注：比表面积采用勃氏法检测，保水力、微生物数目、总养分和 pH 值的监测方法按现行国家标准《土壤环境监测技术规范》HJ/T 166 的相关规定执行。

8.1.6 水质应符合现行国家标准《农田灌溉水质标准》GB 5084 的有关规定。

8.2　配　　制

8.2.1　植被混凝土分为基层和面层，两者应分别配制。基层配制时，固相拌和料由种植土、生境基材有机料、水泥和生境基材改良剂组成；面层配制时增加植物种子。

8.2.2　以种植土体积为基准，生境基材有机料、水泥、生境基材改良剂的用量应符合下列规定：

1　生境基材有机料用量宜按下式计算：

$$V_{om} = \left(0.25 + 0.35 K_a K \frac{\alpha - 45^\circ}{90^\circ} \right) V_{ps} \qquad (8.2.2\text{-}1)$$

式中：V_{om}——生境基材有机料体积（m^3）；

　　　　V_{ps}——种植土体积（m^3）；

　　　　K_a——地带相关系数，按表8.2.2选取。

表 8.2.2　地带相关系数 K_a

地带	气候大区	
	湿润区 A	亚湿润区 B
中温带	1.05	1.10
暖温带	1.00	1.05
北亚热带	1.00	—
中亚热带	1.00	—
南亚热带	0.950	1.05
边缘热带	0.900	0.950
中热带	0.900	—
高原亚热带山地	0.950	
高原温带	1.05	1.10

2　水泥用量宜按下式计算：

$$M_c = K_l \left(0.06 + 0.07 \frac{K}{K_\alpha} \frac{\alpha - 45^\circ}{90^\circ} \right) V_{ps} \rho_{ps} \qquad (8.2.2\text{-}2)$$

式中：M_c——水泥质量（kg）；

　　　　ρ_{ps}——种植土干密度（kg/m^3）；

K_l——基层和面层相关系数，基层取 1.0，面层取 0.5。

3 生境基材改良剂用量宜按下式计算：

$$M_{aa} = 0.5M_c \tag{8.2.2-3}$$

式中：M_{aa}——生境基材改良剂质量(kg)。

8.2.3 固相拌和料拌制时应符合下列规定：

1 应在施工现场或就近采用机械拌制，拌制应均匀。

2 投料时，应先投放种植土，再投放生境基材有机料、水泥、生境基材改良剂，最后投放植物种子。

3 单次拌制时间应控制在 3～5min。

8.2.4 用水量应使喷植在坡面的植被混凝土不散落不流淌。

8.3　喷　　植

8.3.1 喷枪的喷射角应控制在 15º 以内，喷枪口与坡面间距宜为 0.8～1.2m。

8.3.2 喷植应分两次进行，先喷植基层，再喷植面层。

8.3.3 固相拌合料拌制后应在 6h 内喷植使用。

8.3.4 基层喷植厚度应符合表 8.3.4 的规定，面层喷植厚度宜为 20mm。

表 8.3.4　基层喷植厚度

边坡类型	多年平均年降水量/(mm)	坡度/(°)	厚度/mm
硬质岩边坡	≤900	70～85	90
		45～70	100
硬质岩边坡	>900	70～85	80
		45～70	90
软质岩边坡	≤900	65～85	80
		45～65	90
	>900	65～85	70
		45～65	80
土石混合边坡	≤900	65～85	60
		45～65	70
	>900	65～85	50
		45～65	60
瘠薄土质边坡	≤600	45～85	50
	600～1200		40
	≥1200		30

8.3.5 面层与基层喷植时间间隔应控制在 4h 以内。

8.3.6 喷植应均匀，防止漏喷，重点关注坡面的凹凸及死角部位。

8.3.7 风速大于 10.8m/s 或降水时不宜喷植施工。

8.3.8 植被混凝土喷植应及时检验，如检验不合格应及时调整材料配比，检验指标及要求应符合表 8.3.8 的规定。

表 8.3.8 植被混凝土检验指标及要求

序号	项目	检测方法	指标要求		
			1d	3d	≥28d
1	容重	环刀法	1.3～1.7g/cm³		
2	通气孔隙率	环刀法	≥25%		
3	pH 值	电位法（水浸提）	6.0～8.5		
4	含水率	烘干法	≥15%		
5	水解氮	碱解-扩散法	≥60mg/kg		
6	有效磷	钼锑抗比色法	≥20mg/kg		
7	速效钾	火焰光度法	≥1.0×10^2mg/kg		
8	收缩恢复度	环刀法	≥90%		
9	微生物数目	按现行国家标准《土壤环境监测技术规范》HJ/T 166 的相关规定执行	≥1.0×10^6 CFU/g		
10	无侧限抗压强度（MPa）	按现行行业标准《公路土工试验规程》JTJ 051 的相关规定执行	0.25～0.45	0.40～0.55	≥0.38
11	侵蚀模数（降雨强度 80mm/h）	按现行行业标准《水土保持试验规程》SL419 的相关规定执行	≤3.0×10^2g/m²·h	≤1.0×10^2 g/m²·h	

9 施 工

9.1 施 工 准 备

9.1.1 根据边坡工程和植被混凝土生态修复技术的相关文件组织工程施工，施工前现场管理人员及施工人员应掌握设计意图和要求。

9.1.2 施工前应编制包括下列内容的施工组织设计：

1 施工条件。

2 施工程序及施工方法。

3 施工布置。

4 资源配置。

5 施工质量保证措施。

6 施工安全保证及环境保护措施。

7　施工进度计划。

9.1.3　应根据施工进度计划准备施工材料及配置施工设备。

9.1.4　材料进场后应做好防水、防晒、防腐等工作。

9.1.5　植被混凝土喷植施工应安排在植物种子发芽适宜季节。

9.2　施 工 程 序

9.2.1　施工应在边坡开挖、边坡加固及地下管线铺设等单项工程验收合格后进行。

9.2.2　施工工艺流程宜按图 9.2.2 规定执行。

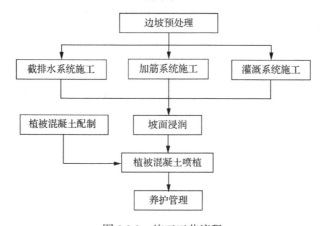

图 9.2.2　施工工艺流程

9.2.3　边坡预处理应清除松石、浮土、浮根等松散物，如存在反坡或较大的凹陷坡面，宜采取削坡或浆砌块料填筑等方式处理。

9.2.4　截排水系统施工应包括坡顶截水沟、坡脚排水沟、坡面渗水处理等工作内容。

9.2.5　加筋系统施工应先铺设挂网，再安装锚钉，最后进行固定绑扎。

9.2.6　灌溉系统施工应包括管道敷设、喷头安装、灌溉用水过滤处理等工作内容。

9.2.7　坡面浸润应保持坡体湿润，浸润时间应不小于 48h。

9.2.8　植被混凝土喷植应在坡面浸润完成后 3h 内进行。

9.2.9　施工分项验收应符合本规范附录 B 的规定。

10 养 护 管 理

10.1 苗 期

10.1.1 植被混凝土喷植施工完毕后，应进行 60d 的苗期养护管理。当温度低、雨量少时，苗期养护管理时间可适当延长。

10.1.2 苗期养护管理工作内容应包括坡面覆盖、灌溉、病虫害防治、苗木补植、局部缺陷修补等。

10.1.3 坡面覆盖应符合下列规定：

　1 覆盖物可为无纺布、遮阳网等，冬季还可为秸秆、草帘等。

　2 坡面覆盖应在面层喷植完毕后 2h 内进行。

　3 覆盖物应铺设牢固，同坡面接触紧密。

　4 坡面喷植施工后 4h 内，如遇强降雨，应加盖塑料薄膜。

10.1.4 每天应巡检边坡一次，检查内容应包括坡面植被水分、植物种子发芽或苗木成活、病虫害、植被混凝土稳定状况等。

10.1.5 病虫害防治应符合下列规定：

　1 应加强病虫害检查，发现病虫害应及时采取防治措施。

　2 宜根据病虫害疫情结合生物措施、物理措施和化学措施对症防治。

　3 化学防治应选用高效、低毒、对天敌较安全的药剂，药剂使用时应严格按照说明书执行。

10.1.6 当发现苗木死亡时，应及时补植。

10.1.7 局部缺陷修补应符合下列规定：

　1 当发现植被混凝土秃斑或脱落时，应查明原因，解除隐患，并及时修补。

　2 当局部缺陷面积较小时，可人工补种或移栽苗木。

　3 当局部缺陷面积较大时，应先清除相应部位浮渣，再二次喷植。

10.2 生 长 期

10.2.1 当苗期养护管理完成后，应进行不少于 240d 的生长期养护管理。特殊情况时，生长期养护管理时间可适当延长。

10.2.2 生长期养护管理工作内容应包括灌溉、病虫害防治、苗木补植、局部缺陷修补等。

10.2.3 每两周应巡检边坡一次，检查内容应包括坡面植被水分、植物生长、病虫害、植被混凝土稳定状况等。

10.2.4 病虫害防治应符合本规范第 10.1.5 条的规定。

10.2.5 局部缺陷修补应符合本规范第 10.1.7 条的规定。

11 检 验

11.1 材 料

11.1.1 采购水泥、生境基材改良剂、挂网、锚钉、灌溉管材等材料时，应检查出厂证明、产品合格证；采购植物种苗时，应检查检验检疫合格证。

11.1.2 材料进场使用前，应对水泥、生境基材改良剂、挂网、锚钉、灌溉管材、种植土、生境基材有机料、植物种子、苗木、水等材料进行批次随机抽样检验，并形成检验报告。检验报告格式及内容应符合本规范附录 C 的规定。

11.1.3 材料的检验批量应符合下列规定：

　　1 水泥 20t 为一个检验批；生境基材改良剂 10t 为一个检验批；挂网 2000m^2 为一个检验批；锚钉 2000 根为一个检验批；种植土 200m^3 为一个检验批；生境基材有机料 60m^3 为一个检验批；植物种子 1 包装袋为一个检验批；苗木 500 株为一个检验批；同一水源不少于一个检验批。不同批次或非连续供应的不足一个检验批量的各种材料应作为一个检验批。

　　2 当符合下列条件之一时，可将检验批量扩大一倍：

　　1)经产品认证机构认证符合要求的材料。

　　2)来源稳定且连续三次检验合格的材料。

　　3)同一厂家同批次出厂的，且用于同一工程项目的多个单位工程的材料。

11.1.4 每批次应抽取 3 个样品以供检验。

11.1.5 检验结果处理应符合下列规定：

　　1 当 3 个样品检验值的最大值、最小值与中间值之差均不超过中间值的 15% 时，取检验值的算术平均值。

　　2 当 3 个样品检验值的最大值、最小值之一与中间值之差超过中间值的 15% 时，取中间值。

　　3 当 3 个样品检验值的最大值、最小值与中间值之差均超过中间值的 15% 时，不得使用。

11.2　植被混凝土

11.2.1　同一配制比例、相同配制材料的植被混凝土，每喷植 1000m^2 取样次数应不少于 1 次，单批次抽取 3 个样品。

11.2.2　植被混凝土性能检验项目、方法及指标要求应符合本规范第 8.3.8 条的规定。

11.2.3　检验结果处理应符合本规范第 11.1.5 条的规定。

11.2.4　检验内容及记录格式应符合本规范附录 D 的规定。

附录 A 基本资料调查内容及记录格式

A.0.1 气象资料调查内容及记录格式应符合表 A.0.1 的规定。

表 A.0.1 气象资料调查内容及记录格式

工程名称		工程地址		
序号	调查项目	单位	调查结果	备注
1	地带类型			
2	气候类型			
3	多年平均年日照时数	h		
4	多年平均气温	℃		
5	极端最高气温	℃		
6	极端最低气温	℃		
7	多年平均年降水量	mm		
8	多年平均年蒸发量	mm		
9	无霜期	d		
10	冰冻期	d		
11	大于等于10℃有效积温	℃		
12	风速大于等于10.8m/s的天数及分布：			
调查者	签字：		年 月 日	

注：1 地带类型指中温带、暖温带、北亚热带、中亚热带、南亚热带、边缘热带、中热带、高原亚热带山地、高原温带等。
 2 气候类型指极地气候、温带大陆性气候、温带海洋性气候、温带季风气候、亚热带季风气候、热带沙漠气候、热带草原气候、热带雨林气候、热带季风气候、地中海气候、高山高原气候。

A.0.2 地质资料调查内容及记录格式应符合表 A.0.2 的规定。

表 A.0.2 地质资料调查内容及记录格式

工程名称		工程地址		
序号	调查项目	单位	调查结果	备注
1	岩土类型			
2	边坡面积	m²		

续表

工程名称		工程地址		
序号	调查项目	单位	调查结果	备注
3	边坡坡向			
4	最大坡度	度		
5	最大垂直高度	m		
6	地下水状况			
7	坡面渗水状况			
8	坡体稳定状况			
9	倒坡、平整度、分级状况等边坡形态描述：			
调查者	签字：		年　月　日	

注：1 岩土类型指硬质岩边坡、软质岩边坡、土石混合边坡和瘠薄土质边坡。
　　2 边坡坡向指阳坡、阴坡。
　　3 坡体稳定状况指稳定、非稳定。

A.0.3 水源资料调查内容及记录格式应符合表 A.0.3 的规定。

表 A.0.3 水源资料调查内容及记录格式

工程名称		工程地址		
调查项目		单位	调查结果	备注
自来水	供水量	m^3/d		
	距离	m		
	落差	m		
	取用成本	元/m^3		
井水	供水量	m^3/d		
	距离	m		
	落差	m		
	取用成本	元/m^3		
河湖水	供水量	m^3/d		

工程名称			工程地址	
调查项目		单位	调查结果	备注
	距离	m		
	落差	m		
	取用成本	元/m³		
调查者		签字：	年　月　日	

注：1　主要调查自来水、井水、河湖水三类水源。
　　2　距离指水源取水点与边坡所在点的路径长度。
　　3　落差指水源取水点与边坡坡顶之间的高差。
　　4　取用成本以到场价格计量。

A.0.4　表土资源资料调查内容及记录格式应符合表 A.0.4 的规定。

表 A.0.4　表土资源资料调查内容及记录格式

工程名称		工程地址	
序号	调查项目	调查结果	
1	类型		
2	质地		
3	结构		
4	取用成本		
5	可供量		
调查者	签字：	年　月　日	

注：1　类型指红壤、黄壤、棕壤、褐土、钙土、黑垆土、荒漠土、高山草甸土、高山漠土等。
　　2　质地指砂土、壤土、黏土。
　　3　结构指粒状、块状、柱状、片状等。
　　4　取用成本以到场价格计量。

A.0.5　天然有机料资料调查内容及记录格式应符合表 A.0.5 的规定。

表 A.0.5　天然有机料资料调查内容及记录格式

工程名称			工程地址	
调查项目		单位	调查结果	备注
农家肥	可获取量	m³		
	取用成本	元/m³		

续表

工程名称			工程地址	
调查项目		单位	调查结果	备注
秸秆	可获取量	m³		
	取用成本	元/ m³		
谷糠	可获取量	m³		
	取用成本	元/ m³		
锯末	可获取量	m³		
	取用成本	元/ m³		
糟粕	可获取量	m³		
	取用成本	元/ m³		
调查者	签字:		年 月 日	

注：1 主要调查农家肥、秸秆、谷糠、锯末、糟粕五类天然有机料。
　　2 可获取量指以项目点为中心，半径 30km 范围内的可获取量。
　　3 取用成本以到场价格计量。

A.0.6 植物资料调查内容及记录格式应符合表 A.0.6 的规定。

表 A.0.6 植物资料调查内容及记录格式

工程名称			工程地址	
序号	调查项目		调查结果	
1	地带性植被类型			
2	乡土植物	阳坡 草本		
		灌木		
		乔木		
		花		
		藤		
		阴坡 草本		
		灌木		
		乔木		
		花		
		藤		
调查者	签字:		年 月 日	

注：1 地带性植被类型指边坡附近乔、灌、草等的天然搭配及生长状况，宜分为草本为主、灌木为主、草灌结合、乔灌结合等。
　　2 乡土植物指草、灌、乔、花、藤的主要品种。

附录 B 施工分项验收单

B.0.1 边坡预处理验收应符合表 B.0.1 的规定。

表 B.0.1 边坡预处理验收单

工程名称		工程地址	
检验项目		检验结果	
边坡基层稳定性			
坡面松散物处理情况			
反坡修整情况			
坡面凹陷部位处理情况			
坡脚弃渣清理状况			
坡面截排水状况			
坡面浸润状况			
坡面渗水处理状况			
其他			
验收意见	施工单位	签 字： 年 月 日	
	监理单位	签 字： 年 月 日	
	建设单位	签 字： 年 月 日	

B.0.2　加筋系统施工验收应符合表 B.0.2 的规定。

表 B.0.2　加筋系统施工验收单

工程名称		工程地址	
检验项目		检验结果	
锚钉用材(带肋或光圆)			
锚钉间距(坡面、边坡周边)			
锚钉公称直径			
锚钉长度			
锚孔灌浆情况			
锚钉外露长度			
锚钉防腐状况			
锚固方位			
挂网形式			
活络铁丝网料丝直径			
网孔直径			
柔性塑料网最大拉伸力			
柔性塑料网抗老化性			
挂网搭接状况			
挂网绑扎状况(网-网、网-锚钉)			
验收意见	施工单位	签　字：　　　年　　月　　日	
	监理单位	签　字：　　　年　　月　　日	
	建设单位	签　字：　　　年　　月　　日	

B.0.3　植被混凝土喷植验收应符合表 B.0.3 的规定。

表 B.0.3　植被混凝土喷植验收单

工程名称		工程地址	
检验项目		检验结果	
拌制配合比			
拌制投料顺序			
拌制方式			

续表

工程名称			工程地址	
检验项目			检验结果	
拌制时间				
拌合料的贮存时间				
基层厚度				
面层厚度				
喷植均匀度				
喷植用水量				
面层与基层喷植时间间隔				
验收意见	施工单位		签 字:　　　年　　月　　日	
	监理单位		签 字:　　　年　　月　　日	
	建设单位		签 字:　　　年　　月　　日	

附录 C　主要材料检验内容及记录格式

C.0.1　种植土检验内容及记录格式应符合表 C.0.1 的规定。

表 C.0.1　种植土检验内容及记录格式

工程名称				工程地址		
序号	检验项目	检验方法	检验结果	指标要求		备注
1	最大粒径			≤8.0mm		
2	含水率			≤20%		
3	含盐量			≤1.5g/kg		
4	pH 值			5.5 ~ 8.5		
5	总镉			≤1.5mg/kg		
6	总汞			≤1.0g/kg		
7	总铅			≤1.2×10²g/kg		
8	总铬			≤70g/kg		
9	总砷			≤10g/kg		
10	总镍			≤60g/kg		
11	总锌			≤3.0×10²g/kg		
12	总铜			≤1.5×10²g/kg		
13	总养分			≥0.20%		
检验者		签字:			年　月　日	

C.0.2　生境基材有机料检验内容及记录格式应符合表 C.0.2 的规定。

表 C.0.2　生境基材有机料检验内容及记录格式

工程名称				工程地址		
序号	检验项目	检验方法	检验结果	指标要求		备注
1	粒径			≤8.0mm		
2	杂物含量			≤5.0%		
3	pH 值			5.5 ~ 8.5		

续表

工程名称				工程地址		
序号	检验项目	检验方法	检验结果	指标要求		备注
4	EC 值			0.50 ~ 3.0 mS/cm		
5	总养分			≥1.5%		
6	含水率			≤20%		
7	通气孔隙度			≥15%		
检验者		签字：			年　月　日	

C.0.3 水泥检验内容及记录格式应符合表 C.0.3 的规定。

表 C.0.3　水泥检验内容及记录格式

工程名称			工程地址	
序号	检验项目	检验结果	指标要求	备注
1	品种		普通硅酸盐水泥	
2	标号		P.O 42.5	
3	生产日期			
4	有效期			
5	合格证			
检验者		签字：	年　月　日	

C.0.4 生境基材改良剂检验内容及记录格式应符合表 C.0.4 的规定。

表 C.0.4　生境基材改良剂检验内容及记录格式

工程名称				工程地址		
序号	检验项目	检验方法	检验结果	指标要求		备注
1	比表面积			$≥1.5×10^2 m^2/kg$		
2	保水力			$13 ~ 15 kg/cm^2$		
3	微生物数目			$1.0×10^8 CFU/g$ ~ $1.0×10^9 CFU/g$		

续表

工程名称				工程地址		
序号	检验项目	检验方法	检验结果	指标要求		备注
4	总养分			≥8.5%		
5	pH 值			≤4.5		
6	生产日期					
7	有效期					
8	合格证					
检验者		签字：			年　　月　　日	

C.0.5　植物检验内容及记录格式应符合表 C.0.5 的规定。

表 C.0.5　植物检验内容及记录格式

工程名称				工程地址		
检验项目	植物种子					
采收年份						
纯净度(%)						
发芽率(%)						
千粒重(g)						
产地						
生产单位						
苗木描述						
检验者		签字：			年　　月　　日	

注：1　植物检验包括植物种子和苗木的检验。
　　2　苗木应检验根系、株型、病虫害等状况。

C.0.6 水质检验内容及记录格式应符合表 C.0.6 的规定。

表 C.0.6　水质检验内容及记录格式

工程名称				工程地址	
序号	检验项目	检验方法	检验结果	指标要求	备注
1	BOD$_5$			≤$1.0×10^2$mg/L	
2	化学需氧量			≤$2.0×10^2$mg/L	
3	悬浮物			≤$1.0×10^2$mg/L	
4	阴离子表面活性剂			≤8.0mg/L	
5	水温			≤25℃	
6	全盐量			≤$1.0×10^3$mg/L	
7	氯化物			≤$3.5×10^2$mg/L	
8	硫化物			≤1.0mg/L	
9	总汞			≤$1.0×10^{-2}$mg/L	
10	镉			≤0.10mg/L	
11	总砷			≤0.10mg/L	
12	铬(六价)			≤0.10mg/L	
13	铅			≤0.20mg/L	
14	粪大肠菌群数			≤$4.0×10^3$个/100mL	
15	蛔虫卵数			≤2.0 个/L	
16	pH			5.5~8.5	
检验者		签字:		年　月　日	

C.0.7 加筋材料检验内容及记录格式应符合表 C.0.7 的规定。

表 C.0.7　加筋材料检验内容及记录格式

工程名称			工程地址		
检验项目		检验结果		指标要求	备注
锚钉	表面形状			带肋	
	生产工艺			热轧	
	直径				
	长度				
	防腐处理状况				
	屈服强度				

续表

工程名称			工程地址		
检验项目		检验结果	指标要求		备注
挂网	形式		活络铁丝网或柔性塑料网		
	活络铁丝网料丝直径		≥2.0 mm		
	网孔直径		50mm~75mm		
	柔性塑料网最大拉伸力		≥6.0KN/m		
	柔性塑料网抗老化性		≥15a		
	防腐处理状况				
检验者		签字：　　　　　　　年　　月　　日			

附录 D 植被混凝土检验内容及记录格式

表 D 植被混凝土检验内容及记录格式

工程名称				工程地址		
检验项目	检验结果			指标要求		
	1d	3d	≥28d	1d	3d	≥28d
容重				1.3～1.7g/cm³		
通气孔隙率				≥25%		
pH 值				6.0～8.5		
有效含水率				≥15%		
水解氮				≥60mg/kg		
有效磷				≥20mg/kg		
速效钾				≥1.0×10²mg/kg		
收缩恢复度				≥90%		
无侧限抗压强度（MPa）				0.25~0.45	0.40~0.55	≥0.38
降雨强度 80mm/h 的侵蚀模数				≤3.0×10²g/m²·h	≤1.0×10²g/m²·h	
检验者		签字：			年　月　日	

本规范用词说明

1 为便于在执行本规范条文时区别对待,对要求严格程度不同的用词说明如下:

 1) 表示很严格,非这样做不可的:

  正面词采用"必须",反面词采用"严禁"

 2) 表示严格,在正常情况下均应这样做的:

  正面词采用"应",反面词采用"不应"或"不得"

 3) 表示允许稍有选择,在条件许可时首先应这样做的:

  正面词采用"宜",反面词采用"不宜"

 4) 表示有选择,在一定条件下可以这样做的,采用"可"。

2 条文中指明应按其他有关标准执行的写法为"应符合……的规定"或"应按……执行"。

引用标准名录

《通用硅酸盐水泥》GB 175

《林木种子检验规程》GB 2772

《农田灌溉水质标准》GB 5084

《工程岩体分级标准》GB 50218

《水土保持工程设计规范》GB 51018

《水土保持综合治理技术规范　小型蓄排引水工程》GB/T 1645

《农田低压管道输水灌溉工程技术规范》GB/T 20203

《水电水利工程边坡设计规范》DL/T 5353

《园林绿化工程施工及验收规范》CJJ 82

《土壤环境监测技术规范》HJ/T 166

《绿化用有机基质》LY/T 1970

《公路土工试验规程》 JTJ 051

《水土保持试验规程》SL 419

制 定 说 明

《水电工程陡边坡植被混凝土生态修复技术规范》NB/T 35082—2016，经国家能源局 2016 年 8 月 16 日以第 6 号公告批准发布。

本规范制定过程中，编制组在广泛调查、深入研究的基础上，总结了水电工程陡边坡植被混凝土生态修复技术的实践经验，吸收了近年来水电工程陡边坡植被混凝土生态修复技术所取得的科技成果，并向有关建设、科研、设计、施工和监理单位广泛征求了意见。

为便于广大建设、科研、设计、施工和监理等单位的有关人员在使用本规范时能正确理解和执行条文规定，《水电工程陡边坡植被混凝土生态修复技术规范》编写组按章、节、条顺序编制了本规范的条文说明，对条文规定的目的、依据以及执行中需注意的有关事项进行了说明。但是，本条文说明不具备与规范正文同等的法律效力，仅供使用者作为理解和把握规范规定的参考。

1　总　则

1.0.1　水电工程陡边坡生态修复应重点体现边坡植被恢复、浅层防护和水土保持效果，力求形成环境协调的自然景观。

1.0.2 当边坡坡度小于 45°时，为降低工程成本，可采用其他边坡生态修复方法；当边坡坡度大于 85°时，可接收的自然降水极少，植物难以生长，后期管养难度大，因此本规范适用的边坡坡度范围为 45°~85°。

本规范所指的稳定边坡包括天然稳定的边坡和人为处理后稳定的边坡。

1.0.3 边坡稳定分析时，植被混凝土生态修复工程附加荷载建议取值 2.2kPa，主要考虑植被混凝土、加筋系统、植被等自重及风荷载。

1.0.4 可持续是指采用植被混凝土生态修复技术进行水电工程陡边坡生态修复后，应保持边坡的长久稳定和植物生长的长效性。

1.0.5 同一边坡可能存在多种类型，设计与施工应区别对待。

2　截　排　水

2.0.2 多年平均年降水量相关系数、边坡植被相关系数根据植物正常生长需水量估值确定。

考虑到边坡植被生态用水需求，截水沟至坡面上缘距离不应小于 5m；考虑到植被混凝土防冲刷及边坡稳定性要求，截水沟至坡面上缘距离不应大于 15m。

3　加　　固

3.0.2 式(6.0.2-1)和式(6.0.2-2)是根据国内 100 多个水电项目的边坡植被混凝土生态修复工程实践经验总结而得。为方便实际操作，在锚钉设计与施工时，考虑了边坡类型和坡度两个重要因素的影响，而未考虑其他因素。

4　植　　物

4.0.1 外来入侵植物将导致本地生物多样性降低，甚至丧失。

常见外来入侵植物有紫茎泽兰、薇甘菊、空心莲子草、豚草、毒麦、飞机草、假高粱、马缨丹、加拿大一枝黄花、蒺藜草、大藻、银胶菊等。

4.0.2 纯净度、发芽率主要用于计算播种量。

4.0.4 消毒的目的是预防病虫害，浸种、破壳可以提高植物种子的发芽速度及发芽率。

5　植被混凝土

5.2　配　　制

5.2.1　面层主要为植物种子萌发营造良好环境，基层主要为植物生长提供适宜的水、热、气、肥等生境条件。

由于原材料配比的差异，基层强度比面层强度高。

5.3　喷　　植

5.3.1　喷射角的控制除保证植被混凝土构筑强度之外，还可减少材料损耗。

6　养　护　管　理

6.1　苗　　期

6.1.3　试验数据显示，植被混凝土喷射完毕 4h 内，其抗冲刷能力尚比较微弱。此时段内，如发生强降雨，应加盖塑料薄膜避免侵蚀流失。